Intensivtraining Projektmanagement

Walter Jakoby

Intensivtraining Projektmanagement

Ein praxisnahes Übungsbuch für den gezielten Kompetenzaufbau

3., überarbeitete und aktualisierte Auflage

 Springer Vieweg

Walter Jakoby
Hochschule Trier
Trier, Deutschland

ISBN 978-3-658-32835-1   ISBN 978-3-658-32836-8 (eBook)
https://doi.org/10.1007/978-3-658-32836-8

Die Deutsche Nationalbibliothek verzeichnet diese Publikation in der Deutschen Nationalbibliografie; detaillierte bibliografische Daten sind im Internet über http://dnb.d-nb.de abrufbar.

Springer Vieweg
© Springer Fachmedien Wiesbaden GmbH, ein Teil von Springer Nature 2015, 2019, 2021

Lektorat/Planung: Reinhard Dapper
Springer Vieweg ist ein Imprint der eingetragenen Gesellschaft Springer Fachmedien Wiesbaden GmbH und ist ein Teil von Springer Nature.
Die Anschrift der Gesellschaft ist: Abraham-Lincoln-Str. 46, 65189 Wiesbaden, Germany

Vorwort

Das Management von Projekten ist eine anspruchsvolle Aufgabe, die viele Kenntnisse und Fähigkeiten erfordert. Diese müssen intensiv trainiert werden, um die steile Lernkurve der ersten eigenen Projekte zu bewältigen. Das vorliegende Buch bietet dazu vier Trainingslevel.

Zum Aufwärmen dienen die kompakten Zusammenfassungen in den einzelnen Kapiteln, die passend zum zeitlichen Ablauf von Projekten aufeinander aufbauen. Den nächsten Level bilden Verständnisfragen zu jedem Themengebiet, mit denen der eigene Wissensstand überprüft werden kann. Darauf bauen die Übungsaufgaben auf. Sie ermöglichen die Anwendung der erlernten Fähigkeiten zur Lösung praxisnaher Teilaufgaben. Die vollständige Fitness zum Management realer Projekte wird erreicht, wenn alle Planungs- und Steuerungsaufgaben erfasst, analysiert und bearbeitet werden können. Hierzu dient das Praxisprojekt, an dem die erworbenen Kompetenzen durchgängig über den gesamten PM-Lebenszyklus eines konkreten Projekts angewendet werden können. Damit wird ein fließender Übergang in eigene reale Projekte ermöglicht.

Projekte sind nicht einfach und es gibt keine vorgefertigten Lösungen. Dies spiegelt sich in den Fragen und Aufgaben wider. Wenn die Lösung einmal schwer fällt, denken Sie daran, dass Sie gerade durch diese Aufgaben die größten Fortschritte erzielen. Fragen, Anregungen oder Kritik sind jederzeit willkommen. Sie erreichen mich unter jakoby@hochschule-trier.de. Weitere Informationen und Unterlagen finden Sie in meinem Blog (www.ie-j.de/PM.htm).

Trier, Deutschland
Oktober 2020

Walter Jakoby

Inhaltsverzeichnis

Abbildungsverzeichnis

Tabellenverzeichnis

Aufgabenverzeichnis

Projekte

Zusammenfassung

Viele Vorhaben werden heute als Projekte durchgeführt und der Bedarf an Projektmanagement steigt stetig an. Manche Unternehmen werden bereits komplett projektorientiert geführt. Aber nicht jedes Vorhaben ist ein Projekt und nicht jedes Projekt muss gemanagt werden. Um zu erkennen, welche Vorhaben tatsächlich Projekte sind, welche davon gemanagt werden sollten und wie dies im konkreten Fall erfolgen kann, ist ein Überblick über das Fachgebiet notwendig.

1.1 Definitionen

Bei vielen Gelegenheiten im Berufs- und Privatleben hat man mit größeren Vorhaben zu tun. Viele davon sind Projekte, auch wenn sie oft nicht ausdrücklich so bezeichnet werden. Die Frage, ob es sich bei einem Vorhaben um ein Projekt handelt oder nicht, wird trotz zahlreicher kleinerer Abweichung in verschiedenen Normen, Richtlinien und Büchern in wesentlichen Gesichtspunkten übereinstimmend beantwortet. Zu den wichtigen Kriterien für ein Projekt zählen :

Z: Die Existenz eines **Ziels** für das Vorhabens.
S: Die **Schwierigkeit** der Aufgabe.
P: Der **Prozesscharakter** der Erarbeitung der Lösung.
O: Die Notwendigkeit der Bildung und **Organisation** eines Teams.
R: Die Begrenztheit der verfügbaren **Ressourcen**.
T: Die **Terminierung** der Arbeiten.

© Springer Fachmedien Wiesbaden GmbH, ein Teil von Springer Nature 2021
W. Jakoby, *Intensivtraining Projektmanagement*,
https://doi.org/10.1007/978-3-658-32836-8_1

Die Kriterien können in unterschiedlichen Maße erfüllt sein, so dass deren Einzel-
bewertung und auch die daraus abgeleitete Gesamtaussage individuell unterschiedlich
sein kann. Trotzdem gibt die Untersuchung und Bewertung der Kriterien im konkreten
Fall einen wichtigen ersten Einblick in das Profil eines konkreten Projekts. Weitere wichtige Merkmale zur Klassifizierung von Projekten sind:

- die Projektgröße, z. B. gemessen in Personenjahren oder in Kosten,
- der von Branche zu Branche unterschiedliche Projektgegenstand sowie
- die Projektart, wie z. B. Entwicklungs-, Investitions- oder Organisationsprojekte.

▶   **Aufgabe 1.1 Projekte und Nicht-Projekte** Erstellen Sie eine Liste mit größeren Vorhaben, an denen Sie beteiligt waren:

3 Vorhaben, die sicher keine Projekte sind,
3 Vorhaben, bei denen sie nicht sicher sind, ob es Projekte sind,
3 Vorhaben, die sicher Projekte sind.

Erweitern Sie die Liste mit 6 großen Projekten, an denen Sie nicht unbedingt beteiligt waren, von denen Sie aber gehört oder gelesen haben.

▶   **Aufgabe 1.2 Projektkriterien** Sie arbeiten bei einem mittelständischen Maschinen-
bau-Unternehmen mit ca. 800 Beschäftigten. Überprüfen Sie, inwieweit es sich bei
den folgenden Aktivitäten bzw. Vorhaben um Projekte handelt. Legen Sie dazu mehrere geeignete Einzelkriterien fest. Messen Sie den Erfüllungsgrad für jedes Kriterium auf einer Skala von 0 (gar nicht erfüllt) bis 3 (vollständig erfüllt). Welche
Vorhaben würden sie als Projekte bezeichnen, für die eine eigenständige Planung
und Steuerung sinnvoll und nötig ist? Begründen Sie Ihre Entscheidung.

a) Die derzeit vorhandenen Insellösungen zur Planung und Lenkung der Geschäfts-
prozesse sollen durch eine einheitliche ERP-Software ersetzt werden.
b) Der Personalchef möchte das Gemeinschaftsgefühl durch regelmäßige sportliche
Aktivitäten der Beschäftigten fördern.
c) Die Machbarkeitsstudie für eine neue Maschine ist abgeschlossen. Sie soll nun
als Prototyp konstruiert und dann zur Serienreife gebracht werden.
d) Da die neue Maschine nicht auf den bestehenden Montagelinien gefertigt werden
kann, muss bis zur Serienreife in zwei Jahren eine zusätzliche Montagelinie aufgebaut werden.
e) Ein externes Design-Büro wird beauftragt, ein neues Firmenlogo zu entwerfen.
f) Der jährliche Geschäftsbericht für die Aktionäre umfasst ca. 80–100 Seiten und
muss jedes Jahr im April veröffentlicht werden.
g) Die Qualitätsabteilung des Unternehmens soll die Produktion auf ein Total Quality Management umstellen.

▶ **Aufgabe 1.3 Projektklassifikation** Klassifizieren Sie die in der vorangehenden Aufgabe von Ihnen als Projekte eingestufte Vorhaben nach den Merkmalen Projektgröße, Projektgegenstand und Projektart.

1.2 Systeme, Projekte und Prozesse

Ein System ist ein zusammenhängendes Gebilde, das von seiner Umgebung abgegrenzt werden kann und mit dieser über bestimmte Schnittstellen in Verbindung steht. Über Eingangsgrößen wirkt die Umgebung in gewollter und über Störgrößen in ungewollter Weise auf das System ein. Das System selbst wirkt gewollt über Ausgangsgrößen und ungewollt über Nebenwirkungen auf die Umgebung zurück.

Im Inneren besteht ein System aus mehreren Komponenten, die untereinander in Wechselwirkungen stehen. Jede Komponente kann selbst ein Teilsystem sein, so dass ein System meist eine hierarchisch gegliederte Struktur aufweist.

Sowohl das Ergebnis eines Projekts – das Produkt – als auch das Projekt als Ganzes können als System modelliert werden, wie in Abb. 1.1 skizziert. Das Projektergebnis besteht aus vielen Teilen. Hierbei kann es sich um Gegenstände, Informationen oder auch Dienstleistungen handeln. Das Projekt besteht systemisch betrachtet aus zahlreichen Aktivitäten, die von Personen ausgeführt werden und die dazu Ressourcen in Anspruch nehmen.

Die Auflistung der angestrebten Ergebnisbestandteile, der erforderlichen Aktivitäten, der beteiligten Personen und der sächlichen Ressourcen, sowie deren wechselseitige und zeitliche Zuordnung zählen zu den elementaren Aufgaben der Projektplanung.

Aus Systemsicht besteht eine Aufgabe darin, einen Sachverhalt aus einem Anfangszustand in einen gewünschten Zielzustand zu bringen. Eine Aufgabe wird zu einem Problem, wenn die Lösung auf irgend eine Weise durch ein Hindernis erschwert wird. Setzt sich eine Lösung aus mehreren Aktivitäten zusammen, zwischen denen wechselseitige Abhängigkeiten bestehen, so spricht man von einem Prozess. In diesem Fall ist das Lösen eines Problems ein Problemlösungsprozess, während Aufgaben durch Routineprozesse gelöst werden.

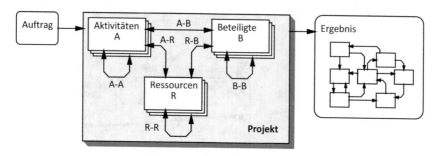

Abb. 1.1 Ein Projekt aus Systemsicht

Treten als zusätzliche Bedingungen noch die Ressourcenbegrenzung und eine zeitliche Limitierung hinzu und werden für die Lösung mehrere Personen benötigt, entsteht ein Projekt. Jedes Projekt ist also ein besonderer Problemlösungsprozess und ihm liegt somit ein Problem zugrunde (siehe Abb. 1.2).

▶ **Aufgabe 1.4 Aufgaben, Probleme, Prozesse** Erstellen Sie eine Liste mit Aufgaben, an denen Sie beteiligt waren oder sind:

3 Problemlösungsprozesse, die keine Projekte sind,
3 Routineprozesse,
3 Probleme, deren Lösung keine Prozesse erfordern,
3 unproblematische Aufgaben, deren Lösung keinen Prozesscharakter besitzen.

▶ **Aufgabe 1.5 Aufgaben, Probleme, Prozesse, Projekte** Untersuchen Sie, bei welchen der folgenden Vorhaben es sich um Aufgaben und bei welchen es sich um Probleme handelt. Bei welchen Vorhaben ist die Durchführung ein Prozess und bei welchen handelt es sich um ein Projekt?

1. Erlernen einer Fremdsprache.
2. Eine mathematische Gleichung 4. Grades lösen.
5. Die Fahrstrecke minimaler Länge für die Auslieferung von 10 Paketen an 10 verschiedenen Orten ermitteln.
6. Die hinsichtlich Fahrstrecke, Fahrzeit und Energieverbrauch optimierte Strecke für die Auslieferung von 10 Paketen an 10 verschiedenen Orten ermitteln.
7. Ein Programm schreiben, mit dem die optimale Route für die Auslieferung von beliebig vielen Paketen an verschiedenen Orten berechnet werden kann.

Bewerten Sie bei jedem Vorhaben den Schwierigkeitsgrad und den Zeitaufwand!

▶ **Aufgabe 1.6 Smartphone aus Systemsicht** Bei einem Smartphone fällt die Abgrenzung als System relativ leicht. Die verschiedenen Bestandteile sind sehr kompakt in einem Gehäuse verbaut. In der Regel ist es nicht nötig und auch gar nicht so leicht möglich, sich das Innenleben anzuschauen. Aber das was Sie von außen sehen

Abb. 1.2 Problem-Lösungs-Landschaft

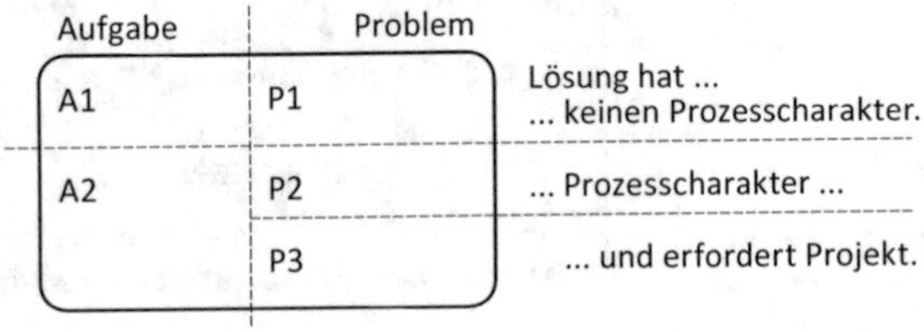

Aufgabe	Problem	Lösung hat ...
A1	P1	... keinen Prozesscharakter.
A2	P2	... Prozesscharakter ...
	P3	... und erfordert Projekt.

und das, was Sie damit machen können, erlaubt Ihnen Rückschlüsse über die Schnittstellen mit der Umgebung und auch über die im Inneren befindlichen Komponenten.

Welche Schnittstellen zu seiner Umgebung besitzt ein Smartphone? Wie wirkt die Umgebung auf das Gerät ein? Welche ungewollten Einwirkungen der Umgebung können Sie sich vorstellen? Welche Auswirkungen hat ein Smartphone auf seine Umgebung? Welche dieser Wirkung sind gewollte Hauptwirkungen, wo handelt es sich um Nebenwirkungen? Versuchen Sie die wichtigsten internen Komponenten eines Smartphones zu benennen.

▶ **Aufgabe 1.7 Projektergebnis CAD-Einführung als System** Das Ergebnis eines Projekts kann als System angesehen werden. In der Konstruktionsabteilung, in der Sie arbeiten, soll im Rahmen eines Projekts eine neue CAD-Software eingeführt werden. Analysieren Sie das angestrebte Ergebnis aus Systemsicht. Wie kann das Projektergebnis als System von seiner Umgebung abgegrenzt werden? Welche Bestandteile gehören zum System und welche nicht? Welche Wechselwirkungen bestehen zwischen den Teilen?

▶ **Aufgabe 1.8 Beispiele zur Problem-Lösungs-Landschaft** Veranschaulichen Sie die Abgrenzung der Begriffe „Aufgabe", „Problem", „Prozess" und „Projekt", indem Sie für jedes der fünf Gebiete A1/A2 (Aufgaben ohne/mit Prozesscharakter), P1/P2 (Problemlösungen ohne/mit Prozesscharakter) und P3 (Problemlösungsprozesse mit Projektcharakter) in der in Abb. 1.2 dargestellten Problem-Lösungs-Landschaft je zwei Beispiele benennen. Begründen Sie die von Ihnen gewählte Zuordnung.

▶ **Aufgabe 1.9 Zuordnung zur Problem-Lösungs-Landschaft** Ordnen Sie die folgenden Vorhaben in der Problem-Lösungs-Landschaft von Abb. 1.2 den Gebieten A1 bis P3 zu.

- Eine Pizza besorgen.
- Die Gäste einer Betriebsfeier mit Speisen und Getränken versorgen.
- Einen Auftritt des Jugendorchesters auf der Betriebsfeier organisieren.
- Eine Besuchergruppe in der Kantine bewirten.
- Ein Soufflee zubereiten.
- Ein mehrgängiges Menü für eine Gruppe von Personen erstellen.
- Hintergrundmusik für eine Betriebsfeier bereitstellen.

Erläutern Sie Ihre Entscheidungen.

1.3   Projektmanagement

Ein Projekt ist ein Problemlösungsprozess, der aus vielen Aktivitäten mit gegenseitigen Abhängigkeiten besteht. Zur Erarbeitung der Lösung müssen viele Personen zusammenarbeiten. Sie nehmen dazu Ressourcen in Anspruch, wie z. B. Kapital, Maschinen, Räume und Werkzeuge. Die verfügbaren personellen und sächlichen Kapazitäten sind begrenzt und schließlich muss das Projekt in einem begrenzten Zeitrahmen ausgeführt werden.

Aufgrund der unvermeidbaren, vielfältigen Wechselwirkungen und Einschränkungen ist vor der Durchführung der Aufgaben eine Planung der Abläufe und der Einsatzzeiten notwendig. Während der Durchführung muss die Einhaltung der Pläne überwacht und beim Auftreten von Abweichungen steuernd eingegriffen werden. Dies ist die Aufgabe des Projektmanagements (PM).

Die Aktivitäten der Projektdurchführung und des Projektmanagements bilden parallel laufende Prozesse. Sie sind in Abb. 1.3 dargestellt. Der Projektmanagementprozess besteht im Wesentlichen aus vier Teilprozessen:

- Definition und Gründung des Projekts,
- Planung aller Aktivitäten, Einsatzzeiten und Ergebnisse,
- Steuerung der Projektdurchführung,
- Abschluss des Projekts.

Parallel hierzu und mit enger Verzahnung läuft die Durchführung des Projekts für die beauftragte Problemlösung:

- Analyse des zugrunde liegenden Problems,
- Entwurf möglicher Lösungen,
- Realisierung der ausgewählten Lösung,
- Validierung der erreichten Lösung.

▶ **Aufgabe 1.10 Zuordnung der PM-Prozesse der ISO 21500** Die Liste in Tab. 1.1 enthält die Prozesse, die in der PM-Norm ISO 21500 als Standard-Prozesse empfohlen werden. Versuchen Sie diese Prozesse den vier Phasen Definition, Planung, Steuerung

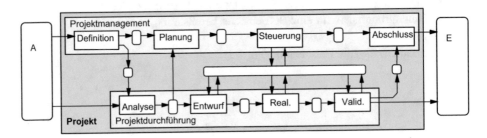

Abb. 1.3 Grobstruktur eines gemanagten Projekts

Tab. 1.1 PM-Prozesse der ISO 21500

4.3.2 Develop Proj. Charter	4.3.22 Estimate Activity duration
4.3.3 Develop Proj. Plans	4.3.23 Develop Schedule
4.3.4 Direct Proj. Work	4.3.24 Contr. Schedule
4.3.5 Control Proj. Work	4.3.25 Estimate costs
4.3.6 Control Changes	4.3.26 Develop budget
4.3.7 Close Proj.	4.3.27 Control Costs
4.3.8 Collect lessons learned	4.3.28 Identify Risks
4.3.9 Identify stakeholders	4.3.29 Assess Risks
4.3.10 Manage stakeholders	4.3.30 Treat Risks
4.3.11 Define Scope	4.3.31 Control Risks
4.3.12 Create Create Work Breakdown Structure	4.3.32 Plan Quality
4.3.13 Define activities	4.3.33 Perform Quality Assurance
4.3.14 Control Scope	4.3.34 Perform Quality Control
4.3.15 Establish Proj. Team	4.3.35 Plan Procurements
4.3.16 Estimate resources	4.3.36 Select Suppliers
4.3.17 Define Proj. Organisation	4.3.37 Administer Proc.
4.3.18 Develop Proj. Team	4.3.38 Plan Communications
4.3.19 Control Resources	4.3.39 Distribute Info.
4.3.20 Manage Proj. Team	4.3.40 Manage Communications
4.3.21 Sequence activities	

und Abschluss zuzuordnen. (Anhaltspunkt: In der Norm sind 3 Prozesse der Definition (Initiating), 16 Prozesse der Planung, 18 Prozesse der Steuerung (Implementing, Controlling) und 2 Prozesse dem Abschluss (Closing) zugeordnet.)

▶ **Aufgabe 1.11 Arbeitspakete zu Teilprozessen zuordnen** Die folgende Liste umfasst einen Teil der Arbeiten, die beim Projekt für die Einführung eines neuen CAD-Systems anfallen.

AP1: Erstellung des Abschlussberichts für die Einführung des CAD-Systems.
AP2: Überprüfen, ob alle vorhandenen Dateitypen vom neuen System lesbar sind.
AP3: Festlegung des Ablaufs für die Installation des Systems.
AP4: Beantragung der benötigten Ressourcen bei der Geschäftsleitung.
AP5: Schulung der zukünftigen Benutzer.
AP6: Festlegung aller beteiligten und betroffenen Personen im Projekt.
AP7: Besprechung mit dem Lieferanten wegen der angekündigten Verzögerungen.
AP8: Festlegen aller Arbeitspakete und Erstellen des Projektablaufplans.
AP9: Erfassung der Anforderungen an ein neues CAD-System.

Ordnen Sie diese Arbeiten den vier PM-Teilprozessen bzw. den vier Teilprozessen der Problemlösung zu.

1.4   Lösungen

▶ **Lösung 1.1 Projekte und Nicht-Projekte** Als **Nicht-Projekte** kann man folgende
Vorhaben einstufen: Lösen einer Differenzialgleichung, Kauf eines neuen Autos,
Aufbau eines Zelts, eine Klausur absolvieren (und bestehen), Einkommensteuer-
erklärung erstellen, ein Buch lesen, an einem Fußballturnier teilnehmen, ein Ingenieurbüro führen.

Beispiele für **Projekte** sind: die Produktion einer neuen Musik-CD (inkl. kompo-
nieren, aufnehmen, herstellen, vertreiben), das Erstellen einer Software zur Stunden-
planerstellung, der Selbstbau eines neuen Einfamilienhauses, ein Buch schreiben,
ein komplettes Studium absolvieren, ein Ingenieurbüro gründen, Entwicklung eines
Fahrzeugs zur Teilnahme am Eco-Marathon.

Grenzfälle, deren Einordnung eine genauere Betrachtung erfordern oder subjektiv erfolgt sind: die Renovierung eines Oldtimers, der Aufbau eines Fertigteile-
Carports, ein Auslandssemester absolvierem, der Umzug in ein neues Haus, den
Führerschein erlangen, die Elektroanlagen in einem Rohbau installieren, das Erlernen eines Musikinstruments.

Beispiele für **Groß-Projekte** sind bekannte Bauvorhaben (z. B. Bau des Eiffel-
turms, des Gotthard-Basistunnels, des Burj al Arab), große Entwicklungsvorhaben
(Entwicklung des A380, des iPhone, von Windows 7, des Medikaments Viagra), die
Produktion des Films Titanic, des Albums Sgt. Pepper, Ausrichtung einer Fuß-
ball-WM, von Rock am Ring, Einführung der neuen Rechtschreibregeln,

▶ **Lösung 1.2 Projektkriterien** Der Screenshot in Abb. 1.4 zeigt die sieben Vorhaben
und die zur Beurteilung verwendeten Kriterien.

Sicher sind einige Bewertungen zum Teil subjektiv und könnten von anderen
Personen abweichend eingestuft werden. Trotzdem ergibt sich ein erstes Gesamt-

		Zielexistenz	Schwierigkeit	Prozess-charakter	Organisation	Terminierung	Ressourcen-begrenzung	Mittelwert
a	ERP-Software	3	2	3	3	2	3	**2,67**
b	Betriebssport	0	1	2	3	0	1	1,17
c	**Neue Maschine**	3	3	3	3	3	3	**3,00**
d	**Produktionslinie**	3	3	3	3	3	3	**3,00**
e	Firmenlogo	2	1	1	2	1	3	1,67
f	Geschäftsbericht	3	1	2	3	3	1	2,17
g	Total Quality Management	1	3	3	3	0	2	2,00

Abb. 1.4 Bewertung der Projektmerkmale

bild. Zum Vergleich der verschiedenen Vorhaben wurde in der letzten Spalte der Mittelwert gebildet. Gemäß der gewählten Skala von 0 bis 3, könnte man bei einem Mittelwert oberhalb von 1,5 von einem Projekt sprechen. Damit wäre nur der Betriebssport kein Projekt. Insbesondere die fehlende Existenz eines klaren Ziels und die fehlende Terminierung bestätigen dieses Ergebnis.

Dass der Mittelwert aller Kriterien nicht alleine aussagefähig ist, zeigen der Geschäftsbericht und das TQM-Vorhaben. Obwohl die beiden Vorhaben einen recht hohen Mittelwert besitzen, werden sie nicht als Projekte eingestuft. Der Geschäftsbericht wird jedes Jahr erstellt und ihm fehlt daher als wesentliches Kriterium die Einmaligkeit. Ein wichtiges Merkmal von TQM ist die kontinuierliche Verbesserung. Es ist daher ein nie endendes Vorhaben und kann somit kein Projekt sein.

Trotz niedrigerer Punktzahl ist die Beurteilung beim Firmenlogo-Vorhaben nicht so eindeutig. Da der Auftrag an ein externes Design-Büro vergeben wurde, das wohl öfter mit derartigen Aufgaben zu tun hat, wird das Vorhaben aus Sicht des Auftragnehmers nicht als Projekt eingestuft.

▶ **Lösung 1.3 Projektklassifikation** Als Projekte wurden die ERP-Software-Einführung, die Konstruktion der neuen Maschine und der Aufbau der neuen Produktionslinie eingestuft.

Die ERP-Einführung stellt im Wesentlichen ein Organisationsprojekt dar, das allerdings auch eine beträchtliche Investition beinhaltet. Es geht um die Veränderung von Arbeitsabläufen unter Einsatz von Software-Tools. Da der durchgängige Einsatz der ERP-Software sehr viele Arbeitsplätze des Unternehmens betrifft, sind auch viele Personen in die Einführung involviert. Allerdings werden diese nicht alle zum Projektteam zu zählen sein. Das Vorhaben wird daher als Projekt mittlerer Größe eingestuft.

Die Konstruktion der neuen Maschine ist ein F&E-Projekt, das vor allem Personaleinsatz erfordert. Der Projektgegenstand ist die neue Maschine. Bei einem Maschinenbauunternehmen wird die Konstruktion einer neuen Maschine öfter notwendig sein, aber nicht so oft, dass von Routine gesprochen werden kann. Daher wird auch hier von einem Projekt ausgegangen, dessen Umfang eine mittlere Größenordnung besitzt.

Der Aufbau der neuen Produktionslinie beinhaltet zwar einige F&E-Arbeiten, um die Anforderungen der neuen Maschine auf die Produktionsanlagen abzubilden, allerdings handelt es sich im Wesentlichen um ein Investitionsprojekt mit der aufgebauten Produktionslinie als Ergebnis. Da neue Maschinen normalerweise auf bestehenden Linien gefertigt werden, muss man hier für das Unternehmen von einem großen Projekt ausgehen.

▶ **Lösung 1.4 Aufgaben, Probleme, Prozesse** Als Beispiele für Problemlösungsprozesse, die **keine Projekte** sind, kann man nennen: die Dechiffrierung der Enigma
   (es existierte zwar hoher Zeitdruck, aber keine Zeitbegrenzung), das Projekt Guten-
   berg (auch dies ist, trotz der Bezeichnung, kein Projekt, da keine Zeitbegrenzung
   existiert), die Quadratur des Kreises (nicht nur schwierig, sondern unmöglich)

   Beispiele für **Routineprozesse** sind: eine Quartalsbilanz erstellen (immer wiederkehrend), ein Zimmer tapezieren (sollte kein Problem sein, oder?), Durchführung
   einer Inventur (regelmäßig wiederkehrend), ein Abendessen für Freunde zubereiten
   (findet hoffentlich nicht nur einmal statt).

   Probleme, deren Lösung keine Prozesse erfordern, sind z. B. ein Sudoku lösen
   (je nach Schwierigkeitsgrad), eine Schachaufgabe lösen.

   Als **unproblematische Aufgabe** ohne Prozesscharakter, kann man z. B. das
   Erstellen eines Besprechungsbericht nennen, eine Fertigpizza erhitzen, ein Auto
   betanken.

▶ **Lösung 1.5 Aufgaben, Probleme, Prozesse, Projekte**

1. Das Erlernen einer Fremdsprache ist zwar ein zeitaufwändiger Vorgang und besitzt Prozesscharakter. Er erfordert auch regelmäßiges Üben. Allerdings handelt
   es sich nicht um ein Problem. In der Regel wird nur eine Person damit beschäftigt
   sein und keine unmittelbare Zeitlimitierung aufweisen. Insofern handelt es sich
   auch nicht um ein Projekt.
2. Ein mathematische Gleichung dritten Grades kann in der Regel gelöst werden,
   wenn eine Nullstelle geraten wird. Bei einer Gleichung vierten Grades müssen
   zwei Nullstellen geraten werden. Dies kann unter Umständen recht zeitaufwändig sein, wenn man sich nicht eines Rechners bedienen kann. Auch wenn der
   Vorgang vielleicht viel Geduld erfordert, besitzt er aber keinen Prozess- und auch
   keinen Projektcharakter.
3. Mit Hilfe einer mathematischen Formelsammlung kann mit moderaten mathematischen Kenntnissen der Zusammenhang zwischen Höhe, Durchmesser, Volumen
   und Oberfläche eines zylindrischen Körpers bestimmt werden. Somit handelt es
   sich um eine Aufgabe, die weniger als eine Stunde Zeitaufwand erfordern sollte.
4. Der Aufbau eines Billy-Regals ist durch eine Anleitung im Einzelnen vorgegeben
   und für durchschnittlich handwerklich begabte Personen ohne Probleme zu bewältigen. Insofern handelt es sich lediglich um eine Aufgabe. Der Zeitaufwand
   dürfte in der Größenordnung von einer Stunde liegen.
5. Diese harmlosere Variante des Travelling-Salesman-Problems besitzt 362.880
   mögliche Lösungen. Dies sind sicherlich zu viele, um sie alle auszuprobieren. Im
   Allgemeinen handelt es sich bei dieser Aufgabe aufgrund der Vielzahl der zu
   überprüfenden Lösungen um ein Problem. In praktischen Fällen, kann bei 10

Orten mit begrenztem Aufwand eine Lösung gefunden werden, auch wenn nicht sicher ist, dass es immer die optimale Lösung ist.

6. Auch wenn es hier wieder nur 10 Orte gibt, ist das Problem deutlich schwieriger, da nun eine Optimierung hinsichtlich drei Kriterien eine Optimierung notwendig ist.

7. Ein Programm zur Lösung des Travelling-Salesman-Problems zu schreiben ist sicherlich ein Projekt – vorausgesetzt man greift nicht auf ein vorhandenes Programm zurück. Es ist eine Einarbeitung in die Problematik nötig, eine Recherche möglicher Lösungsalgorithmen und deren Umsetzung in ein Programm. Soll das Programm eine gut bedienbare Benutzerschnittstelle besitzen, ist sicherlich ein Aufwand von mehreren Tagen erforderlich.

▶ **Lösung 1.6 Smartphone aus Systemsicht** Auch ohne ein Smartphone zu zerlegen, kann man einiges über das Innenleben vermuten (siehe Abb. 1.5). Sichtbar sind das Display und das Gehäuse. Auch Kamera und Lautsprecher sind selbstverständlich. Es muss einen Akku geben und Treiber für WLAN-Netz, Mobilfunknetz und für die serielle Schnittstelle. Natürlich gibt es jede Menge Apps, die wiederum ein Betriebssystem und einen Prozessor voraussetzen.

Die erwünschten Wechselwirkungen mit der Umgebung sind Benutzereingaben über ein Touch-Display und Mikrofon. Ausgaben erfolgen am Display oder über Lautsprecher. Über das WLAN-Netz und das Mobilfunknetz werden Funksignale mit der Umgebung ausgetauscht. Die drahtgebundene Kommunikation läuft über eine serielle Schnittstelle und der Akku wird über Ladekabel und Netzadapter versorgt.

Unerwünschte Einwirkungen der Umgebung sind elektrische Felder, mechanische Beanspruchungen sowie Wärme, Feuchtigkeit oder Staub. Auch das Smartphone kann sich in unerwünschter Form bemerkbar machen, z. B. durch die Wärmeabgabe, durch störende Funksignale oder Geräusche.

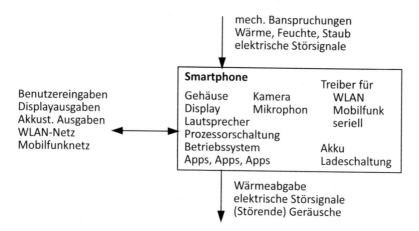

Abb. 1.5 Systembild eines Smartphones

▶ **Lösung 1.7 Projektergebnis CAD-Einführung als System** Die beiden wesentlichen Aspekte bei der Betrachtung des Projektergebnisses sind die anzuschaffenden bzw. zu installierenden sächlichen Komponenten. Ganz offensichtlich ist dies die neue CAD-Software, die auf verschiedenen Rechnern installiert werden muss. Möglicherweise müssen an einigen oder allen Arbeitsplätzen neue Rechner oder neue Betriebsysteme angeschafft werden. Dies geht aus der Aufgabenstellung nicht hervor, deshalb wird davon ausgegangen, dass dies nicht notwendig ist. Unter diesem Aspekt gehört die vorhandene Infrastruktur, d. h. die an den Arbeitsplätzen vorhandenen Rechner, das darauf installierte Betriebsystem und die sonstige Anwendungssoftware zur Umgebung des Projektergebnisses. Auch die Vernetzung der Rechner untereinander, die zentralen Datenserver zur Ablage von Daten und die alten CAD-Datenbestände gehören zur Umgebung.

Ein zweiter Aspekt des Projektergebnisses ist die bei den Benutzern durch Schulung aufzubauende Kompetenz. Wenn bereits andere CAD-Systeme im Einsatz sind, bezieht sich die neue Kompetenz auf den Umgang mit dem neuen System. Liegen keine CAD-Erfahrungen vor, ist der grundsätzliche Umgang mit einer CAD-Software zusätzlich zu erwerben. Zur „Umgebung" dieses Bestandteils des Projekts gehören die bei den Benutzern vorher vorhandenen Kompetenzen. Weitere zur Umgebung zu zählende Bestandteile sind eventuelle Schulungsunterlagen oder eine „Service-Hotline" des Lieferanten.

▶ **Lösung 1.8 Beispiele zur Problem-Lösungs-Landschaft** Die ersten fünf Beispiele kommen aus dem Berufsleben …

A1: die Ziele für das nächste Quartal festlegen,
A2: aus den Kontakten aller Vertriebsmitarbeiter eine Kundendatenbank erstellen,
P1: die Kollision von zwei Terminen beseitigen,
P2: für eine Kundenanfrage ein detailliertes Angebot erstellen,
P3: Einführung einer Software für die Handhabung der Kundenbeziehungen

… und die nächsten fünf aus einer Freizeitaktivität:

A1: einen Termin für den Auftritt unserer Rockband ausmachen,
A2: die Orte und Termine für die Tournee unserer Rockband ausmachen,
P1: unseren Bassisten überzeugen, noch ein Jahr länger dabei zu bleiben,
P2: das neue Repertoire für unsere Rockband einstudieren,
P3: eine eigene CD mit unserem neuen Repertoire aufnehmen.

▶ **Lösung 1.9 Zuordnung zur Problem-Lösungs-Landschaft** Die Aktivitäten werden hinsichtlich ihrer Einordnung folgendermaßen beurteilt.

Eine Fertigpizza besorgen: einfache Aufgabe (A1), normalerweise nur ein Telefonanruf.

Die Gäste einer Betriebsfeier mit Speisen und Getränken versorgen: viele Gäste, viele Essen, viele Beteiligte, fester Termin, eine Planung ist sehr sinnvoll, also ist es ein Projekt (P3).

Einen Auftritt des Jugendorchesters auf der Betriebsfeier organisieren: Eine Aufgabe mit Prozesscharakter (A2). Sie sollte nicht so schwierig sein, bedarf aber sicherlich mehrerer Vorbereitungsschritte.

Eine Besuchergruppe in der Kantine bewirten: Aufgabe mit Prozesscharakter (A2): nicht schwierig, aber es sind mehrere Teilprozesse notwendig, z. B. Termin ausmachen, Tisch bestellen etc.

Ein Soufflee zubereiten: Problem (P1), sicherlich personenabhängig, aber alleine der Name klingt schon kompliziert, vor allem wenn man nicht kochen kann.

Ein mehrgängiges Menü für eine Familie erstellen: wenn man kochen kann, eine Aufgabe (A2), sonst ein Problem (P2), auf jeden Fall mit Prozesscharakter.

Hintergrundmusik für ein Abendessen bereitstellen: eine Aufgabe (A1), nicht schwierig und auch nicht aus mehreren Schritten bestehend.

▶ **Lösung 1.10 Zuordnung der PM-Prozesse der ISO 21500** Tab. 1.2 zeigt die Zuordnung der PM-Prozesse der ISO 21500 zu den Phasen Definition, Planung, Steuerung und Abschluss des Projektmanagements.

Tab. 1.2 PM-Prozesse der ISO 21500 mit Zuordnung zu den PM-Phasen

1. Definition (Initiating)	4. Abschluss (Closing)
4.3.2 Develop Proj. Charter	4.3.7 Close Proj.
4.3.9 Identify stakeholders	4.3.8 Collect lessons learned
4.3.15 Establish Proj. Team	
2. Planung (Planing)	**3. Steuerung (Implementing + Controlling)**
4.3.3 Develop Proj. Plans	4.3.4 Direct Proj. Work
4.3.11 Define Scope	4.3.5 Control Proj. Work
4.3.12 Create Work Breakdown Structure	4.3.6 Control Changes
4.3.13 Define activities	4.3.10 Manage stakeholders
4.3.16 Estimate resources	4.3.14 Control Scope
4.3.17 Define Proj. Organisation	4.3.18 Develop Proj. Team
4.3.21 Sequence activities	4.3.19 Control Resources
4.3.22 Estimate Activity duration	4.3.20 Manage Proj. Team
4.3.23 Develop Schedule	4.3.24 Contr. Schedule
4.3.25 Estimate costs	4.3.27 Control Costs
4.3.26 Develop budget	4.3.30 Treat Risks
4.3.28 Identify Risks	4.3.31 Control Risks
4.3.29 Assess Risks	4.3.33 Perform Quality Assurance
4.3.32 Plan Quality	4.3.34 Perform Quality Control
4.3.35 Plan Procurements	4.3.36 Select Suppliers
4.3.38 Plan Communications	4.3.37 Administer Proc.
	4.3.39 Distribute Info.
	4.3.40 Manage Communications

Tab. 1.3 Zuordnung der Arbeitspakete zu den PM-Teilprozessen

Projektmanagement	Definition AP4, AP6, (AP9)	Planung AP8	Steuerung AP7	Abschluss AP1
Projektdurchführung	Analyse (AP9)	Entwurf AP3	Realisierung AP5	Validierung AP2

▶ **Lösung 1.11 Arbeitspakete zu Teilprozessen zuordnen** Tab. 1.3 zeigt die Zuordnung der Arbeitspakete AP1 bis AP9 zu den Teilprozessen der Projektdurchführung und des Projektmanagements. Die Erstellung des Abschlussberichts (AP1), die Beantragung benötigter Ressourcen (AP4), die Ermittlung der Stakeholder (AP6), das Lieferantengespräch (AP7) und die Planungdes Projektablaufs (AP8) gehören offensichtlich zum Projektmanagement.

Die Prüfung der Dateilesbarkeit (AP2), die Festlegung des Ablaufs der Installation (AP3), die Nutzerschulung (AP5) können der Projektdurchführung zugeordnet werden. Nicht ganz eindeutig ist Anforderungsanalyse (AP9). Eine grobe Analyse wird bereits für die Projektplanung und Aufwandsschätzung benötigt und gehört somit zum PM. Die wesentlich zeitaufwändigere Feinanalyse kann der Projektdurchführung zugeordnet werden.

Problemlösung

2

Zusammenfassung

In einem Projekt müssen auf vielfältige Weise Probleme gelöst werden. Neben dem eigentlichen Hauptproblem, das den Anlass für das Projekt darstellt, gibt es scheinbar unendlich viele kleinere Probleme, die in der Aufgabenstellung enthalten sind oder im Laufe der Projektdurchführung auftreten. Damit die Erreichung der Projektziele möglichst nicht von zufälligen, günstigen Bedingungen bei der Problemlösung abhängt, sind grundlegende Kenntnisse der Prozesse notwendig, die für die Lösung von Problemen gebraucht werden.

2.1 Modelle des Problemlösens

Innovative Lösungen für Probleme zu finden, erfordert einerseits kreative Ideen. Die Zielorientierung und Zeitbegrenzung von Projekten machen andererseits ein systematisches Vorgehen nötig. Um ein erfolgreiches Zusammenwirken der scheinbaren Gegensätze Kreativität und Systematik zu erreichen, wurden in vielen Gebieten Lösungsstrategien und Vorgehensweisen erarbeitet. Sie können unter dem Rahmenmodell eines einheitlichen Problemlösungsprozesses zusammengefasst werden. Dieser besteht aus vier Teilprozessen, die zur Herleitung einer Lösung durchlaufen werden (siehe Abb. 2.1).

Zu Beginn existieren diffuse Vorstellungen über das Problem („Problemnebel"). Um das Problem zu verstehen, werden Informationen gesammelt und analysiert. Das Ergebnis wird als Problembeschreibung dokumentiert. Auch die Zielvorstellungen sind am Anfang verschwommen („Zielwolke"). Sie müssen deshalb konkret gefasst und in Form eines Zielsystems präzisiert werden. Dann kann die Suche nach Lösungen erfolgen, die vor allem Kreativität erfordert. Aus den gefundenen Lösungsalternativen wird schließlich, ausgerichtet auf die Zielvorgabe, die beste Variante für den Lösungsweg ausgewählt.

© Springer Fachmedien Wiesbaden GmbH, ein Teil von Springer Nature 2021
W. Jakoby, *Intensivtraining Projektmanagement*,
https://doi.org/10.1007/978-3-658-32836-8_2

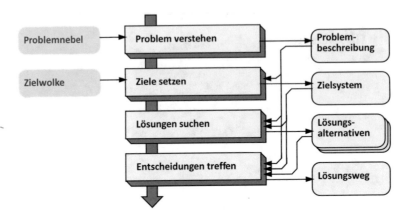

Abb. 2.1 Der allgemeine Problemlösungsprozess

Tab. 2.1 REFA-Planungssystematik und 6-Stufenmodell

Planungssystematik (neu)	6-Stufenmodell (alt)
1. Ausgangssituation analysieren	1. Ziele setzen
2. Ziele festlegen und Aufgabe abgrenzen	2. Aufgabe abgrenzen
3. Projektlösung/Produkt/Prozess/Arbeitssystem konzipieren	3. Ideale Lösung
4. Projektlösung/Produkt/Prozess/Arbeitssystem detaillieren	4. Praktikable Lösung
5. Projektlösung/Produkt/Prozess/Arbeitssystem einführen	5. Optimale Lösung auswählen
6. Projektlösung/Produkt/Prozess/Arbeitssystem einsetzen	6. Lösung einführen und …
	… Zielerreichung prüfen

Die anschließende Verwirklichung der Lösung besteht aus vier weiteren Teilprozessen. Sie dienen der Ausarbeitung, Realisierung, Überprüfung und Optimierung der Lösung. Diese Teilprozesse sind sehr stark problemspezifisch und werden daher hier nicht näher betrachtet.

▶ **Aufgabe 2.1 REFA-Planungssystematik** Die Gestaltung betrieblicher Arbeitsabläufe ist das Ziel des REFA-Verbands (Verband für Arbeitsgestaltung, Betriebsorganisation und Unternehmensentwicklung). Schwachstellen in den Arbeitsabläufen stellen typische Problemfälle dar. Die Analyse von Arbeitsabläufen und deren Verbesserung ist daher ein Problemlösungsprozess. Für derartige Prozesse hat die REFA eine Planungssystematik entwickelt, die das vorher verwendete 6-Stufen-Modell ablöst. Die neue Planungssystematik besteht ebenfalls aus sechs Schritten (Tab. 2.1).

Ordnen Sie die dargestellten Schritte sowohl des alten als auch des neuen Modells den Teilprozessen des allgemeinen Problemlösungsprozesses zu.

▶ **Aufgabe 2.2 Auto startet nicht** Es ist Montagmorgen, sie möchten zur Arbeit fahren, aber das Auto springt nicht an. Zweifellos ist das ein Problem und nachdem sich der erste Ärger verzogen hat, werden Sie überlegen, wie Sie es lösen können. Planen Sie eine Vorgehensweise, die aus vier Schritten besteht und sich an dem allgemeinen Problemlösungsprozess orientiert.

2.2 Problemanalyse

Um ein Problem so gut wie möglich zu verstehen, müssen zunächst viele Informationen gesammelt werden. Hierfür sind strukturierte Fragetechniken hilfreich. Sehr grundlegend sind die 4-Was-Fragen, die einen Schnelldurchgang durch den Lösungsprozess repräsentieren: Was ist gegeben? Was ist gesucht? Was kann ich tun? Was hindert mich daran?

Für das Verständnis eines Sachverhalts ist das Erkennen kausaler Beziehungen wichtig. Vernetzte Beziehungen und Wirkungsketten können durch mehrmals wiederholte Warum-Fragen (5-Warum) aufgedeckt werden.

Einen tieferen Einstieg ermöglicht der 6W-Fragenkatalog. Mit ihm wird das Problem aus verschiedenen Blickwinkeln betrachtet (Was, Wie, Warum, Wer, Wo, Wann). Außerdem wird durch die explizite Betrachtung des Nicht-Problems eine Abgrenzung vorgenommen und durch die Hinterfragung der Lösung auch der Blick auf das gewünschte Ergebnis der Problemlösung gelenkt (Abb. 2.2).

Die Erfassung der Kenntnisse mehrerer Beteiligter kann im Rahmen von Workshops, durch persönliche Befragung oder in schriftlicher Form erfolgen. Dabei sollten die Antwortmöglichkeiten offen gelassen werden. Nur bei einer sehr großen Zahl von Befragten sind vorgegebene Antwortmöglichkeiten sinnvoll.

Das Ergebnis der Durchleuchtung eines Problems mit den verschiedenen Fragetechniken ist eine umfangreiche Sammlung von Einzelinformationen. Diese müssen anschließend strukturiert werden, damit sie als Grundlage für eine Lösungssuche geeignet sind. Lösungen bestehen aus einer Vielzahl von Handlungen, die bestimmte Wirkungen erzielen sollen. Die Suche nach kausalen Zusammenhängen, nach Wirkungsketten und rückgekoppelten Wirkungskreisen steht daher im Mittelpunkt der Analyse. Zur deren übersichtlichen Darstellung bieten sich Ursache-Wirkungs-Diagramme an. So werden z. B. bei einem Ishikawa-Diagramm Einflussfaktoren auf eine bestimmte Größe gruppiert und grafisch dargestellt. Eine Standardisierung der Gruppen in Form der 4M-Methode (Mensch, Maschine, Material, Methode) erleichtert dabei die Suche nach möglichen Einflussfaktoren.

Abb. 2.2 Fragetechniken:
4-Was, 5-Warum, 6-W

	Problem	Nicht-Problem	Lösung
Was	4-Was		
Wie			
Warum	5-Warum		
Wer			
Wo			
Wann			

Viele Wirkungen sind multikausal und viele Ursachen haben parallele Auswirkungen. Daher ist eine Priorisierung der gefunden Faktoren nötig. Hierfür stehen verschiedene Methoden zur Verfügung. Die ABC-Analyse teilt Faktoren in drei Gruppen absteigender Bedeutung ein. Die Pareto-Analyse nutzt die ungleiche Stärke der Einflussfaktoren, um die wenigen wichtigen (z. B. 20 %) Faktoren zu erkennen, die den größten Anteil (z. B. 80 %) zur Wirkung beitragen.

▶ **Aufgabe 2.3 Problemerkennung Einfamilienhausheizung** Der Besitzer eines Einfamilienhauses beklagt sich, dass die Kosten für die mit Öl betriebene Heizung zu hoch sind. Versuchen Sie mit Hilfe der 6-W-Methode das Problem zu analysieren.

▶ **Aufgabe 2.4 Problemanalyse Lahm&Täuer** Die Spedition Lahm&Täuer hat 12 LKW und insgesamt 20 Fahrer. Es soll nun eine wöchentliche, rollierende Planung erstellt werden, die festlegt, wann, durch wen und mit welchem LKW die vorliegenden Transportaufträge ausgeführt werden. Dabei gibt es Aufträge, die fest an einen Termin gebunden sind und andere, die zeitlich in bestimmten Grenzen variabel sind.

- Bestimmen Sie alle relevanten Größen dieses Sachverhalts.
- Welche Beziehungen bestehen zwischen diesen Größen?
- Welche Restriktionen sind enthalten?
- Wie könnte das Zielkriterium aussehen?
- Was wird gesucht?

▶ **Aufgabe 2.5 Informationssammlung Elektronische Schaltung** Sie gehören zu einem Team von sieben Mitarbeitern einer Entwicklungsabteilung für elektronische Schaltungen. Wegen mangelhafter Problemanalysen waren in der Vergangenheit bei jeder Neuentwicklung mehrere Re-Designs notwendig. Sie erhalten von Ihrem Vorgesetzten zur Vorbereitung einer umfassenden Problemanalyse den Auftrag, Informationen zum problematischen Sachverhalt zu sammeln.

- Welche Methoden zur Informationssammlung stehen generell zur Verfügung?
- Wie würden Sie im konkreten Fall vorgehen?
- Begründen Sie die gewählte Vorgehensweise.

▶ **Aufgabe 2.6 Ishikawa-Diagramm Kaffeeautomat** In Ihrer Abteilung gibt es seit langem einen Kaffeeautomaten. In letzter Zeit häufen sich die Beschwerden über die Qualität des Kaffees. Um entscheiden zu können, ob eine neue Maschine angeschafft werden muss, sollen Sie mögliche Ursache für das Problem suchen. Stellen Sie diese in Form eines Ishikawa-Diagramms dar.

▶ **Aufgabe 2.7 Einflussfaktoren für die Herstellkosten von PKWs** Welche Faktoren beeinflussen die Kosten zur Produktion von PKWs? Gliedern Sie Ihre Suche nach der 4M-Methode.

▶   **Aufgabe 2.8 ABC-Analyse** Führen Sie eine ABC-Analyse der weltweiten Energiequellen durch. Sie sollten mindestens 15 verschiedene Energiequellen (z. B. Erdöl,
Kernkraft, Fotovoltaik) erfassen.

▶   **Aufgabe 2.9 Pareto-Analyse Länderflächen** Derzeit gibt es etwas mehr als 200 Länder auf der Erde. Eine Liste mit Angaben zur Bevölkerung und der Landfläche finden Sie z. B. unter http://de.wikipedia.org/wiki/Länder_der_Erde. Die gesamte
Landfläche beträgt etwa 135 Mio. km². Die Größe der Länder liegt dabei zwischen
17 Mio. km² für Russland und 0,44 km² für die Vatikanstadt.

Kopieren Sie die Daten in eine Tabellenkalkulation. Führen Sie für die Verteilung
der Landfläche eine Pareto-Analyse durch. Sortieren Sie die Länder in der Tabelle
zunächst der Größe nach. In einer zusätzlichen Spalte summieren Sie dann die
Landfläche auf. Die unterste Zeile enthält nun die gesamte Landfläche der Erde. In
einer zweiten Spalte beziehen Sie dann die Summenwerte in der zuvor eingefügten
Spalte auf den Gesamtwert.

Welchen Anteil der Landfläche besitzen die zehn größten Staaten (= 5 %)
der Erde?

Wie viele Länder werden benötigt, um auf 80 % bzw. 96 % der Landfläche
zu kommen?

2.3   Erstellung eines Zielsystems

Beim Lösen von Problemen scheint vor allem das Finden geeigneter Lösungen das größte
Hindernis zu sein. Tatsächlich sind aber unklare und unvollständige Zielvorgaben die häu-
figste Ursache für problematisch verlaufende Projekte. Die zu Beginn existierenden Vorstellungen sind oft unpräzise, abstrakt und lückenhaft. Bildlich wird diese Situation als
Zielwolke charakterisiert. Für ein Projekt muss aus den wolkigen Vorstellungen ein konkretes, überprüfbares Zielsystem gemacht werden (Abb. 2.3). Es setzt sich aus hierarchisch gegliederten Teilzielen zusammen. Jedes Teilziel wird dabei SMART formuliert:
spezifisch, messbar, attraktiv, realistisch und terminiert.

Zur Überprüfung der Zielerreichung wird jedes Teilziel durch eine Variable mit einem
vorgegebenen Wertebereich beschrieben. Auf diesem Wertebereich können dann Randbe-

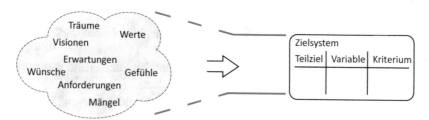

Abb. 2.3 Von der Zielwolke zum Zielsystem

dingungen als Muss-Ziele festgelegt werden, die unbedingt einzuhalten sind. Durch zusätzliche Gütekriterien, deren Bedeutung für das Gesamtziel durch Gewichtungsfaktoren beschrieben wird, kann später aus den in Frage kommenden Lösungen die beste ausgewählt werden.

▶   **Aufgabe 2.10 Ziele SMART formulieren** Untersuchen Sie die Qualität der folgenden Zielformulierungen.

„Im laufenden Geschäftsjahr werden wir unsere Verkaufszahlen in der Vertriebsregion Süd um 15 % gegenüber dem Vorjahr steigern."

„Um den Gewinn des Unternehmens zu maximieren, soll die Produktivität gesteigert und die Kundenzufriedenheit verbessert werden."

„Das Gewicht des Fahrzeugs ist durch die vermehrte Verwendung von Kunststoff-Bauteilen kurzfristig zu reduzieren."

Wie würden Sie diese Ziele formulieren?

▶   **Aufgabe 2.11 Zielsystem Immobilienkauf** Sie wohnen derzeit in einer Großstadt zur Miete. Wegen der niedrigen Zinsen planen Sie, eine Eigentumswohnung zu kaufen.

Benennen Sie ca. drei bis fünf Hauptkriterien, die Sie für die Auswahl geeigneter Objekte verwenden möchten. Bilden Sie für jedes Hauptkriterium mindestens zwei messbare Zielvariablen.

Formulieren Sie Randbedingungen, die eine Wohnung unbedingt einhalten muss, damit sie für einen Kauf in Frage kommt.

2.4 Lösungssynthese

Mit der Problembeschreibung und dem Zielsystem sind die Voraussetzungen für die Suche nach geeigneten Lösungen geschaffen. Zunächst geht es darum, möglichst viele Ideen zu produzieren. Um diesen kreativen Prozess zu unterstützen, müssen hemmende Faktoren, wie Druck, Kritik oder Fixierung vermieden werden. Fördernde Faktoren, wie z. B. eine vielfältige Wissensbasis, eine angenehme Atmosphäre und gruppendynamische Effekte müssen unterstützt werden.

Zur Anregung der Ideenproduktion gibt es zahlreiche Methoden. Zu nennen sind hier vor allem:

1. Brainstorming: die moderierte Suche nach Ideen in der Gruppe mit starker gegenseitiger Anregung.
2. Brainwriting: die Ideensammlung erfolgt schriftlich, dann mündliche Weiterentwicklung in der Gruppe.
3. Kartenabfrage: Ideen werden auf Karten notiert und ausgehängt, anschließende Modifikation und Ordnung der Ideen.
4. 635-Methode: 6 Teilnehmer produzieren und modifizieren je 3 Ideen im 5 Minuten-Takt.

Die Lösungssuche wird sehr stark angeregt, wenn der Sachverhalt aus möglichst vielen unterschiedlichen Sichten betrachten wird. Die gezielte Einnahme unterschiedlicher Perspektiven fördern:

1. die Disney-Methode mit den Sichtweisen des Realisten, des Träumers und des Kritikers,
2. die Denkhüte-Methode, die zwischen analytischer, emotionaler, kritischer, optimistischer, kreativer und ordnender Sichtweise unterscheidet sowie
3. die PMI-Methode, die positive (Plus), negative (Minus) und interessante (Interesse) Aspekte eines Sachverhalts sucht.

Zum gezielten Öffnen des Lösungsraum gibt es verschiedene Fragenkataloge, wie z. B. SCAMPER oder den Osborn-Katalog. Diese basieren auf Fragestellungen der Art: Kann ich mein Problem lösen, indem ich es minimiere/maximiere/transformiere/kombiniere/modifiziere/invertiere/substituiere?

Zum systematischen Durchsuchen eines Lösungsraums dient die morphologische Methode. Dabei werden zunächst die verschiedenen Dimensionen des Lösungsraums definiert. Für jede Dimension werden dann die möglichen Werte oder Wertebereiche ermittelt. Jede mögliche Lösung besteht aus einer Kombination von Werten für jede Dimension des Lösungsraums.

▶ **Aufgabe 2.12 Kreativitätstechniken Elektronische Schaltung** Die Informationssammlung für das Re-Design einer elektronischen Schaltung haben Sie erfolgreich erstellt. Ihr Vorgesetzter war zufrieden. (Nicht sehr zufrieden, aber wann würde ein Vorgesetzter das schon zugeben?) Nun gibt er Ihnen den Auftrag, Ideen für die Neuentwicklung zu finden. Welche Vorgehensweisen stehen Ihnen zur Verfügung? Legen Sie eine konkrete Vorgehensweise fest und begründen Sie die Festlegung.

▶ **Aufgabe 2.13 Morphologischer Kasten „Stellensuche"** Sie erstellen derzeit die Abschlussarbeit für Ihr Studium und Sie denken über die Suche nach einer geeigneten Stelle nach. Um die in Frage kommenden Stellen systematisch zu erfassen, möchten sie einen morphologischen Kasten für die Stellensuche aufbauen.

Suchen Sie zunächst mindestens vier wesentliche Größen, die für Sie bei der Stellensuche wichtig sind. Legen Sie dann für jede Größe mindestens drei mögliche Ausprägungen fest.

2.5 Lösungsauswahl

Wenn in der vorangehenden Lösungssuche genügend Lösungsideen und -alternativen gefunden wurden, kann die beste Lösung ausgewählt werden. Lösungen, die nicht alle Randbedingungen erfüllen, sind ungeeignet und werden aussortiert. Aus den verbleibenden

Lösungen kann dann mit Hilfe der Gütekriterien entschieden werden, welche Lösung am besten passt.

Das bekannteste Auswahlverfahren ist die Nutzwertanalyse (Abb. 2.4). Für jedes Gütekriterium wird hierbei eine Nutzenfunktion bestimmt. Mit ihr wird gemessen, welchen Nutzen U eine Lösungsvariante bietet. Durch die Festlegung einer Gewichtung G für alle Zielkriterien kann dann für jede gefundene Lösung A, B, C der gewichtete Nutzenwert aufsummiert werden. Die so erhaltenen Werte beschreiben die Güte jeder Lösung. Es wird dann die Lösung ausgewählt, die den höchsten Nutzwert besitzt.

▶ **Aufgabe 2.14 Argumentenbilanz** Ihr derzeitiges Auto ist ca. 6 Jahre alt und hat eine Laufleistung von 125.000 km. Sie überlegen, ob Sie das Auto weiter behalten oder sich ein anderes kaufen sollen. Erstellen Sie eine Argumentenbilanz.

▶ **Aufgabe 2.15 Nutzwertanalyse Immobilienkauf** In Aufgabe 2.11 haben Sie ein Zielsystem für den Kauf einer Eigentumswohnung erstellt. Nun möchten Sie aus mehreren Objekten, die die Randbedingungen erfüllen, das am besten passende auswählen. Für eine Nutzwertanalyse formulieren Sie ein Gütekriterium für jede Zielvariable. Bilden Sie jedes Gütekriterium mit einer geeigneten Nutzenfunktion auf einen einheitlichen Nutzenmaßstab ab. Drücken Sie die Bedeutung der einzelnen Kriterien für den Gesamtnutzen durch Gewichtungsfaktoren aus.

Suchen Sie nun mit Hilfe von Verkaufsanzeigen im Internet drei Objekte z. B. in der nächstgelegenen Großstadt heraus, die Ihre Randbedingungen erfüllen. Berechnen Sie den gewichteten Gesamtnutzen für jedes der drei Objekte, um das beste heraus zu finden.

▶ **Aufgabe 2.16 Nutzwertanalyse Stellensuche** Sie haben Ihr Studium des Wirtschaftingenieurwesens erfolgreich abgeschlossen. Nachdem Sie mehrere Bewerbungen geschrieben haben, wurden sie zu Vorstellungsgesprächen eingeladen und können nun zwischen folgenden Stellen wählen.

Bei einem Elektrokonzern in München könnten Sie als Leiter einer aus 7 Technikern bestehenden Serviceabteilung für Kraftwerksleitsysteme anfangen. Zu Ihren

Abb. 2.4 Schema einer Nutzwertanalyse

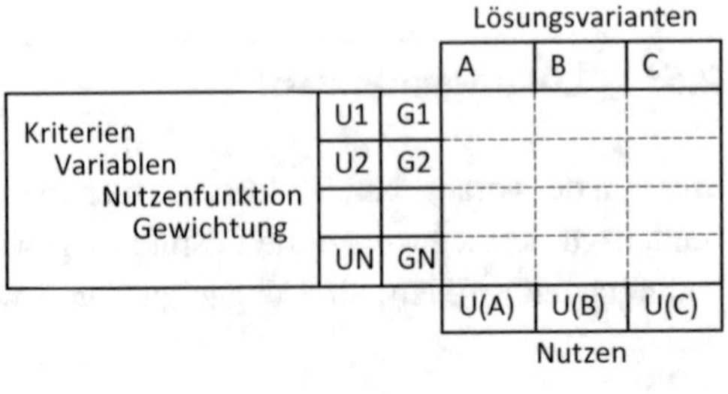

			Lösungsvarianten		
			A	B	C
Kriterien Variablen Nutzenfunktion Gewichtung	U1	G1			
	U2	G2			
	UN	GN			
			U(A)	U(B)	U(C)
				Nutzen	

Aufgaben zählen die Führung der Abteilung und die Organisation der Service-Einsätze. Ihr Gehalt beträgt 60 Tsd. €.

In Norddeutschland wurde Ihnen bei einem Hersteller von Windkraftanlagen eine Stelle als Trainee angeboten. Sie würden zunächst bei einem Gehalt von 40 Tsd. €, verschiedene Bereiche des Unternehmens durchlaufen und nach einem Jahr würde dann über Ihr endgültiges Einsatzgebiet entschieden.

Bei einem am Bodensee ansässigen Automobilzulieferer könnten Sie bei einem Gehalt von 45 Tsd. € als Schaltungsentwickler für Motorsteuerungen beginnen.

Ein mittelständischer Hersteller von Schaltanlagen bietet Ihnen die Position als stellvertretender Vertriebsbeauftragter für den Raum Osteuropa. Ihre Aufgabe wäre die Akquisition und Betreuung neuer Kunden. Das Gehalt ist erfolgsabhängig.

Erstellen Sie zur Vorbereitung der Entscheidung eine Nutzwertanalyse.

2.6 Lösungen

▶ **Lösung 2.1 REFA-Planungssystematik** Tab. 2.2 zeigt die Zuordnung der Schritte bzw. Stufen der REFA-Planungssystematik zu den Teilprozessen des allgemeinen Problemlösungsprozesses (PLP).

Einige Schritte können alleine schon durch die Namensgebung zugeordnet werden. Bei anderen ist die Zuordnung nicht ganz eindeutig, da die verwendeten Begriffe zu abstrakt sind. Insgesamt kann aber eine gute Übereinstimmung zwischen den Modellen festgestellt werden.

▶ **Lösung 2.2 Auto startet nicht** Zunächst wird der Sachverhalt analysiert. Das beobachtete Problem (Auto springt nicht an) wird hinterfragt: Dreht der Anlasser? Ist der Tank leer? Ist die Batterie leer? Je nach Ergebnis kann dann weiter nachgefragt werden.

Als nächstes muss ein Ziel fixiert werden. Eine vorschnelle Festlegung auf das offensichtliche Ziel (Auto geht wieder) kann den Lösungsraum unnötig stark ein-

Tab. 2.2 Zuordnung der REFA-Modelle zum allgemeinen Problemlösungsprozess

PLP	Planungssystematik (neu)	6-Stufen-Modell (alt)
Problem analysieren	1. Ausgangssituation analysieren	2. Aufgabe abgrenzen
Ziele setzen	2. Ziele festlegen, Aufgabe abgrenzen	1. Ziele setzen
Lösung suchen	3. Lösung konzipieren	3. Ideale Lösung
Lösung ausarbeiten	4. Lösung detaillieren	4. Praktikable Lösung
Entscheiden		5. Optimale Lösung auswählen
Lösung realisieren	5. Lösung einführen	
	6. Lösung einsetzen	6. Lösung einführen …
Lösung überprüfen		… und Zielerreichung prüfen

schränken. Das wirkliche kurzfristige Ziel ist, zur Arbeit zu kommen. Wenn es dafür eine kurzfristig andere Lösung gibt kann das Problem des nicht startenden Autos eventuell auch nach Feierabend behoben werden.

Anschließend werden mögliche Lösungen gesucht: Auto wieder zum Laufen bringen, z. B. mit Hilfe eines Reservekanisters, falls der Tank leer ist oder bei leerer Batterie durch Starthilfe. Weitere Alternativen sind die Fahrt mit Bus, Zug, Fahrrad, Taxi oder die Mitfahrt bei einem Kollegen.

Je nach Ausgang der Analyse und der konkreten Zielsetzung wird dann aus den möglichen Lösungen die beste ausgewählt. Im konkreten Fall wird ein Kollege angerufen, der auf der Fahrt zur Arbeit vorbei kommt.

▶ **Lösung 2.3 Problemerkennung Einfamilienhausheizung Wer?** Sie selbst haben das Problem beobachtet. Nicht betroffen ist z. B. Ihr Nachbar, der eine Erdwärmepumpe besitzt. Eine Lösung könnte auch für andere Hausbesitzer mit Ölheizung interessant sein.

Wo? Das Problem tritt dort auf, wo mit Öl geheizt wird. Das Problem tritt bei anderen Energieträgern (Erdgas, Solarenergie, Erdwärme) nicht auf.

Wann? Das Problem tritt auf, nachdem vor kurzem der Ölpreis stark gestiegen ist.

Was? Das Problem sind die Energiekosten, nicht der Verbrauch an sich. Die Lösung sollte Kosten einsparen. (Das heißt, die Anschaffungskosten sind auch zu berücksichtigen, nicht nur der laufende Verbrauch.)

Wie? Zu hohe Kosten oder zu hoher Verbrauch? Die Lösung sollte dauerhaft die Kosten senken.

Warum? Es ist ein Problem, da das Budget begrenzt ist und nicht weiter gesteigert werden kann. Andere haben mehr Geld oder eine günstigere Heizung oder ein besser gedämmtes Haus.

▶ **Lösung 2.4 Problemanalyse Lahm&Täuer** Die relevanten Objekte des Sachverhalts sind die 20 Fahrer, die 12 LKW und die für die nächsten sieben Tage vorliegenden Aufträge. Zwischen den Objekten bestehen Beziehungen. Für jeden Auftrag wird ein LKW gebraucht. Eventuell kann ein LKW auch gleichzeitig für mehrere Aufträge dienen. Für jeden LKW wird ein Fahrer benötigt.

Ein LKW kann immer nur einmal verplant werden. Theoretisch kann er 24 Stunden pro Tag im Einsatz sein. An Wochenenden ist kein LKW-Verkehr zulässig. Bei den Fahrern sind neben der vertraglichen Arbeitszeit auch zulässige Lenk- und Ruhezeiten einzuhalten. Bei den Aufträgen gibt es terminliche Einschränkungen. Dies gilt offensichtlich für die fest terminierten Aufträge, aber auch bei den anderen sind wohl maximale Zeiten einzuhalten.

Die genannten Restriktionen bilden feste Randbedingungen im Zielsystem. In ein zu optimierendes Gütekriterium könnten die Zeiten bis zur Auslieferung eines Auftrages und die Anzahl oder die Werte der in einem Zeitraum ausgelieferten Aufträge einfließen.

Gesucht wird ein Plan, der jedem Auftrag einen LKW und jedem LKW einen Fahrer zuordnet und dies auf der Zeitachse abbildet.

▶ **Lösung 2.5 Informationssammlung** Zur Erfassung der Informationen zu den aufgetretenen Problemen mit der elektronischen Schaltung gibt es verschiedene Möglichkeiten:

- Betroffene zu einer Besprechung einladen, um über die Probleme zu reden.
- Betroffene einzeln zu den beobachteten Problemen befragen.
- Einen Fragebogen (z. B. mit den 6W-Fragen) erstellen und an die Betroffenen versenden.
- Vorliegende Problemberichte sammeln und auswerten.

Wenn Problemberichte vorliegen, würde ich diese im vorliegenden Fall zunächst sichten, um einen ersten Einblick in die Problematik zu gewinnen. Sicherlich ergeben sich daraus Fragen, die ich dann zu einem kurzen Fragebogen zusammenfassen würde. Falls die Zahl der betroffenen Personen nicht zu groß ist, würde ich diese dann persönlich befragen. Auf diesem Weg besteht die Möglichkeit der Nachfrage und die Chancen, ein vollständiges Bild des Problems zu gewinnen sind gut. Bei einer schriftlichen Befragung dagegen könnte die Anzahl und die Qualität der Rückläufer gering sein. Auch eine Besprechung im großen Kreis ist schwierig. Es geht hier nicht um die Produktion neuer Ideen, es geht auch nicht um persönliche Probleme, sondern um die Erfassung eines technischen Sachverhalts. In der Gruppe wäre die Gefahr zu groß, dass es zu unfruchtbaren Diskussionen, eventuell sogar zu Schuldzuweisungen kommt, während zurückhaltende Beteiligte ihre Meinung gar nicht kund tun.

▶ **Lösung 2.6 Ishikawa-Diagramm Kaffeeautomat** Bei der Suche nach möglichen Ursachen wurde die Grobgliederung nach der 4M-Methode zugrunde gelegt: Mensch, Maschine, Material, Methode. Das Ergebnis zeigt Abb. 2.5.

▶ **Lösung 2.7 Einflussfaktoren für die Herstellkosten von PKWs** Kostenfaktor Mensch

- Hauptnutzer (Wer fährt in der Regel mit dem Auto?)
- Nebennutzer(Wer nutzt das Auto hin und wieder?)
- Beifahrer (Wer fährt mit?)
- Nachbarn (Was haben die für ein Auto?)
- Kollegen (Was sagen die zu meinem Auto?)
- Kostenfaktor Maschine
- Motorisierung (Welche Leistung wird gebraucht?)
- Klimaanlage (Wie oft braucht man die?)
- Kostenfaktor Material

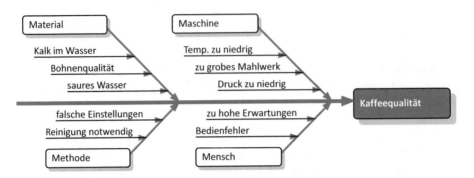

Abb. 2.5 Ishikawa-Diagramm Kaffeeautomat

- Sitzbezüge (Muss es wirklich Leder sein?)
- Lack (Kann es eine Standard-Farbe sein?)
- Sportausstattung (Braucht man die überhaupt?)
- Kostenfaktor Methode
- Personentransport (Wie viele Personen fahren mit?)
- Materialtransport (Müssen sperrige Güter transportiert werden?)
- Prestigeobjekt (Ist das Auto Gebrauchsgegenstand oder Prestigeobjekt?)

▶ **Lösung 2.8 ABC-Analyse „Energiequellen"** Als Energiequellen werden hier die Primärenergieträger betrachtet. Für eine ABC-Analyse muss zunächst festgelegt werden, nach welchem Kriterium die Bewertung der verschiedenen Varianten vorgenommen werden soll. Bei den Energiequellen soll dies der weltweite Verbrauch pro Jahr sein.

Außerdem sind die Bereichsgrenzen für die drei Kategorien (A, B, C) festzulegen. Im vorliegenden Fall wird der prozentuale Anteil der Energiequellen betrachtet. Zu Kategorie A sollen alle Energieträger mit mehr als 10 % Anteil gehören. Liegt der Anteil deutlich unter 1 %, erfolgt eine Zuordnung zu Kategorie C.

Da keine genauen weltweiten Zahlen auffindbar sind, wurden die Werte für Deutschland als Anhaltspunkt herangezogen.

- Kat. A: Erdöl, Erdgas, Steinkohle, Braunkohle, Kernspaltung
- Kat. B: Wind, Solarenergie, Biomasse, Wasserkraft, Geothermie
- Kat. C: Schiefergas, Ölsand, Kernfusion, Methanhydrat, chemische Energie

▶ **Lösung 2.9 Pareto-Analyse Länderflächen** Die zehn größten Staaten der Erde (5 % aller Staaten) umfassen fast 74 Mio. km², also 55 % der gesamten Landfläche. Der Screenshot in Abb. 2.6 zeigt die Fläche der Staaten, deren Summation und die Relation der Teilsummen zur Gesamtsumme.

Um auf 80 % der Landfläche zu kommen, werden 35 Staaten (ca. 18 %) benötigt. Für 96 % der Fläche sind es 83 Staaten (ca. 41 %) (Abb. 2.7).

Staat	Einwohner	Fläche in km²	Summation	Relation
1 Russland	143.200.000	17.098.242	17.098.242	13%
2 Kanada	34.900.000	9.984.670	27.082.912	20%
3 Vereinigte Staaten	313.900.000	9.826.675	36.909.587	28%
4 Volksrepublik China	1.358.100.000	9.596.961	46.506.548	35%
5 Brasilien	194.300.000	8.514.877	55.021.425	41%
6 Australien	22.000.000	7.741.220	62.762.645	47%
7 Indien	1.259.700.000	3.287.263	66.049.908	49%
8 Argentinien	40.800.000	2.780.400	68.830.308	51%
9 Kasachstan	16.800.000	2.724.900	71.555.208	53%
10 Algerien	37.400.000	2.381.741	73.936.949	55%

Abb. 2.6 Daten der zehn größten Länder

33 Namibia	2.400.000	824.292	105.681.909	79%
34 Mosambik	23.700.000	799.380	106.481.289	79%
35 Pakistan	180.400.000	796.095	107.277.384	80%
36 Türkei	75.600.000	783.562	108.060.946	81%
37 Chile	17.400.000	756.102	108.817.048	81%

81 Ghana	25.500.000	238.533	127.509.161	95%
82 Rumänien	20.100.000	238.391	127.747.552	95%
83 Laos	6.500.000	236.800	127.984.352	95%
84 Guyana	800.000	214.969	128.199.321	96%
85 Weißrussland	9.500.000	207.600	128.406.921	96%

Abb. 2.7 Die ersten 80 % und 96 % der Landfläche

Die 20/80-Regel trifft also auf die Verteilung der Landflächen auf die Staaten recht präzise zu.

▶ **Lösung 2.10 Ziele SMART formulieren**

1. „Im laufenden Geschäftsjahr werden wir unsere Verkaufszahlen in der Vertriebsregion Süd um 15 % gegenüber dem Vorjahr steigern." Dies ist eine präzise, überprüfbare und mit Termin versehene Zielsetzung. Ein Einschätzung über die Realisierbarkeit ist aufgrund fehlenden Hintergrundwissens nicht möglich, allerdings klingt eine Steigerung um 15 % nicht utopisch. Die Formulierung ist also SMART.
2. „Um den Gewinn des Unternehmens zu maximieren, soll die Produktivität gesteigert und die Kundenzufriedenheit verbessert werden."

Problem: Es handelt sich um eine Kombination von drei Zielen (Gewinnmaxi-mierung, Kundenzufriedenheit, Produktivitätssteigerung). Es werden also 3 ein-zelne Zielformulierungen benötigt. Die Kundenzufriedenheit könnte folgenderma-ßen verbessert werden:

S: Die Kundenzufriedenheit soll gesteigert werden.
M: Ermittlung Auswertung von Reklamationen.
A: Weniger Reklamationen.
R: Reduzierung der Reklamationen um 50 %.
T: Bis Ende des Jahres.

Neue Formulierung: „Die Anzahl der Kundenreklamationen soll bis Ende des Jahres um mindestens die Hälfte reduziert werden."

3. „Das Gewicht des Fahrzeugs ist durch die vermehrte Verwendung von Kunststoff-Bauteilen kurzfristig zu reduzieren."

Bei dieser Formulierung ist ein Ziel (geringeres Gewicht) mit einer möglichen Maßnahme (Verwendung von Kunststoff-Bauteilen) gemischt.

S: Gewichtsverringerung.
M: Sehr einfach möglich: wiegen.
A: Gewichtsverringerung verbessert Fahrverhalten und verringert Verbrauch.
R: Reduktion um 5 %.
T: Bis zur Markteinführung des nächsten Automodells.

Neue Formulierung: „Beim neuen Automodell soll das Gewicht ohne Mehrkos-ten um mindestens 5 % reduziert werden, so dass besseres Fahrverhalten und gerin-gerer Verbrauch erreicht werden."

▶ **Lösung 2.11 Zielsystem Immobilienkauf** Als Hauptkriterien werden die Wohnungs-größe, die Kosten, die Lage und die Ausstattungsmerkmale verwendet. Für jedes Kriterium werden je zwei Zielvariablen mit geeigneten Randbedingungen formu-liert (Tab. 2.3).

▶ **Lösung 2.12 Kreativitätstechniken Elektronische Schaltung** Für die Suche nach Ideen stehen allgemeine Methoden, wie z. B. Brainstorming, Brainwriting, Kartenabfrage, 635, verschiedene Fragetechniken und spezielle Methoden wie der morphologische Kasten zur Verfügung.

Im vorliegenden Fall sollen aufgetretene Probleme durch ein Re-Design behoben werden. Es geht also nicht um eine grundlegende Neuentwicklung, bei der der Suchraum sehr groß ist. Vielmehr müssen konkrete Schwachpunkte behoben werden.

Im Wesentlichen sind die Mitarbeiter der Entwicklungsabteilung gefordert. Kun-den oder Anwender der Schaltung wurden bei der Erfassung der aufgetretenen Pro-bleme bereits befragt. Sie können zur Lösungssuche nur wenig beitragen. In der

Tab. 2.3 Zielsystem Immobilienkauf

Zielkriterium, Zielvariable	Mögliche Werte	Randbedingung
Wohnungsgröße		
Wohnfläche	In m²	70 … 110 m²
Anzahl Zimmer	1 … 5	Mind. 2
Kosten		
Anschaffungskosten	In 1000 €	Höchstens 250.000
Unterhaltungskosten	In €/Jahr	Maximal 1800 €/Jahr
Lage		
Stadtteil/Entfernung Zentrum	In km	Maximal 5 km
Nachbarschaft	Mittel/gut/sehr gut	Mind. gut
Ausstattung		
Bodenbeläge	Einfach/mittel/gehoben	Mind. mittel
Wandbeläge	Einfach/mittel/gehoben	Mind. mittel

Merkmal	Merkmalsausprägungen				
Branche	Industrie	Verwaltung	Handel	Energie	Bau
Unternehmensgröße	>10.000	1000 .. 10.000	100 .. 1000	<100	
Region	Weltweit	Europa	Nord-D	Süd-D	Heimatnähe
Art der Arbeit	Vertrieb	Entwicklung	Marketing	Service	Produktion

Abb. 2.8 Morphologischer Kasten „Stellensuche"

Entwicklung arbeiten sieben Personen. Für eine direkte Beteiligung ist dies eine ideale Anzahl. Deshalb wird zunächst ein Brainstorming mit den Mitgliedern der Entwicklungsabteilung durchgeführt. Hier werden nacheinander Lösungsmöglichkeiten für die festgestellten Probleme gesucht. Diese werden anschließend zu einem morphologischen Kasten zusammengestellt, aus dem dann die verschiedenen Lösungsvarianten abgeleitet und miteinander verglichen werden können.

▶ **Lösung 2.13 Morphologischer Kasten „Stellensuche"** Zunächst werden 4 wesentliche Kriterien für die Auswahl einer Stelle festgelegt. Neben der Unternehmensgröße (in Mitarbeitern), der Branche und der Region ist dies die Art der Arbeit.

Für jedes Merkmal werden Ausprägungen ermittelt. Da die Unternehmensgröße eine kontinuierlichen Werteskala aufweist, werden Klassen gebildet, die sich jeweils durch eine Zehnerpotenz unterscheiden (Abb. 2.8).

▶ **Lösung 2.14 Argumentenbilanz** Da es nur zwei Alternativen gibt („Auto behalten" oder „neues Auto kaufen"), werden für jede Alternative die positiven Argumente gesammelt. Negative Argumente der einen Alternative sind positive Argumente für die andere Alternative (siehe Tab. 2.4).

Tab. 2.4 Argumentenbilanz Autokauf

Auto behalten	Neues Auto kaufen
Zufriedenheit	Geringerer Verbrauch
Gewöhnung	Neues Design
Keine Anschaffungskosten	Geringerer Reparaturbedarf
Kein besseres neues Modell verfügbar	

Bei mehr als 2 Alternativen ist es sinnvoller für jede Argumente positive und negative Argumente zu sammeln.

▶ **Lösung 2.15 Nutzwertanalyse Immobilienkauf** Zur Bewertung des Nutzens wird eine Punkteskala von 0 bis 10 verwendet. Die Nutzenfunktionen und Gewichtungsfaktoren sind in Tab. 2.5 zusammengefasst.

Als ideale Wohnungsgröße werden 90 m² angestrebt. Darüber und darunter nimmt der Nutzenwert ab. Auch bei der Zahl der Zimmer nimmt der Nutzen bei mehr als drei Zimmern wieder ab, da bei vielen Zimmern deren Fläche bei vorgegebener Wohnfläche zu klein wird.

Bei der Marktrecherche wurden fünf Wohnungen (A bis E) gefunden. Von diesen haben drei (A, C, D) alle Randbedingungen erfüllt. Die konkreten Werte der Zielvariablen für diese drei Wohnungen zeigt Abb. 2.9.

Die Multiplikation der Nutzenwerte mit den Gewichtungsfaktoren und anschließendes Aufsummieren liefert den Gesamtnutzen (U(A), U(C), U(D)) für jede Wohnung. Die starke Gewichtung der Anschaffungskosten sorgt dafür, dass die kleinste der drei Wohnungen (A) den besten Nutzenwert besitzt, auch wenn dieser nur unwesentlich über Wohnung D liegt.

▶ **Lösung 2.16 Nutzwertanalyse Stellensuche** Es gibt 4 Alternativen: A: Serviceleiter, B: Trainee, C: Schaltungsentwickler, D: Vertriebsbeauftragter.
Zunächst werden 8 Zielkriterien definiert:

1. Wie hoch ist das Gehalt?
2. Wie hoch ist Attraktivität der Region?
3. Ist mit der Stelle Personalverantwortung verbunden?
4. Wie interessant ist die Aufgabe aus fachlicher Sicht?
5. Wie interessant ist die Arbeit hinsichtlich der Art der Tätigkeit?
6. Welche Aufstiegsperspektiven gibt es?
7. Wie attraktiv ist das Unternehmen?
8. Wie bewerte ich die Sicherheit des Arbeitsplatzes?

Der Nutzen Ui wird mit einer Punkteskala von 0 bis 10 gemessen. Zur Bewertung wird die Gehaltsskala von 30 Tsd. € bis 60 Tsd. € auf 0 bis 10 Punkte abgebildet. Die Personalverantwortung ist ein binäres Kriterium (nein/ja) und wird mit 0 oder mit 10

Tab. 2.5 Zielekriterien und Nutzenfunktionen für den Immobilienkauf

Variable	Wertebereich	Nutzenfunktion	Gewichtung
Wohnfläche	70 … 90 … 110 m²	0 … 10 … 0 Punkte	15 %
Anzahl Zimmer	1/2/3/4/5	0/5/10/6/2 Punkte	10 %
Anschaffungskosten	100 … 250.000 €	10 … 0 Punkte	35 %
Unterhaltungskosten	800 … 1800 €/Jahr	10 … 0 Punkte	10 %
Entfernung Zentrum	0 … 5 km	10 … 0 Punkte	10 %
Nachbarschaft	Mittel/gut/sehr gut	0/4/10 Punkte	8 %
Bodenbeläge	Einfach/mittel/gehoben	0/4/10 Punkte	6 %
Wandbeläge	Einfach/mittel/gehoben	0/4/10 Punkte	6 %

i	Zielvariable Vi	A Vi(A)	C Vi(C)	D Vi(D)	gi	A Ui(A)	gi*Ui	C Ui(C)	gi*Ui	D Ui(D)	gi*Ui
1	Wohnfläche (m²)	76	108	94	15%	3,0	0,45	1,0	0,15	8,0	1,20
2	Anzahl Zimmer	2	3	3	10%	5,0	0,50	10,0	1,00	10,0	1,00
3	Anschaffungskosten (€)	160	220	200	35%	6,0	2,10	2,0	0,70	3,5	1,23
4	Unterhaltungskosten (€/Jahr)	1200	1500	1500	10%	6,0	0,60	3,0	0,30	3,0	0,30
5	Entfernung Zentrum (km)	2,0	4,0	3,0	10%	6,0	0,60	2,0	0,20	4,0	0,40
6	Nachbarschaft	gut	sehr gut	gut	8%	4,0	0,32	10,0	0,80	4,0	0,32
7	Bodenbeläge	mittel	gehoben	mittel	6%	4,0	0,24	10,0	0,60	4,0	0,24
8	Wandbeläge	mittel	gehoben	mittel	6%	4,0	0,24	10,0	0,60	4,0	0,24
					100%		**5,05**		**4,35**		**4,93**

Abb. 2.9 Auswertung der Nutzwertanalyse

Zielvariablen	Werte	ui Punkte	gi	A Ui(A)	gi*Ui	B Ui(C)	gi*Ui	C Ui(D)	gi*Ui	D Ui(D)	gi*Ui
1 Gehalt (€/Monat)	30..60 Tsd. €	0..10	25%	10,0	2,50	4,0	1,00	5,0	1,25	8,0	2,00
2 Region		0..10	15%	8,0	1,20	2,0	0,30	8,0	1,20	4,0	0,60
3 Personalverantwortung	nein/ja	0/10	7%	10,0	0,70	0,0	0,00	0,0	0,00	0,0	0,00
4 Fachliches Interesse		0..10	20%	2,0	0,40	8,0	1,60	10,0	2,00	4,0	0,80
5 Art der Tätigkeit		0..10	15%	4,0	0,60	6,0	0,90	4,0	0,60	4,0	0,60
6 Aufstiegsperspektiven		0..10	10%	5,0	0,50	7,0	0,70	3,0	0,30	5,0	0,50
7 Unternehmen		0..10	4%	10,0	0,40	6,0	0,24	8,0	0,32	4,0	0,16
8 Arbeitsplatzsicherheit		0..10	4%	8,0	0,32	4,0	0,16	6,0	0,24	6,0	0,24
			100%		**6,62**		**4,90**		**5,91**		**4,90**

Abb. 2.10 Auswertung der Nutzwertanalyse für die Stellensuche

Punkten bewertet. Alle anderen Kriterien werden direkt auf der Punkteskala gemessen. Die Gewichtungsfaktoren gi für jede Zielvariable und die (teilweise subjektiven) Bewertungen zeigt dieAuswertung in Abb. 2.10.

Die Gesamtergebnisse, die ebenfalls auf der Skala von 0 bis 10 Punkten reichen, zeigen ein relativ eindeutiges Ergebnis. Die Variante A erreicht mit 6,6 die höchste Punktzahl, gefolgt von Variante C mit 5,9 Punkten.

Projektgründung

3

Zusammenfassung

Die Entscheidungen, die zu Beginn eines Projekts getroffen werden, haben die weitreichendsten Folgen. Damit ein Projekt überhaupt die Chance bekommt, erfolgreich zu sein, müssen die Festlegungen vollständig und eindeutig sein und schriftlich festgehalten werden. Die Initiierung eines Projekts umfasst die Klärung der Aufgabenstellung und Ziele sowie die grobe Definition des Inhalts und Umfangs in Gestalt einer Projektdefinition (siehe Abb. 3.1). Besondere Anforderungen mit juristischen und finanziellen Aspekten sind bei extern beauftragten Projekten zu beachten. Zwischen Auftraggeber und Auftragnehmer werden Vereinbarungen über die zu erfüllenden Anforderungen und über die Lieferungen und Leistungen getroffen. Diese Vereinbarungen werden in Form von Angeboten und Aufträgen nachvollziehbar dokumentiert.

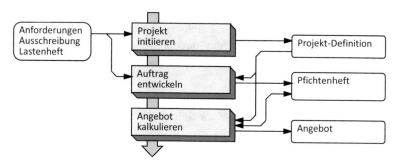

Abb. 3.1 Prozesse der Projektgründung

© Springer Fachmedien Wiesbaden GmbH, ein Teil von Springer Nature 2021
W. Jakoby, *Intensivtraining Projektmanagement*,
https://doi.org/10.1007/978-3-658-32836-8_3

3.1   Projektinitiierung

Jedes Projekt erfordert Aufwand und verursacht Kosten. Zur Legitimierung muss es beantragt und genehmigt werden (siehe Abb. 3.2). Dies gilt für interne genauso wie für externe Projekte. In einer kurzen Definition werden die wesentlichen Merkmale des Projekts grob dargestellt. Hierzu gehört die Beschreibung der Ausgangssituation und der Zielsetzung, sowie die Benennung der einzuhaltenden Randbedingungen und kritischer Faktoren. Der Projektinhalt, also die wesentlichen Arbeitspakete müssen skizziert werden, auch wenn dies zu Beginn nicht einfach ist. Außerdem sollen die terminlichen und finanziellen Rahmenbedingungen in Form von Phasen, Meilensteinen und Budgets beziffert werden.

In jedem Projekt einer praxisrelevanten Größe gibt es viele Ziele, die erreicht werden müssen oder sollen. Um den Überblick zu behalten, ist eine Gliederung der vielen Teilziele notwendig. Als erste grobe Einteilung ist die als Zieldreieck bezeichnete Gliederung in Qualitäts- bzw. Funktionalitätsziele, Terminziele und Kostenziele geeignet.

Qualitätsziele fassen alle fachlichen Anforderungen an die zu erbringenden Funktionen und deren Qualitätsniveau zusammen. Terminziele legen die Anforderungen für den Ablauf des Projekts und für die angestrebten Termine fest. Kostenziele schließlich benennen den Kostenrahmen für das gesamte Projekt und auch die Budgets für Teilprojekte. Zwischen den Zieldimensionen Qualität, Termine und Kosten bestehen starke Abhängigkeiten, so dass Verbesserungen bei einer Dimension oft zu Lasten der anderen Dimensionen gehen. Typische Fehlverläufe in Projekte lassen sich im Zieldreieck durch charakteristische Profile veranschaulichen.

Der Erfolg eines Projekts steht und fällt mit den beteiligten Personen. Daher gehört die Erfassung der Stakeholder zu den ersten Aufgaben. Hierbei muss zwischen internen und externen Stakeholdern unterschieden werden sowie zwischen den aktiv zum Erfolg beitragenden Beteiligten und den Personen, die von den Auswirkungen des Projekts betroffen sind. Eine weitere Sichtweise unterscheidet zwischen Opponenten und Promotern und untersucht deren Einflussstärke. Aus den Ergebnissen dieser Analyse können passende Maßnahmen für den Umgang mit den Stakeholdern abgeleitet werden.

Neben dem personellen Umfeld gehört auch die Analyse des sächlichen Umfelds in Form von Vorschriften, Richtlinien und Gesetzen sowie der Infrastruktur zu den Aufgaben der Projektgründung.

▶   **Aufgabe 3.1 Projektdefinition Knowhow-Datenbank** Sie leiten die Service-Abteilung eines Herstellers von Messgeräten. Zu den Aufgaben Ihrer Mitarbeiter zählt die

Abb. 3.2 Aktivitäten zur Initiierung eines Projekts

Schulung der Kunden, die regelmäßige Einstellung und Kalibrierung der Geräte sowie die Behebung von Störungen und Fehlern. Da bei den verschiedenen Mitarbeitern immer wieder ähnliche Probleme auftreten, möchten sie das Wissen der Mitarbeiter in einer zentralen Datenbank einspeisen und allen Mitarbeitern zugänglich machen. Bei Ihrem Bereichsleiter möchten Sie nun ein Projekt zum Aufbau einer solchen Knowhow-Datenbank beantragen. Hierfür benötigen Sie eine kurze Projektdefinition.

e) Formulieren Sie die Ausgangssituation.
d) Legen Sie die wichtigen Ziele des Projekts fest.
c) Formulieren Sie eine knappe Beschreibung des Projektinhalts.
d) Benennen Sie die kritischen Faktoren.
e) Schätzen Sie grob ein Budget und legen Sie mögliche Meilensteine fest.

▶ **Aufgabe 3.2 Fehlerhafte Projektdefinition „Solaranlage"** Abb. 3.3 zeigt einen Ausschnitt aus einer Projektdefinition. Was fällt Ihnen positiv oder negativ auf?

Projektbeschreibung (fachlich)	
Ausgangssituation, Anlass, Zweck:	Derzeit wird eine neue Maschinenhalle errichtet.
Ziele, angestrebte Ergebnisse	Auf dem Dach der Maschinenhalle soll eine Solaranlage zur Gewinnung elektrischer Energie installiert werden.
Rahmen-/Rand-Bedingungen:	Die Dachfläche von 240 m² soll möglichst vollständig genutzt werden. Die Inbetriebnahme muss spätestens am 30.6.2014 erfolgen, da sonst eine niedrigere Einspeisevergütung gilt.
Kritische Faktoren:	
Projektaufgaben, Projektinhalt:	Planung der Anlage. Marktübersicht erstellen und Angebote einholen. Beschaffung aller Komponenten. Aufbau der Anlage.
Projektbeschreibung (organisatorisch)	
Meilensteine: (Ereignis, Termin)	Ende September 2013: Projektbeginn 28.2.2014: Abschluss der Planungen April 2014: Beschaffung KW 18/2014: Beginn der Montage 30.6.2014: Inbetriebnahme der Anlage
Budget: (Kosten, Aufwand)	Kosten: 120.000 € + Personalaufwand 8 Personenmonate

Abb. 3.3 Fehlerhafte Projektdefinition

▶ **Aufgabe 3.3 Projektdefinition „Firmenjubiläum"** Die Steinbachwerke begehen im nächsten Jahr ihr 75-jähriges Firmenjubiläum. Dieses Ereignis will der Seniorchef mit den Beschäftigten des Unternehmens und deren Angehörigen sowie ausgewählten Kunden angemessen feiern. Zusätzlich zu Ihren normalen Aufgaben erhalten Sie vom „Alten" den ehrenvollen Auftrag, das Projekt zur Organisation des Jubiläums zu leiten.

Am nächsten Tag ruft Sie Stefan Steinbach, der dynamische Juniorchef, der wenig von einer „biederen" Feier hält, in sein Büro. Er möchte das Jubiläum für eine positive Außendarstellung in der Tages- und Fachpresse nutzen und die aktuellen Neuentwicklungen präsentieren. Er bittet Sie, eine entsprechende Projektdefinition zu erstellen.

Wie würden Sie diese formulieren?

▶ **Aufgabe 3.4 Stakeholder für einen Umzug** Ihre Bewerbung bei der Firma in Neustadt war erfolgreich. In wenigen Wochen werden Sie dort anfangen. Sie möchten zusammen mit Ihrer Familie umziehen, Ihre Mietwohnung in Altdorf kündigen und in Neustadt eine Wohnung oder besser ein Haus zur Miete suchen. Welche Stakeholder gibt es für dieses Vorhaben? Wer ist aktiv beteiligt, wer ist betroffen? Welche Stakeholder sind zu diesem Vorhaben positiv, negativ oder neutral eingestellt?

▶ **Aufgabe 3.5 Projektdefinition „Rechnerstandard"** Sie erhalten den Auftrag, ein Projekt für die Anschaffung und Einführung eines einheitlichen Standards für Rechner in Ihrem Unternehmen zu definieren. Die Projektdefinition soll verwendet werden, um das Projekt bei der Geschäftsleitung zu beantragen.

a) Formulieren Sie die Ausgangssituation!
b) Legen Sie die wichtigen Ziele des Projekts fest!
c) Formulieren Sie eine knappe Projektbeschreibung!
d) Benennen Sie die kritischen Faktoren!
e) Schätzen Sie grob ein Budget und legen Sie mögliche Meilensteine fest!

▶ **Aufgabe 3.6 Aussagen aus einer Projektdefinition** Die folgenden Aussagen stammen aus der Definition eines Projekts zur Entwicklung einer webbasierten Software für die Handhabung von Kundendaten. Ordnen Sie die Aussagen zu den verschiedenen Teilen einer Projektdefinition zu.

A1: „Skepsis der Vertriebsmitarbeiter gegen eine transparente Datenverwaltung."
A2: „Kompatibilität der App mit allen gängigen Smart-Phone-Betriebssystemen."
A3: „Erstellung eines Feinkonzepts für die zu entwickelnde Software."
A4: „Auslieferung der ersten lauffähigen Software-Version."
A5: „Ihre Kundendaten verwalten die Vertriebsmitarbeiter in Eigenregie."
A6: „Gleichmäßige Aufteilung der Gesamtkosten auf die drei Projektphasen."

3.2 Der Projektauftrag

Bei der Projektgründung müssen Aufgabe, Inhalt und Umfang des Projekts definiert werden. Im Lastenheft beschreibt ein Auftraggeber seine Erwartungen und Anforderungen an die Projektdurchführung und das Projektergebnis. Die Antwort eines Auftragnehmers hierauf ist das Pflichtenheft, in dem erläutert wird, wie diese Anforderungen erfüllt werden sollen.

Beide Dokumente sind Bestandteil des Projektauftrags, mit dem ein Vertrag zwischen Auftraggeber und Auftragnehmer geschlossen wird. Wie in Abb. 3.4 dargestellt, gliedert sich ein Auftrag in einen fachlichen, einen organisatorischen und einen juristischen Teil. Im fachlichen Teil werden die Ausgangssituation und die Aufgabenstellung beschrieben und es werden die Anforderungen, die Ziele und die kritischen Faktoren benannt. Der organisatorische Teil umfasst Angaben zu den geplanten Meilensteinen, zum Budget und eventuell zum Projektteam. Der juristische Teil legt die vertraglichen Bedingungen für die zu erbringenden Leistungen und Gegenleistungen fest.

▶ **Aufgabe 3.7 Angebotsgliederung gemäß VDI-Richtlinie 4504** Die folgende alphabetisch sortierte Liste enthält einige der Elemente, die ein Angebot laut VDI-Richtlinie 4504 (Angebotsdokumente im Vertrieb komplexer technischer Produkte) enthalten sollte:

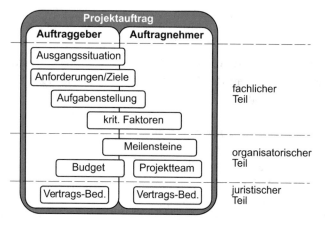

Abb. 3.4 Bestandteile und Verantwortlichkeitsbereiche des Projektauftrags

Angaben zur Firmierung	Lieferbedingungen
Angebotsbedingungen	Lieferumfang
Aufgabenstellung (detailliert)	Lösungsvorschlag (detailliert)
Deckblatt	Preisübersicht
Inhaltsverzeichnis	Technische Daten
Ihre Anforderungen	Unsere Lösung für Sie
Leistungsumfang	Vorteile auf einen Blick

Zur Gliederung werden vier Abschnitte vorgesehen: Vorspann, Allgemeiner Teil, Technische Beschreibung, Liefer- und Leistungsumfang. Versuchen Sie die aufgelisteten Elemente, jeweils einem der vier Abschnitte zuzuordnen. Der allgemeine Teil dient dabei vor allem für eine anschauliche Beschreibung, während die technische Beschreibung auf alle Einzelheiten eingeht.

▶ **Aufgabe 3.8 Zielformulierung für die Einführung von Open-Source-Software** Sie sind Assistent des technischen Direktors eines Unternehmens. In einer Besprechung, in der es um die ständig anfallenden Kosten für die Anschaffung und Installation neuer Software-Versionen geht, gibt der Direktor den anwesenden Abteilungsleitern den Auftrag, zeitnah auf kostenlose Open-Source-Programme umzusteigen. Der Leiter der IT-Abteilung weist darauf hin, dass dies nicht so einfach gehe, sondern zuerst einmal eine gründliche Analyse notwendig sei. Daraufhin wird beschlossen, in einem Projekt den Umstieg auf die Open-Source-Software zu analysieren, vorzubereiten und umzusetzen. Sie erhalten den Auftrag, die Ziele für dieses Projekt festzulegen. Wie könnten derartige Ziele aussehen?

▶ **Aufgabe 3.9 Lasten- und Pflichtenheft** Die folgende Auflistung enthält Kapitelüberschriften für verschiedene Beschreibungen aus einem Projekt zur Entwicklung eines Fahrkartenautomaten:

- Beschreibung der aktuellen Situation,
- Grobplanung des Projektablaufs,
- Beschreibung des Hardware-Konzepts,
- Einleitung und Übersicht,
- Terminliche Rahmenbedingungen,
- Anforderungen an die Datensicherheit.

Welche dieser Beschreibungen gehören in das Lastenheft und welche gehören in das Pflichtenheft? Welche können in beiden Dokumenten auftauchen? Begründen Sie die von Ihnen gewählte Zuordnung.

▶ **Aufgabe 3.10 Aussagen aus Projektauftragsdokumenten** Ein mittelständisches Unternehmen möchte seine Kundendaten in Zukunft über eine Web-basierte Anwendung verwalten. Dazu hat es einem Software-Haus den Auftrag zur Entwicklung einer solchen Anwendung erteilt. Dort wird der Auftrag in Form eines Projekts durchgeführt. Die folgenden Aussagen stammen aus verschiedenen Dokumenten, die im Laufe der Projektgründung erstellt wurden. Beurteilen Sie, welche Aussagen aus dem Lastenheft und welche aus dem Pflichtenheft stammen und welche Aussagen in keinem dieser beiden Dokumente enthalten sein sollten.

A1: „Die erste Software-Version wird dem Kunden an Meilenstein MS4 zum Akzeptanztest ausgeliefert."

A2: „Die Anwendung soll von allen Vertriebsbeauftragten jederzeit genutzt werden können."

A3: „Das Projektteam besteht aus einer Datenbankspezialistin, einem Programmierer für Web-Interfaces und zwei PHP-Programmierern."

A4: „Die Kundendaten können in die Datenbank der Buchhaltung exportiert werden."

A5: „Für den Export der Kundendaten wird eine Schnittstelle im XML-Format implementiert."

A6: „Das Projekt wird mit einem Gesamtumfang von 180.000 € und einer maximalen Laufzeit von acht Monaten genehmigt. Für Projektphase I wird ein Budget von 50.000 € frei gegeben."

A7: „Die endgültige Version der Software muss inklusive der Dokumentation spätestens zehn Monate nach Auftragserteilung abgeliefert werden."

A8: „Der geschätzte Personalaufwand liegt bei 9,5 Personenmonaten mit einer Standardabweichung der Schätzung von 0,5 Personenmonaten."

A9: „Zum Anlegen neuer Kunden wird eine Eingabemaske benötigt, deren Felder möglichst mit Standardwerten vorbelegt werden."

▶ **Aufgabe 3.11 Solare Energieversorgung für ein Einfamilienhaus** An Ihrem neuen Wohnort haben Sie sich ein Haus gekauft. Die Ölheizung möchten Sie durch eine solare Energieversorgung erweitern. Diese soll zur Warmwasserbereitung und zur Heizungsunterstützung dienen. Die Wohnfläche des Hauses beträgt ca. 150 m². Im Haus gibt es Räume mit Fußbodenheizung und Räume mit Radiator-Heizkörpern. Die verfügbare Dachfläche beträgt ca. 80 m².

Erstellen Sie eine detaillierte Gliederung für ein Lastenheft (nur die Gliederung!). Das Lastenheft soll als Grundlage für eine Ausschreibung dienen. Sie sind der Auftraggeber. Alles, was Sie haben wollen, dürfen Sie festlegen. Alles, was Sie nicht festlegen, realisiert der Auftragnehmer so, wie es ihm am besten passt.

3.3   Projektkalkulation

Aufgrund seiner Einmaligkeit enthält jedes Projekt viele Unsicherheiten. Verlässliche Aussagen über die zu erwartenden Projektkosten sind daher schwierig und aufwändig. Dies führt zum Dilemma, dass eine präzise Kalkulation einen hohen Aufwand erfordert und das Risiko birgt, den Auftrag nicht zu erhalten, während eine schnelle und grobe Kalkulation im Auftragsfall unerwartete Mehrkosten verursachen kann.

Mögliche Lösungen sind die Nutzung von Erfahrungen aus vorangegangenen Projekten, die Verwendung standardisierter Ausschreibungen in Form von Leistungsverzeichnissen sowie bei sehr umfangreichen Projekten die Durchführung von Vorprojekten oder Projektstudien.

▶ **Aufgabe 3.12 Angebotsszenario** Sie arbeiten in der Projektierungsabteilung eines Herstellers von kundenspezifischem Equipment für messtechnische Aufgaben. Ein langjähriger Kunde sendet Ihnen die Ausschreibung für einen neuen Messtisch. Den Material- und Geräteaufwand für den neuen Tisch können Sie recht gut einschätzen. Die Entwicklungsabteilung kann aber ohne genauere, zeitaufwändige Analyse keine Aussage über den erforderlichen Konstruktionsaufwand machen. Wegen der derzeitigen hohen Auslastung ist auch nicht klar, wann der mögliche Auftrag eingeplant werden kann. Auf Ihre Nachfrage beim potentiellen Auftraggeber, ob dieser Tisch in Zukunft eventuell öfter benötigt werden könnte, erhalten Sie eine ausweichende Antwort.

Suchen Sie (mindestens drei) verschiedene Möglichkeiten, wie Sie in dieser Situation vorgehen können. Erläutern Sie deren Vor- und Nachteile.

▶ **Aufgabe 3.13 Angebotsgliederung** Die folgende Aufzählung enthält verschiedene Punkte, die in ein Angebot aufgenommen werden sollen.

- Beschreibung der Anforderungen
- Handhabung von Schutzrechten
- Technische Beschreibung
- Gerichtsstand, Schlichtspruch, Vergleich
- Beistellungen des Auftraggebers
- Organisation des Projekts
- Rechte und Pflichten bei Erfüllungsmängeln
- Lastenheft
- Relevante Erfahrungen des Unternehmens
- Produktstrukturplan
- Meilensteinplan

- Kosten, Zahlungsplan, Zahlungsbedingungen
- Lieferungen und Leistungen
- Lieferungsbedingungen
- Rechnungslegung
- Anzuwendende technische Vorschriften
- Gewährleistungsfristen
- Technische Daten
- Haftung und Haftungsausschlüsse
- Verweis auf „Allg. Geschäftsbedingungen" (AGB)

Entwerfen Sie eine Gliederung für das Angebot. Ordnen Sie die einzelnen Punkte den Gliederungsüberschriften des Angebots zu.

3.4   Lösungen

▶   **Lösung 3.1 Projektdefinition Knowhow-Datenbank**

a) Ausgangssituation: Die beim Einsatz der Service-Mitarbeiter gewonnen Erfahrungen werden derzeit nicht festgehalten und lassen sich daher nur zufällig nutzen.

b) Zielzustand: Die bei den Service-Einsätzen gemachten Erfahrungen werden durch die Mitarbeiter dokumentiert und in eine Datenbank eingegeben. Alle anderen Mitarbeiter haben hierauf von überall und jederzeit Zugriff.

c) Projektbeschreibung: Erstellung einer webbasierten Datenbank zur Eingabe und Nutzung des Erfahrungswissens der Service-Mitarbeiter. Hierfür soll auf das Konzept von Wikipedia zurückgegriffen werden.

d) Kritische Faktoren: Da die Knowhow-Datenbank von der Einspeisung und Nutzung von Wissen durch die Mitarbeiter lebt, ist die Akzeptanz der Datenbank und der Benutzerschnittstelle der kritischste Faktor.

e) Budget und Meilensteine: Anschaffungskosten für eine solche Datenbank sind vernachlässigbar, da entsprechende Skripte wie z. B. aus dem Wiki-Projekt kostenlos zur Verfügung stehen. Für die Installation eines Rechners mit Webzugriff und der Skripte sowie einen ausgiebigen Test mit ersten Inhalten werden 30 Personentage veranschlagt. Der weitere Ausbau der Datenbank erfolgt regelmäßig und ist nicht Bestandteil des Projekts. Das Projekt soll sofort begonnen und in acht Wochen abgeschlossen sein. Weitere Meilensteine sind nicht vorgesehen.

▶ **Lösung 3.2 Fehlerhafte Projektdefinition „Solaranlage"** Die Ausgangssituation ist sehr knapp dargestellt. Hier sind einige zusätzliche Angaben notwendig, insbesondere Terminangaben über den Bau der Halle.

Das beschriebene Ziel ist nachvollziehbar, aber etwas vage. Die Rahmenbedingungen sind konkret und präzise. Sie sind auch als Muss-Ziele eindeutig erkennbar.

Das Fehlen kritischer Faktoren ist zu bemängeln. Es ist offensichtlich, dass zumindest die Einhaltung der Termine kritisch ist. Der geplante Zieltermin (30.6.) ist mit der harten Randbedingung identisch. Hier sind Schwierigkeiten vorprogrammiert.

Die wesentlichen Aufgaben sind mit der für eine Projektdefinition gebotenen Kürze benannt und es sind keine offensichtlichen Lücken zu erkennen.

Als vollkommen misslungen muss die Angabe der Meilensteine bezeichnet werden. Aus formaler Sicht wird mit lauter unterschiedlichen und teilweise unpräzisen Zeitangaben gearbeitet. Was ist mit „Beschaffung" gemeint? Das Ende der Beschaffung oder der Beginn oder läuft die während des Monats April? Meilensteine müssen immer als Ereignisse definiert werden! Aus inhaltlicher Sicht ist außerdem zu bemängeln, dass zwischen Ende September und dem 28.2. des Folgejahres kein Meilenstein liegt, aber dann innerhalb recht kurzer Zeit drei Meilensteine aufeinander folgen.

Tadellos ist die Angabe des Budgets. Das Budget ist konkret benannt und auch der Personalaufwand. Soweit man dies als Nicht-Fachmann einschätzen kann, sehen die Werte auch plausibel aus.

▶ **Lösung 3-3 Projektdefinition „Firmenjubiläum"** Abb. 3.5 Zeigt die vollständige Definition des Projekts „Firmenjubiläum".

▶ **Lösung 3.4 Stakeholder für einen Umzug** Unmittelbar betroffen und auch als Akteur des Vorhabens gefragt ist natürlich die eigene Familie. Bezüglich der Wohnung in Altdorf ist der Vermieter zu informieren. Außerdem müssen die Versorgungsverträge mit den Lieferanten für Strom, Wasser und Gas, gekündigt werden. Falls die Wohnung mit dem Auszug zu renovieren ist, muss ein Maler gefunden werden. Für die Suche nach einer Wohnung oder einem Haus in Neustadt könnte ein Makler eingeschaltet werden. Eventuell kann die neue Firma hier auch helfen. Wenn ein geeignetes Objekt gefunden wurde, muss ein Umzugsunternehmen beauftragt werden. In Neustadt müssen auch die Versorger kontaktiert werden. Als weitere Stakeholder sollten auch Nachbarn, Freunde und Bekannte berücksichtigt werden. Sie sollten zumindest informiert werden. Vielleicht können aber einige auch bei der Suche nach einer Wohnung, der Suche nach Nachmietern oder gar beim Umzug helfen.

Viele Akteure, wie Versorger, Makler, Umzugsfirma stehen dem Vorhaben neutral gegenüber. Widerstand ist hier nicht zu erwarten. Nachbarn, Bekannte oder Freunde werden das Vorhaben (hoffentlich) nicht mit Freude quittieren, sie werden

Projekt-Definition STEINBACHWERKE AG

Projekt: Durchführung des 75-jährigen Firmenjubiläums	
Projektleiter: Theisen	Projektidentifikation: SBW 4712

Thema: Projektdefinition	
Verfasser: Theisen	Datum: 29.6.2010
Verteiler: T. Steinbach, K. Steinbach, Theisen	
Schlagworte: Jubiläum, Marketing, Öffentlichkeitsarbeit	
Gliederungsmerkmale: Internes Projekt	

Projektinhalt	
Ausgangssituation:	Die Steinbachwerke werden in diesem Jahr 75 Jahre alt. Dies soll in angemessenem Rahmen mit den Mitarbeitern, deren Angehörigen und Kunden gefeiert werden.
Ziele:	Identifikation der Mitarbeiter mit dem Unternehmen stärken Positive Darstellung des Unternehmens nach Außen und Innen
Projektbeschreibung:	Planung, Vorbereitung, Durchführung und Abschluss einer Feier für das 75-jährige Firmenjubiläum.
Kritische Faktoren:	Attraktivität des Programms Teilnehmerzahl zu groß bzw. zu klein Finanzbedarf

Meilensteine:	0. Projektbeginn 1. Grobkonzepts inkl. Terminierung erstellt 2. Detailkonzept mit Projekt-, Ablauf- und Terminplänen fertig 3. Alle Aufträge und Bestellungen erteilt 4. Vorabend des Jubiläums 5. Folgetag des Jubiläums 6. Projektabschluss
Budget:	100 Tsd. €.

Projektbeteiligte	
Auftraggeber:	Geschäftsleitung
Projektleiter:	Theisen
Projektteam:	

Abb. 3.5 Projektdefinition „Firmenjubiläum“

aber auch keine Probleme bereiten. Am kritischsten wird wohl die eigene Familie zu sehen sein. Abhängig von der persönlichen Situation werden sie dem Vorhaben entweder positiv oder negativ gegenüberstehen. Auf alle Fälle sind die Familienmitglieder am meisten betroffen und auch als aktive Beteiligte gefragt.

▶   **Lösung 3.5 Projektdefinition „Rechnerstandard"**

a) Ausgangssituation: Derzeit werden im Unternehmen in den verschiedenen Abteilungen Rechner eingesetzt, bei denen sich Hardware, Zubehör, Betriebssysteme und Software unterscheiden.

b) Ziele: Ziel des Projekts ist es, unternehmensweite Standards zu definieren für die Rechner-Hardware und das verwendete Zubehör. Es soll ein einziges Betriebssystem als Standard festgelegt werden und für jede Standard-Anwendung soll genau ein Programm im Unternehmen eingesetzt werden.

c) Projektinhalt: Im Projekt sollen die Anforderungen erfasst werden, die in den verschiedenen Abteilungen an Rechner und deren Ausstattung gestellt werden. Darauf aufbauend soll eine einheitliche Rechnerkonfiguration als Standard festgelegt werden.

d) Krit. Faktoren: Ein kritischer Faktor ist die Frage, ob die Anforderungen durch eine einzige Standard-Konfiguration erfüllt werden können. Sollten die Unterschiede zu groß sein, könnte mit 2 oder 3 verschiedenen Leistungsklassen gearbeitet werden, z. B. für Laptops, für normale Arbeitsplatzrechner und für Workstations. Kritisch ist außerdem die Akzeptanz eines Standards bei den Betroffenen – Rechner werden manchmal als Statussymbol gesehen.

e) Budget und Meilensteine: Die Kosten werden im Wesentlichen durch den Arbeitsaufwand bestimmt. Es sind keine nennenswerten Materialkosten zu erwarten.
Projektbeginn: KW 14
Bestandsaufnahme: 20 Personentage: bis KW 25
Marktrecherche: 10 Personentage: bis KW 30
Festlegung eines Standards: 10 Personentage: bis KW 35

▶   **Lösung 3.6 Aussagen aus einer Projektdefinition** Die Skepsis der Vertriebsmitarbeiter (A1) stellt sicherlich einen Risikofaktor dar.

Die Kompatibilität der App (A2) gehört entweder zu den Zielen oder zu den Randbedingungen.

Die Erstellung eines Feinkonzepts (A3) stellt einen Teil des Projektinhalts dar.

Die Auslieferung (A4) ist ein Ereignis, das einen Meilenstein charakterisiert.

Die Verwaltung der Kundendaten (A5) beschreibt den derzeitigen Zustand.

Unschwer ist A6 als Aussage über das Budget zu erkennen.

Tab. 3.1 Gliederung der Angebotsinhalte

Vorspann	Allgemeiner Teil
Deckblatt	Vorteile auf einen Blick
Inhaltsverzeichnis	Ihre Anforderungen
Angaben zur Firmierung	Unsere Lösung für Sie
	Preisübersicht
	Angebotsbedingungen
	Lieferbedingungen
Technische Beschreibung	**Liefer- und Leistungsumfang**
Aufgabenstellung (detailliert)	Leistungsumfang
Lösungsvorschlag (detailliert)	Lieferumfang
Technische Daten	

▶ **Lösung 3.7 Angebotsgliederung gemäß VDI-Richtlinie 4504** Tab. 3.1 zeigt die in der Richtlinie vorgenommene Zuordnung. Diese ist aber nicht immer zwingend, so dass auch eine andere Art der Gliederung oder auch der Zuordnung denkbar ist.

▶ **Lösung 3.8 Zielformulierung für die Einführung von Open-Source-Software** Bei der Formulierung von Zielen bzw. Teilzielen für das Projekt kann man sich zunächst am Zieldreieck orientieren, also nach Qualitäts-, Kosten und Terminzielen unterscheiden.

- So weit wie möglich sollen Open-Source-Programme eingesetzt werden.
- Alle existierenden Datenbestände müssen in der neuen Software importierbar sein.
- Der Umstieg muss an allen Rechnerarbeitsplätzen des Unternehmens erfolgen.
- Die Wartung der Software darf höchstens halb so teuer sein, wie bisher.
- Der Arbeitsaufwand für das Projekt darf 200 Personentage nicht übersteigen.
- Das Ergebnis der Analyse soll zwei Monate nach Projektbeginn vorliegen.
- Nach weiteren zwei Monaten soll die Einführung vorbereitet sein.
- Nach insgesamt sechs Monaten muss der Umstieg vollständig durchgeführt sein.

▶ **Lösung 3.9 Lasten- und Pflichtenheft** Wenn Lasten- und Pflichtenheft getrennte Dokumente sind, sollten beide eine „Einleitung und Übersicht" enthalten.

Im Lastenheft beschreibt ein Auftraggeber seine Anforderungen an das Projekt und das Projektergebnis. Die aktuelle Situation kennt ein Auftraggeber am besten, daher sollte sie von ihm dokumentiert werden. Auch die Rahmenbedingungen für die Termine und die Anforderungen an die Datensicherheit kommen vom Auftraggeber.

Der Auftragnehmer beschreibt im Pflichtenheft, wie er das Projektergebnis gestalten wird und wie er das Projekt durchführen möchte. Daher gehören die Beschreibung des Hardware-Konzepts und die Grobplanung des Projektablaufs ins Pflichtenheft.

▶ **Lösung 3.10 Aussagen aus Projektauftragsdokumenten** Im Lastenheft spezifiziert der Auftraggeber seine Anforderungen. Formulierungen wie z. B. „soll", „muss" oder „darf nicht" deuten auf Anforderungen hin. Auch die Kunden- bzw. Nutzersicht für eine Aussage ist typisch für Anforderungen. Aus dem Lastenheft stammen daher wahrscheinlich folgende Aussagen: A2: (Nutzung durch Vertriebsbeauftragte), A4: (Export der Kundendaten), A7: (Liefertermin), A9: (Eingabemaske).

Im Pflichtenheft listet der Auftragnehmer die Lieferungen und Leistungen auf, zu denen er sich verpflichtet. Technische Aussagen zur Realisierung, aber auch Einschränkungen und auch Details zur Projektorganisation sind daher typischerweise im Pflichtenheft zu finden: A1: (Akzeptanztest), A3: (Projektteam), A5: (XML-Schnittstelle).

In keinem der beiden Dokumente werden die beiden folgenden Aussagen zu finden sein: A6: (Budget), A8: (Personalaufwand). Die Genehmigung des Projekts und die Freigabe eines Budgets (A6) ist entweder Sache des externen Auftraggebers oder des internen Lenkungskreises auf Auftragnehmerseite. Sehr eindeutig ist die Situation bei der Aufwandsschätzung (A8). Sie ist nur für den internen Projektantrag bestimmt und darf auf keinen Fall nach außen gelangen.

▶ **Lösung 3.11 Solare Energieversorgung für ein Einfamilienhaus** Mögliche Gliederung des Lastenhefts

1. Einführende Übersicht
   1.1. Bestehende Gebäudeheizung
   1.2. Geplante solare Energieversorgung
   1.3. Randbedingungen und Zielkriterien

2. Detaillierte Anlagenbeschreibung
   2.1. Die Gebäudesituation
   2.2. Ankopplung an die bestehende Heizung
   2.3. Warmwasserbereitung
   2.4. Zu beachtende Normen, Richtlinien und Vorschriften

3. Die Projekt-Durchführung
   3.1. Anforderungen an den Auftragnehmer
   3.2. Vertragskonditionen (Termine, Gewährleistung, Berichte, Dokumentation)
   3.3. Test, Inbetriebnahme, Abnahme, Einweisung, Service

▶ **Lösung 3.12 Angebotsszenario** Angesichts der derzeitig guten Auslastung wäre es denkbar, gar kein Angebot abzugeben. Dass der eigene Abteilungsleiter bei diesem Vorschlag wohl im Dreieck springt, ist vielleicht noch zu verkraften, aber bedenklich ist das Risiko, eventuell einen guten, langjährigen Kunden zu verprellen und bei folgenden Ausschreibungen nicht mehr angefragt zu werden.

Eine zweite Option wäre, den erforderlichen Aufwand für die gründliche Analyse des Konstruktionsaufwands zu investieren, um ein detailliertes Angebot mit überschaubarem Risiko erstellen zu können. Wegen der guten Auslastung ist es aber schwierig, die kurzfristig benötigte Zeit hierfür frei zu schaufeln. Falls dann der Auftrag nicht erteilt würde, täte dies wegen der entstandenen Kosten und der verschobenen anderen Arbeiten doppelt weh.

Daher wäre es auch denkbar, nur wenig Aufwand in die Angebotserstellung zu investieren, den Aufwand grob abzuschätzen und im Angebot mit einem kräftigen Risikozuschlag zu versehen. Wahrscheinlich würde man in diesem Fall keinen Auftrag erhalten, was wegen der aktuellen Auftragslage gut zu verschmerzen wäre. Allerdings könnte ein deutlich über dem Wettbewerb liegendes Angebot beim Auftraggeber für Unverständnis oder gar Verärgerung führen.

Eine vierte Variante wäre ein Gespräch mit dem Ausschreiber, um dessen Prioritäten zu verstehen. Eventuell könnte so heraus gefunden werden, ob dort Verständnis für die Nichtabgabe eines Angebots oder für ein Angebot mit Risikozuschlag zu erwarten ist oder ob eventuell Spielraum für eine spätere Angebotsabgabe besteht.

Tab. 3.2 Gliederung der Angebotsinhalte

	I	II	III	IV
Beschreibung der Anforderungen	X			
Handhabung von Schutzrechten			X	
Technische Beschreibung		X		
Gerichtsstand, Schlichtspruch, Vergleich			X	
Beistellungen des Auftraggebers		X		
Organisation des Projekts	X			
Rechte und Pflichten bei Erfüllungsmängeln			X	
Lastenheft				X
Relevante Erfahrungen des Unternehmens	X			
Produkt-Strukturplan		X		
Meilensteinplan			X	
Kosten, Zahlungsplan, Zahlungsbedingungen			X	
Lieferungen und Leistungen		X		
Lieferungsbedingungen			X	
Rechnungslegung			X	
Anzuwendende technische Vorschriften		X		
Gewährleistungsfristen			X	
Technische Daten		X		
Haftung und Haftungsausschlüsse			X	
Verweis auf „Allg. Geschäftsbedingungen" (AGB)			X	

▶ **Lösung 3.13 Angebotsgliederung** Das Angebot wird gegliedert in:

    I   Allgemeiner Teil

    II Technischer Teil

    III Vertragsteil

    IV Anhang

Die Zuordnung der verschiedenen Punkte aus der Liste zu den Teilen zeigt Tab. 3.2.

Projektorganisation

4

Zusammenfassung

Das Zusammenwirken mehrerer Personen, die z. B. in einem Unternehmen oder in einem Projekt Aufgaben ausführen sollen, ist nur selten unproblematisch. Deshalb müssen Regeln geschaffen werden, die die Arbeit der Beteiligten auf das gemeinsame Ziel ausrichten. Dies bezeichnet man als Organisation (siehe Abb. 4.1). Das Zusammenwirken einer Projektorganisation mit der vorhandenen Organisationsstruktur eines Unternehmens sowie die Befugnisse und Verantwortungen der beteiligten Personen regelt die Aufbauorganisation.

Die grobe zeitliche Unterteilung eines Projekts in Phasen und die Zuordnung der Teilprojekte und Arbeitspakete zu diesen Phasen ist die Aufgabe der Ablauforganisation. Durch die Festlegung von Meilensteine werden außerdem Ereignisse definiert, die die spätere Kontrolle des Fortschritts ermöglichen (Abb. 4.1).

Je größer die Zahl der beteiligten Personen in einem Projekt ist, desto mehr Informationen fallen an. Die Erfassung, Verteilung und Ablage dieser Informationen ist eine oft noch unterschätzte Aufgabe, die durch einen eigenständigen Kommunikationsplan gelöst wird. Organisatorische Regelungen, die in einem Unternehmen für alle Projekte gelten, werden in einem PM-Handbuch dokumentiert. Es dient im konkreten Projekt zur Auswahl und Festlegung der geeigneten Organisation und wird bei Bedarf regelmäßig fortgeschrieben.

© Springer Fachmedien Wiesbaden GmbH, ein Teil von Springer Nature 2021
W. Jakoby, *Intensivtraining Projektmanagement*,
https://doi.org/10.1007/978-3-658-32836-8_4

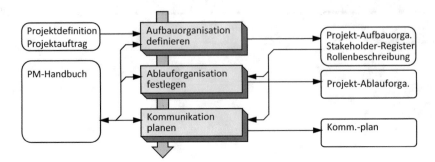

Abb. 4.1 Prozesse der Projektorganisation

4.1   Aufbauorganisation

Die in Abteilungen und Bereiche gegliederte Linienstruktur eines Unternehmens ist für regelmäßig wiederkehrende, gleichartige Arbeiten ausgelegt. Ein Projekt weicht durch seine Einmaligkeit und Neuartigkeit von diesen Bedingungen grundsätzlich ab und passt daher in der Regel nicht zur Linienstruktur. Projekte in einem Unternehmen benötigen daher eigene Organisationsformen, die aber mit der bestehenden Struktur kooperieren müssen. Im Wesentlichen besteht das Kernteam eines Projekts aus einem Projektleiter und den Mitarbeitern, die temporär oder dauerhaft im Projekt mitwirken. Es haben sich mehrere Grundmuster für den Aufbau etabliert:

- Im Idealfall wird ein Projekt wie eine eigenständige, zeitlich begrenzt existierende Abteilung organisiert. Dies bezeichnet man als reine Projektorganisation (Reine PO).
- Bei der Matrix-PO verbleiben die Projektmitarbeiter in ihren Linienabteilungen, werden aber fachlich dem Projektleiter unterstellt.
- Eine Auftrags-PO stellt eine Mischform dar. Einige Mitarbeiter arbeiten fest im Projekt und sind dem Projektleiter unterstellt. Andere arbeiten teilweise im Projekt, bleiben aber disziplinarisch den Linienvorgesetzten unterstellt.
- Kommen mehrere Mitglieder des Projektteams aus einer Abteilung kann deren Linienvorgesetzter zusätzlich zu seinen anderen Aufgaben auch die Rolle des Projektleiters übernehmen. Dies wird als Linien-PO bezeichnet.
- Die geringste Änderung erfordert die Einfluss-PO. Alle Mitarbeiter verbleiben in der Linie und werden vom Projektleiter durch seine Einfluss-Befugnis geführt.

Für jedes konkrete Projekt muss die passende Organisationsform festgelegt werden. Die wichtigsten Einflussgrößen hierbei sind die Zahl und die Bedeutung der bereichsübergreifenden Schnittstellen sowie die Projektgröße und -bedeutung für das Unternehmen.

Neben der Frage der Weisungsbefugnisse müssen auch die Rollen der beteiligten Personen im Projekt, für Teilprojekte und für Arbeitspakete festgelegt werden. Hierfür gibt es unterschiedliche Rollenrepertoires und entsprechende Zuordnungen, wie z. B. die IMV-Matrix (Interesse, Mitwirkung, Verantwortung) oder die RACI-Matrix.

▶ **Aufgabe 4.1 Aufbauorganisation SCM-Projekt** Eine mittelständische Firma mit etwa 800 Beschäftigten möchte in Zukunft die Arbeitsabläufe für die Auswahl von Lieferanten, die Einholung von Angeboten, die Durchführung von Bestellungen und die Handhabung der Lieferungen mit Hilfe einer geeigneten Software für das Supply Chain Management (SCM) unterstützen.

Im Rahmen eines Projekts sollen die Anforderungen an eine solche Software spezifiziert und geeignete Software-Produkte ausgesucht werden. Anschließend soll die passende Software ausgewählt, im Testbetrieb auf ihre Tauglichkeit untersucht und schließlich im Unternehmen eingeführt werden. Im Projektteam sollen alle betroffenen Abteilungen vertreten sein. Die beiden wichtigsten Lieferanten sollen ebenfalls am Projekt beteiligt werden.

Welche Organisationsform würden Sie für den Aufbau des Projektteams wählen? Wer könnte das Projekt leiten?

▶ **Aufgabe 4.2 IMV-Matrix für ein Sextett** Herr Frommermann (Fr) möchte eine a-capella Vokal-Band, die „Harmonical Comedians" gründen und mit dieser eine CD veröffentlichen. Seinen Bekannten Biberti (Bi), der sich gut in der Szene auskennt, beauftragt er, vier weitere Sänger für das Sextett zu suchen. Er wird fündig bei den Herren Cycowski (Cy), Collin (Co), Leschnikoff (Le) und Bootz (Bo).

Nachdem sich alle getroffen und kennengelernt haben, werden die anstehenden Aufgaben verteilt. Frommermann als Initiator übernimmt die Leitung des Gesamtprojekts. Alle gemeinsam wollen ein Repertoire erstellen, wobei Cykowski der musikalisch versierteste von allen ist. Für die Organisation von Auftritten ist Herr Bootz zuständig, der von Collin hier unterstützt wird. Die Termine sollen aber erst nach Rücksprache mit allen anderen fest zugesagt werden.

Leschnikoff wird einen Produzenten für eine CD suchen. Sobald er fündig wurde, soll Collin, der einige Semester Jura studierte, den Vertrag mit dem Produzenten aushandeln. Gleichzeitig soll Bootz ein geeignetes Studio zur Aufnahme der CD suchen. Die Aufnahme selbst, an der natürlich alle beteiligt sind, wird vom musikalisch Kopf Cycowski organisiert.

Legen Sie für die beschriebenen Arbeiten und die Beteiligten (Bi, Bo, Co, Cy, Fr, Le) die IMV-Matrix an. Erläutern Sie Ihre Festlegungen.

▶ **Aufgabe 4.3 Aufbauorganisation** In einem Unternehmen mit ca. 180 Mitarbeitern soll ein neues Qualitätsmanagementsystem eingeführt werden. Im Projekt gibt es Mitarbeiter, die in Vollzeit (rechteckig hinterlegt) oder in Teilzeit (dreieckförmig hinterlegt) im Projekt arbeiten. Das Projekt soll in Auftragsform organisiert werden.

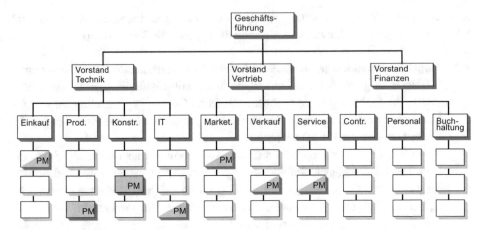

Abb. 4.2 Organigramm eines Unternehmens

Die in Vollzeit im Projekt Mitwirkenden werden dem Projektleiter vollständig unterstellt, gegenüber den anderen besitzt er fachliche Weisungsbefugnis.

a) Stellen Sie im Organigramm von Abb. 4.2 die Auftrags-Organisation für das Projekt dar!
b) Für welche Arten von Projekten würden Sie diese Organisationsform bevorzugt verwenden?
c) Für welche Arten von Projekten würden Sie diese Organisationsform nicht verwenden?
d) Wie schätzen Sie die Eignung der Auftrags-PO für das vorliegende Projekt ein? Welche Alternative würden Sie in Betracht ziehen?

▶ **Aufgabe 4.4 Gliederung eines Projekts** Der Ablauf für ein Projekt mit einem Arbeitsumfang von 20 Personenjahren soll entworfen werden. Wie würden Sie es hierarchisch in Teilprojekte und Arbeitspakete gliedern?

▶ **Aufgabe 4.5 Aufbauorganisation** Um welche Aufbauorganisationsform eines Projekts handelt es sich bei dem in Abb. 4.3 dargestellten Diagramm? Für welche Fälle ist diese Organisationsform vorteilhaft?

▶ **Aufgabe 4.6 Organisation des Entwicklungsprojekts für ein Navigationsgerät** Der Hersteller von Fahrradzubehör hat die Vorstudie für das Entwicklungsprojekt des neuen Navigationsgeräts für Fahrräder abgeschlossen. Der Aufwand wird mit ca. 3 Personenjahren bei einer Laufzeit von 12 Monaten veranschlagt. Aus der Entwicklungsabteilung sollen ein Hardware-Entwickler und eine Software-Entwicklerin

Abb. 4.3 Prozesse der
Projektorganisation

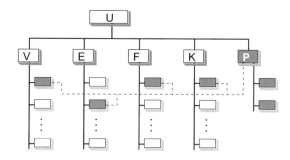

dauerhaft im Projekt arbeiten. Aus den Abteilungen Vertrieb, Produktion und mechanische Konstruktion wird je 1 Mitarbeiter zeitweise im Projekt benötigt.

Welche Aufbauorganisation soll für das Projekt gewählt werden? In wie viele Ebenen sollte das Projekt gegliedert werden?

4.2 Ablauforganisation

Die in einem Projekt zu erledigenden Arbeiten können je nach Projektgröße über mehrere Ebenen hinweg hierarchisch gegliedert werden. Die unterste Ebene bilden Arbeitspakete mit einem Umfang von wenigen Personentagen. Arbeitspakete bestehen aus eng miteinander vernetzten Arbeiten und liefern ein zusammenhängendes Ergebnis. Sie werden im Rahmen der Projektplanung nicht mehr weiter unterteilt, sondern die Detailplanung ist Aufgabe der ausführenden Person. Aufeinander aufbauende Arbeitspakete werden zu kleinen Teilprojekten zusammengefasst, die wiederum zu mittleren und weiter zu großen Teilprojekten gruppiert werden können.

Der Zeitablauf eines Projekts kann in mehrere Phasen unterteilt werden, deren Anfang und Ende einen Meilenstein darstellen (Abb. 4.4). Jedes Teilprojekt wird einer Projektphase zugeordnet und muss in dieser komplett bearbeitet werden. In jeder Projektphase gibt es mindestens ein Teilprojekt. Liegen mehrere Teilprojekte in einer Phase, können diese nacheinander oder parallel bearbeitet werden. Erst wenn die Ergebnisse aller Arbeitspakete und Teilprojekte einer Phase vorliegen, ist der Meilenstein erreicht. Dieses Ereignis markiert das Ende einer Projektphase und den Beginn der nächsten.

Der Ablauf eines Projekts, also die Abfolge sequenziell und parallel ausgeführter Arbeiten kann je nach Anforderung unterschiedlich festgelegt werden. Die zwei Standard-Ablaufstrukturen sind das Wasserfallmodell mit strikt getrennten sequenziellen Phasen und genau einem Teilprojekt pro Phase und das Simultaneous Engineering, bei dem die Arbeiten so weit wie möglich parallelisiert werden und ausgeprägte Projektphasen nicht mehr vorkommen.

Zwischen diesen beiden Extremfällen der Ablauforganisation gibt es zahlreiche Varianten, wie z. B. das Spiralmodel oder agile Vorgehensweisen. Hier wird mit Hilfe von itera-

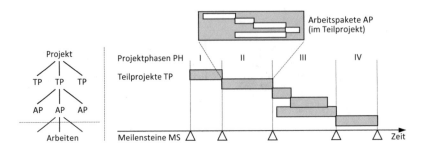

Abb. 4.4 Arbeitspakete, Teilprojekte und Projektphasen

Tab. 4.1 Projektphasen der HOAI

Nr.	HOAI-Phase	De	Pl	St	Ab
1.	Grundlagenermittlung				
2.	Vorplanung				
3.	Entwurfsplanung				
4.	Genehmigungsplanung				
5.	Ausführungsplanung				
6.	Vorbereitung der Vergabe				
7.	Mitwirkung bei der Vergabe				
8.	Objektüberwachung				
9.	Dokumentation				

tiven Durchläufen für eine mehr oder weniger ausgeprägte Parallelisierung in den Teilprojekten und in den Projektphasen gearbeitet.

▶   **Aufgabe 4.7 Phasenzuordnung der HOAI-Leistungen** Ordnen Sie die in Tab. 4.1 aufgelisteten Leistungsphasen der HOAI[1] den Standard-Phasen Definition (De), Planung (Pl), Steuerung (St) und Abschluss (Ab) des Projektmanagement-Zyklus zu.

▶   **Aufgabe 4.8 Ablauforganisation Produktpräsentation** Ein Hersteller elektrischer Kleingeräte möchte seine drei Produktlinien Akkuschrauber (AS), Bohrmaschinen (BM) und Handkreissägen (HK) in Zukunft im Internet präsentieren. Für jede Produktlinie werden die in Tab. 4.2 aufgelisteten Arbeitspakete benötigt.

Welche Ablauforganisation würden Sie wählen, wenn nur eine Person für die Bearbeitung aller Arbeitspakete für die drei Produktlinien zur Verfügung steht? Nennen Sie Vor- und Nachteile dieser Ablauforganisation.

Ihnen stehen nun zwei Personen (Anne und Ben) für das Projekt zur Verfügung. Anne ist qualifiziert für die Arbeitspakete AP1, AP2 und AP6 bei allen Produktlinien und Ben für AP3 bis AP5. In welcher Form würden Sie den Ablauf organisieren?

---

[1] HOAI: Honorarordnung für Architekten und Ingenieure.

Tab. 4.2 Arbeitspakete für ein Projekt zur Produktpräsentation

	Arbeitspakt	Vorgänger	AS	BM	HK
AP1	Produktbeschreibung		20 Tage	30 Tage	24 Tage
AP2	Fotos erstellen	AP1	6 Tage	5 Tage	5 Tage
AP3	Ersatzteil-Datenbank		8 Tage	10 Tage	12 Tage
AP4	Kunden-Datenbank		12 Tage	15 Tage	18 Tage
AP5	Dynamische Datenbankzugriffe	AP3; AP4	18 Tage	15 Tage	20 Tage
AP6	Webseite programmieren	AP2; AP5	25 Tage	20 Tage	18 Tage

Skizzieren Sie diesen Ablauf in grafischer Form. Welches sind die Vor- und Nachteile dieser Ablauforganisation.

Nun sollen Sie das Projekt möglichst schnell durchführen. Ihnen stehen sechs Personen mit den benötigten Qualifikationen für die Arbeitspakete zur Verfügung (eine für jedes Arbeitspaket). In welcher Form würden Sie in diesem Fall den Ablauf organisieren? Skizzieren Sie diesen Ablauf ebenfalls in grafischer Form. Welches sind die Vor- und Nachteile?

▶ **Aufgabe 4.9 Aufbau- und Ablauforganisation „DMS für Fa. Lahm&Täuer"** Die Spedition Lahm&Täuer hat ca. 50 Mitarbeiter, davon arbeiten 15 in der zentralen Verwaltung an Rechnerarbeitsplätzen und 35 als Fahrer. Bislang wurden alle Dokumente, wie z. B. Bestellungen, Rechnungen, Routenplanung etc. ausschließlich in Papierform abgelegt. Im Rahmen eines Projekts soll nun ein Dokumentenmanagementsystem (DMS) eingeführt werden, mit dem in Zukunft alle Dokumente in elektronischer Form erstellt und abgelegt werden sollen. Tab. 4.3 zeigt die notwendigen Arbeitspakete, deren Anordnungsbeziehungen und die Aufwandsschätzwerte.

a)   Welche Aufbauorganisationsformen kommen für dieses Projekt nicht in Frage? Welche Organisationsform würden Sie wählen? Nennen Sie Vor- und Nachteile dieser Organisationsform.

b)   Welche Form der Ablauforganisation würden Sie wählen, wenn das Projekt 9 Monate dauern darf? Nennen Sie Vor- und Nachteile dieser Organisationsform.

c)   Ihnen stehen nun 2 Personen A und B für das Projekt zur Verfügung. Beide sind für alle Arbeitspakete qualifiziert. In welcher Form würden Sie den Ablauf organisieren? Skizzieren Sie diesen Ablauf in grafischer Form. Welches sind die Vor- und Nachteile? Welche Projektlaufzeiten ergeben sich?

▶ **Aufgabe 4.10 Meilensteine festlegen** Abb. 4.5 zeigt einen Projektplan mit den Teilprojekten TP1 bis TP7.

Tab. 4.3 Arbeitspakete mit AOBs und Aufwandsschätzwerten

	Arbeitspakt	Vorgänger	Aufwand
AP1	Anforderungsanalyse		20 PT
AP2	Marktanalyse bestehender DMS		25 PT
AP3	Auswahl eines geeigneten DMS	AP1, AP2	5 PT
AP4	Probebetrieb an einem Arbeitsplatz	AP3	40 PT
AP5	Schulung der Mitarbeiter	AP3	5 PT
AP6	Import aller bestehenden Dokumente	AP3	25 PT
AP7	Inbetriebnahme des DMS an allen Arbeitsplätzen	AP4; AP5; AP6	50 PT

Vorga	Dauer	Anfang	Ende	Vorgäng
TP1	30 Tage	06.01	14.02	
TP2	150 Tage	17.02	12.09	1
TP3	50 Tage	17.02	25.04	1
TP4	25 Tage	28.04	30.05	3
TP4	110 Tage	02.06	31.10	4;6
TP6	65 Tage	17.02	16.05	1
TP7	35 Tage	03.11	19.12	2;5

Abb. 4.5 Daten und Balkendiagramm der Teilprojekte

Welche Projektphasen würden Sie hier festlegen und wo würden Sie die Meilensteine setzen?

An welchen Stellen sind Sie mit den von Ihnen gewählten Phasen und Meilensteinen unzufrieden? Was würden Sie ändern, damit die Meilensteine besser liegen?

4.3   Organisation der Informationsflüsse

In einem Projekt fallen schier unendlich viele Informationen an. Diese können für das Projekt und für einzelne Beteiligte von sehr unterschiedlicher Bedeutung sein. Daher muss festgelegt werden, wie anfallende Informationen gehandhabt werden, an wen und wie sie kommuniziert werden und welche Informationen dauerhaft dokumentiert werden müssen. Für die im Projekt entstehenden Dokumente sind ebenfalls Regelungen der Verteilung, Speicherung und Sicherung zu treffen.

Das Management von Informationen und Dokumenten wird in zunehmendem Maße durch geeignete Systeme unterstützt. Recht ausgereift sind Dokumentenmanagementsysteme, die heute bereits in vielen Unternehmen eingesetzt werden und auch für die Zwecke eines Projekts genutzt werden können.

Alle in einem Projekt benötigten Dokumentenarten wie z. B. Besprechungs-, Status- oder Abschlussberichte, Anträge, Ressourcen-, Aktivitäts- oder Personenlisten, Tabellen und Pläne sollten einheitlich festgelegt und als Dokumentenmuster mit entsprechenden Anleitungen zur Erstellung unterstützt werden.

▶ **Aufgabe 4.11 Checkliste Dokumentenmanagement** In jedem Projekt werden viele unterschiedliche Arten von Dokumenten benötigt. Hierzu zählen z. B. Berichte, Pläne, Listen oder Tabellen. Wichtige Fragen wie z. B. der Aufbau, das Aussehen, der Inhalt, die Verteilung und die Ablage der Dokumente müssen im Projekt geregelt und im PM-Handbuch festgehalten werden. Entwerfen Sie eine Checkliste, die stichpunktartig die wichtigen Fragen der Dokumentenhandhabung auflistet, die in einem PM-Handbuch beantwortet werden müssen.

▶ **Aufgabe 4.12 Fehlerhafte Arbeitspaketbeschreibung** Abb. 4.6 zeigt einen Ausschnitt aus einer Arbeitspaketbeschreibung. Was fällt Ihnen an diesem Bericht positiv auf? Welche Mängel bzw. Fehler können Sie erkennen?

4.4   Das Projektmanagement-Handbuch

Alle organisatorischen Regelungen, die in einem Unternehmen für das Management von Projekten getroffen werden, sollten in Form eines PM-Handbuchs zusammengefasst werden. Dadurch werden Erkenntnisse aus durchgeführten Projekten dokumentiert und unnötige Mehrfacharbeiten vermieden.

Das PM-Handbuch enthält Festlegungen, Anleitungen und Checklisten für alle Phasen und Prozesse eines Projekts sowie Formulare, Vorlagen und Ausfüllanleitungen für alle benötigten Dokumente. Nach seiner Erstellung kann ein PM-Handbuch bei folgenden Projekten immer wieder verwendet und bei Bedarf fortgeschrieben werden.

Arbeitspaketbeschreibung PM f Ing

Projekt:	Solaranlage für Maschinehalle		
Projektleiter:		Projekt-Nr.:	4713

Arbeitspaket:	Beschaffung Solarmodule		
Verantwortlicher:	Leon Löwe	AP-Nr.:	3.5
Auszuführende Arbeiten:	Im vorliegenden Projekt soll das Dach, der im nächsten Quartal zu errichtenden Maschinehalle mit einer Solaranlage zur Gewinnung elektrischer Energie ausgestattet werden. Das Dach der Halle hat eine Gesamtfläche von 240 m² und soll mit Solarpanels bestückt werden. Hierfür sollen die Solarmodule angeschafft werden.		
Benötigte Voraussetzungen:	Vollständige Marktübersicht der Anbieter und Module. Anforderungsspezifikation für die Module.		
Angestrebte Ergebnisse:	Solarmodule in ausreichender Stückzahl und Qualität.		

Abb. 4.6 Ausschnitt aus einer Arbeitspaketbeschreibung

▶ **Aufgabe 4.13 Aufbau einer Liste der Projektbeteiligten** In jedem Projekt spielen die beteiligten Personen eine ganz zentrale Rolle. In der Regel gibt es viele Beteiligte, die unterschiedliche Aufgaben ausüben, die unterschiedliche Befugnisse besitzen und unterschiedliche Verantwortungen übernehmen. In einem Projekt muss daher festgehalten werden, welche Personen beteiligt sind. Für jede Person müssen dann vielfältige Informationen zusammengetragen werden, die für deren Einsatz im Projekt benötigt werden. Diese Informationen werden in vielen Prozessen, wie z. B. bei der Projektorganisation, bei der Ablauf- und Terminplanung oder bei der Projektsteuerung genutzt. Üblicherweise handelt es sich bei diesem Dokument um eine Liste in Tabellenform. Deren Aufbau soll im PM-Handbuch geregelt werden. Legen Sie fest, welche Merkmale die Tabelle der Projektbeteiligten beinhalten sollte.

▶ **Aufgabe 4.14 Regelung zur Auswahl einer Aufbauorganisation** Sie arbeiten in einem Unternehmen mit ca. 600 Mitarbeitern, die in neun Linienabteilungen untergliedert sind. Da in Zukunft Kundenaufträge, Konstruktionsaufträge und Vorhaben zur Änderung von Arbeitsabläufen verstärkt in Projektform durchgeführt werden, soll ein PM-Handbuch erstellt werden. Sie haben die Aufgabe bekommen, das Kapitel zu erstellen, das die Auswahl und Festlegung einer Aufbauorganisation für die anfallenden Projekte regelt.

Erstellen Sie in knapper Form eine Übersicht der möglichen Aufbauorganisationsformen. Legen Sie Projektmerkmale fest, die zur Auswahl einer speziellen Aufbauorganisation zu berücksichtigen sind. Legen Sie Regeln fest, nach denen die konkrete Organisationsform für ein Projekt ausgewählt wird.

▶ **Aufgabe 4.15 Verzeichnisstruktur für die Dokumentenablage** Erstellen Sie einen Verzeichnisbaum für ein Rechnerlaufwerk, auf dem alle Dokumentdateien abgelegt werden können, die in einem Projekt anfallen. Als Anhaltspunkt für die Gliederung können Sie die typische Phaseneinteilung von Projekten verwenden. Berücksichtigen Sie auch, welche Dokumente es nur einmal im Projekt gibt und wo es vielfach anfallende Dokumentenarten gibt.

4.5   Lösungen

▶ **Lösung 4.1 Aufbauorganisation für ein SCM-Projekt** Für das Unternehmen ist das Projekt von mittlerer Bedeutung. Hinsichtlich der Arbeitsmenge kann das Projekt als klein eingestuft werden, auch wenn mit einer Laufzeit in der Größenordnung von einem Jahr gerechnet werden muss. Es werden viele Abteilungen inklusive der beiden Lieferanten an dem Projekt beteiligt sein, so dass, gemessen am Projektumfang, relativ viele Schnittstellen entstehen.

Es bietet sich daher eine Einfluss-Projektorganisation an. Jede Abteilung stellt eine Person in Teilzeit für das Projekt ab. Diese Personen werden immer wieder kleinere Arbeitspakete für das Projekt bearbeiten und an Projektsitzungen oder Präsentationen teilnehmen, aber ansonsten ihre Linien-Aufgabe in eingeschränktem Maße weiter ausüben.

Da im Unternehmen selbst keine Erfahrungen mit SCM-Software vorhanden sind, wäre es sinnvoll, einen erfahrenen externen Projektleiter zu suchen, der bereits an einer SCM-Software-Einführung beteiligt war und diesen im Stab der Geschäftsleitung zu installieren. Sollte keine entsprechende externe Person zu finden sein, käme auch eine Person aus der IT-Abteilung in Frage, die bereits an der Einführung anderer Software-Systeme für das Enterprise-Ressource Planning (ERP) im Unternehmen beteiligt war.

▶ **Lösung 4.2 IMV-Matrix für ein Sextett** Die Matrix in Tab. 4.4 zeigt die Zuordnung der verschiedenen Rollen. Für jede Aktivität muss immer genau ein Verantwortlicher festgelegt werden, da eine geteilte Verantwortung nicht funktioniert. Beim Repertoire sind alle beteiligt. Die Verantwortung wird daher dem musikalisch kompetentesten, Herrn Cykowski (Cy) zugeteilt. Bei der Organisation der Auftritte, müssen alle über die Termine informiert werden. Bei der Suche eines Produzenten wird Collin (Co) auf dem Laufenden gehalten, da er anschließend den Vertrag aushandeln muss. Frommermann (Fr) als Initiator ist gewissermaßen der Projektleiter und wird über alle Aktivitäten informiert.

▶ **Lösung 4.3 Aufbauorganisation**

a) Das Diagramm in Abb. 4.7 zeigt die Auftrags-Organisation. Die beiden Vollzeit-Mitarbeiter sind dem Projektleiter unterstellt. Gegenüber den anderen besitzt er fachliche Weisungsbefugnis.

Tab. 4.4 IMV-Matrix

Arbeit	Bi	Bo	Co	Cy	Fr	Le
Team zusammenstellen	V				I	
Repertoire erstellen	M	M	M	V	M	M
Auftritte organisieren	I	V	M	I	I	I
Produzenten suchen			I		I	V
Vertrag aushandeln			V		I	
Aufnahmestudio suchen		V			I	
Aufnahme der CD	M	M	M	V	M	M

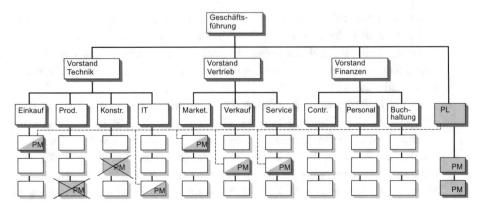

Abb. 4.7 Organigramm mit Auftrags-Projektorganisation

b) Die Auftrags-Organisation ist für Projekte mittlerer Größe mit wenigen Schnittstellen geeignet.

c) Eindeutig große oder eindeutige kleine Projekte sind für die Auftrags-PO nicht
   geeignet. Bei Projekten mit vielen unternehmensinternen Schnittstellen ist die
   Auftrags-PO nicht ideal.

d) Die Schnittstellenzahl im Projekt ist überschaubar. In dieser Hinsicht passt die
   Auftrags-PO. Das Projekt kann im Vergleich zur Unternehmensgröße weder als
   eindeutig klein noch eindeutig von mittlerer Größe eingestuft werden. Daher ist
   die Auftrags-PO durchaus geeignet. Als alternative Organisationsform käme
   auch eine Projektleitung in der Linie in Frage. Der Abteilungsleiter IT könnte
   dann auch die Aufgabe als Projektleiter übernehmen.

▶ **Lösung 4.4 Gliederung eines Projekts** Das Gesamtprojekt umfasst 20 Personenjahre.
Geht man im Mittel von 2 Personenjahren auf der 2. Ebene aus, kann das Gesamtprojekt in 10 große Teilprojekten unterteilt werden. Jedes große Teilprojekt wiederum besteht aus etwa 10 kleineren Teilprojekten der 3. Ebene. Diese umfassen im
Mittel etwa 8 Arbeitspakete mit einer mittleren Größe von 5 Personentagen. Im Gesamtprojekt kommt man somit auf ca. 800 Arbeitspakete.

1. (oberste) Ebene: Gesamtprojekt mit 20 Personenjahren.
2. Ebene: Teilprojekte mit 0,5 bis 5 Personenjahren
3. Ebene: Teilprojekte mit 0,5 bis 5 Personenmonaten.
4. (unterste) Ebene: Arbeitspakete mit einem Umfang von 1 bis 20 Personentagen

▶ **Lösung 4.5 Aufbauorganisation** Die Auftrags-Projektorganisation stellt eine Mischform der reinen Projektorganisation und der Matrix-Projektorganisation dar. Der
Projektleiter hat in seinem Team sowohl feste Mitarbeiter, gegenüber denen er voll-

ständig weisungsbefugt ist, als auch Mitarbeiter anderer Bereiche, denen er nur fachliche Weisungen erteilen darf.

Diese Organisationsform lässt sich vor allem dann sinnvoll einsetzen, wenn das Projekt einige Mitarbeiter erfordert, die dauerhaft im Projekt arbeiten und andere, die nur temporär benötigt werden.

▶ **Lösung 4.6 Organisation des Entwicklungsprojekts für ein Navigationsgerät** Bei einer Laufzeit von 1 Jahr und einem Aufwand von 3 Personenjahren (PJ), werden durchschnittlich 3 Mitarbeiter im Projekt benötigt. Da die beiden Entwickler fest im Projekt arbeiten, wird im Durchschnitt 1 weitere Person, zu Spitzenzeit wohl auch mehr Personen benötigt. Die Schnittstellenzahl des Projekts ist daher eher gering. Dies spricht für eine Auftrags- oder eine Linien-PO. Da die Größe des Unternehmens nicht genau bekannt ist, kann die Projektgröße bzw. -bedeutung nicht genau abgeschätzt werden. Man kann aber von einer mittleren Größenordnung ausgehen, so dass eine Auftrags-PO angebracht erscheint.

Als Projektleiter kommt einer der beiden fest im Projekt beschäftigten Entwickler in Frage. Ob dies der Hardware-Entwickler oder die Software-Entwicklerin sein sollte, hängt im Wesentlichen von deren persönlichen Eigenschaften und Qualifikationen ab. Der Projektumfang von 3 PJ entspricht 36 PM. Unterteilt man das Projekt in ca. 10 Teilprojekte mit durchschnittlich 3 bis 4 PM bzw. 60 bis 80 PT. Die Teilprojekte können dann in 6–8 Arbeitspakete von ca. 10 PT unterteilt werden. Unterhalb des Gesamtprojekts können also sinnvoll zwei Gliederungsebenen gebildet werden.

▶ **Lösung 4.7 Phasenzuordnung der HOAI-Leistungen** Tab. 4.5 zeigt die Zuordnung der Leistungsphasen der HOAI zu den Projektphasen Definition (De), Planung (Pl), Steuerung (St) und Abschluss (Ab). Bei den Phasen 2 bis 4 ist die Zuordnung durch die Namensgebung offensichtlich. Die Dokumentation am Ende des Projekts enthält

Tab. 4.5 Zuordnung der HOAI-Phasen zu den Projektphasen

Nr.	HOAI-Phase	De	Pl	St	Ab
1	Grundlagenermittlung	X			
2	Vorplanung		X		
3	Entwurfsplanung		X		
4	Genehmigungsplanung		X		
5	Ausführungsplanung		X		
6	Vorbereitung der Vergabe			X	
7	Mitwirkung bei der Vergabe			X	
8	Objektüberwachung			X	
9	Dokumentation				X

nicht die Erstellung der Pläne und der in der Projektdurchführung benötigten Dokumente. Sie kann daher dem Abschluss zugerechnet werden.

▶   **Lösung 4.8 Ablauforganisation Produktpräsentation**
a) Falls nur eine Person zur Bearbeitung zur Verfügung steht, müssen alle Arbeitspakete nacheinander bearbeitet werden. Es ergibt sich also auf jeden Fall ein Wasserfallmodell. Dessen Vorteil ist seine einfache Gliederung. Nachteilig ist die sehr lange Laufzeit. Im Wesentlichen ergeben sich dabei zwei Möglichkeiten. Entweder werden die kompletten Arbeiten für eine Produktlinie in einer Projektphase zusammengefasst. Oder jedes Arbeitspaket wird für alle Produktlinien ausgeführt. Somit ergibt sich für jeden AP-Typ, z. B. die Produktbeschreibung eine eigne Projektphase. Bei vollständig sequenzieller Bearbeitung ergibt sich eine Projektlaufzeit von 281 Tagen.

b) Bei zwei Personen ist eine Parallelisierung möglich. Unter Berücksichtigung der Abhängigkeiten könnte der in Abb. 4.8 dargestellte Ablauf realisiert werden. Dabei wurde für jede Produktlinie eine eigene Projektphase definiert. Man gelangt so zu einer deutlich kürzeren, wenn auch noch lange nicht kürzest möglichen Laufzeit. Diese verringert sich auf 196 Tage. Gibt man die Phaseneinteilung auf, ist eine weitere Reduzierung der Laufzeit möglich. Ben muss dann z. B. nicht auf die Fertigstellung des Teilprojekts AS warten, sondern kann sofort nach Abschluss von AP5 von Teilprojekt AS mit AP1 für BM beginnen. Durch die Auflösung der Phasen verringert sich die Laufzeit auf 170 Tage.

c) Wenn sieben Personen zur Verfügung stehen, können die zugehörigen Arbeitspakete zügig nacheinander bearbeitet werden (siehe Abb. 4.9). Die normalen Anordnungsbeziehungen müssen weiterhin berücksichtigt werden. Es ergibt sich nun eine deutliche Reduzierung der Laufzeit auf 106 Tage. Der Nachteil ist der deutlich höhere Planungsaufwand, der in den zusätzlichen Anordnungsbeziehungen zum Ausdruck kommt. Außerdem erfordert der hohe Parallelisierungsgrad deutlich mehr Überwachungs- und Steuerungsaufwand während der Durchführung, da sich terminliche Änderungen sofort auf die anderen Arbeitspakete auswirken.

▶   **Lösung 4.9 Aufbau- und Ablauforganisation „DMS für Fa. Lahm&Täuer"**   Für eine Mitwirkung im Projekt kommen die 15 Mitarbeiter der Verwaltung in Frage, evtl. ein oder zwei Fahrer. Das Projekt umfasst 170 Personentage, ist also eher als klein anzusehen, auch in Relation zum Unternehmen.

a)   Wegen der geringen Projektgröße scheiden Reine PO, Matrix-PO und Auftrags-PO aus. Am besten scheint PO in der Linie zu passen, wenn z. B. ein IT-Leiter gleichzeitig zum Projektleiter gemacht werden könnte. Alle anderen arbeiten nur zeitweise im Projekt mit. Ein Alternative könnte auch eine Einfluss-PO sein, wenn eventuell extern ein Projektleiter mit DMS-Erfahrung gefunden werden kann.

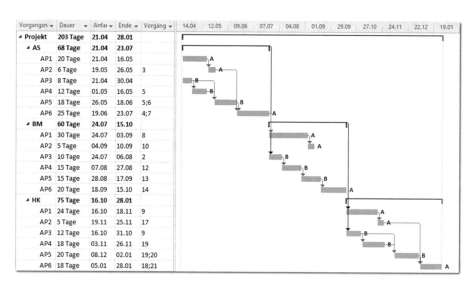

Abb. 4.8 Balkendiagramm mit teilweise parallelisiertem Ablauf

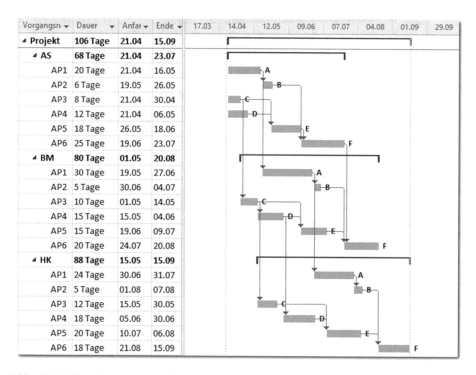

Abb. 4.9 Balkendiagramm mit vollständig parallelisiertem Ablauf

Tab. 4.6 Anordnung bei paralleler Ausführung der Arbeitspakete

Dauer	25 Tage	5 Tage	40 Tage	50 Tage
A	AP1	AP3	AP4	AP7
B	AP2		AP5, AP6	

b) Bei neun Monaten Laufzeit (entspricht ca. 180 Tagen) kann das Projekt rein sequenziell (als Wasserfall) organisiert werden. Vorteile sind die einfache Handhabung und die fehlende Notwendigkeit zur Koordination paralleler Arbeiten.

c) Bei zwei Personen ist eine parallele Ausführung möglich. AP1 und AP2 können parallel liegen. AP5 und AP6 können gleichzeitig mit AP4 laufen (siehe Tab. 4.6). Damit kann das Projekt in 120 Tagen durchgezogen werden. Falls sich AP7 auf zwei Personen aufteilen lässt, ist eine weitere Verkürzung möglich.

▶ **Lösung 4.10 Meilensteine festlegen** Die Teilprojekte TP2 bis TP6 überlappen sich. Neben dem Projektanfang (MS0 am 6.1.) und dem Projektende (MS4 am 19.12.) sind nur das Ende von TP1 (MS1 am 14.2.) und der Anfang von TP7 (MS3 am 31.10.) als Meilensteine offensichtlich. Allerdings führt dies zu einer langen Phase ohne Meilenstein, die von Anfang Februar bis Anfang Dezember reicht.

Zur Verbesserung würde sich anbieten, auch den Anfang von TP4 (MS2 am 30.5.) als Meilenstein zu wählen. Allerdings liegt der mitten in TP2. Gut wäre es, wenn TP2 so unterteilt werden könnte, dass ein Teil vor dem 30.5. und ein Teil danach liegen würde. Damit wäre eine saubere Phasentrennung mit fest zugeordneten Teilprojekten erreicht, wie Abb. 4.10 zeigt.

▶ **Lösung 4.11 Checkliste Dokumentenmanagement** Die Checkliste in Tab. 4.7 könnte zur Erstellung der Regelungen für die Dokumentenhandhabung in einem PM-Handbuch verwendet werden.

▶ **Lösung 4.12 Fehlerhafte Arbeitspaketbeschreibung** Positiv fällt die Beschreibung der benötigten Voraussetzungen auf. Hier wird konkret beschrieben, welche Ergebnisse aus anderen Arbeitspaketen vorliegen müssen, damit dieses Arbeitspaket ausgeführt werden kann. Positiv anzumerken, wenn auch eigentlich selbstverständlich ist, dass der Name des Projekts und des Arbeitspakets, sowie die jeweiligen Nummern angegeben sind. Allerdings fehlt der Name des Projektleiters.

Überflüssig und an dieser Stelle deplaziert ist die Beschreibung des Projektinhalts bei den auszuführenden Arbeiten (des Arbeitspakets). Durch die Zuordnung des AP zum Projekt sind die Projektinformationen klar. Diese brauchen nicht bei jedem AP wiederholt zu werden. Der Ersteller der AP-Beschreibung wollte wohl mit diesen Angaben wenig nachdenken und trotzdem etwas hinschreiben. Dafür kommt aber die Beschreibung der eigentlichen Arbeit („Hierfür sollen Module angeschafft

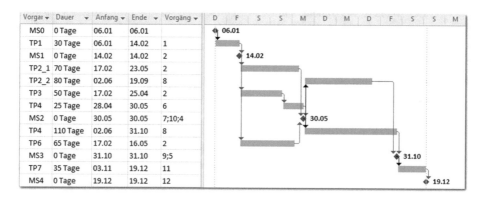

Abb. 4.10 Balkendiagramm mit Meilensteinen

Tab. 4.7 Checkliste Dokumentenmanagement

1.	Gibt es für jede Dokumentenart eine Vorlage (ein Formular/Template)?
2.	Gibt es eine Anleitung für das Erstellen bzw. Ausfüllen des Dokuments?
3.	Wie erfolgt die Verteilung der Dokumente?
4.	Wie und wo erfolgt die Ablage der Dokumente?
5.	Wer darf auf die einzelnen Dokumente und Dokumentenarten zugreifen?
6.	Wie wird der Zugriff geschützt?
7.	Wie wird die Suche nach Dokumenten unterstützt?
8.	Wie erfolgt eine (regelmäßige) Sicherung der abgelegten Dokumente?

werden.") zu kurz. Hier sollte z. B. genauer spezifiziert werden, ob mehrere Angebote eingeholt werden müssen.

Auch die Beschreibung der angestrebten Ergebnisse ist eine Banalität. Dass die Module in ausreichender Stückzahl (Wie viele sonst?) und Qualität anzuschaffen sind, ist selbstverständlich. Unklar bleibt aber, ob das AP bereits mit der Erteilung der Aufträge endet oder erst mit der Lieferung.

▶ **Lösung 4.13 Aufbau einer Liste der Projektbeteiligten** Die Tabelle mit den Projektbeteiligten sollte alle im Projekt benötigten Daten an einer Stelle zusammenfassen. Hierzu gehören:

- Persönliche Daten, wie z. B. Name, Vorname, Kürzel,
- Vertragliche Daten, wie z. B. Arbeitszeitregelungen,
- Kontakt-Daten, wie z. B. Telefonnummern, E-Mail-Adresse,
- Angabe der Projekt-Rolle, wie z. B. Projektleiter, -mitarbeiter, Zulieferer,
- Aufgaben bzw. zu erledigende Arbeitspakete,
- Verantwortlichkeiten,
- Befugnisse.

Die Daten dieser Tabelle sollten nicht unbedingt für alle Projektbeteiligten sichtbar sein. Je nach Aufgaben- oder Verantwortungsbereich können unterschiedliche Sichten auf die Personaltabelle freigegeben bzw. gesperrt werden.

▶ **Lösung 4.14 Regelung zur Auswahl einer Aufbauorganisation** Es gibt folgende Grundstrukturen für die Aufbauorganisation eines Projekts im Unternehmen.

- Reine PO: Alle Mitglieder des Projektteams werden von den Linienaufgaben freigestellt sind dem Projektleiter vollständig unterstellt.
- Auftrags-PO: Das Team setzt sich aus reinen Projektmitarbeitern zusammen und aus Mitarbeitern, die disziplinarisch weiter zu ihrer Linienabteilung gehören.
- Matrix-PO: Alle Teammitglieder sind fachlich dem Projektleiter unterstellt, bleiben aber disziplinarisch in der Verantwortung der Linienabteilung.
- Linien-PO: Eine spezielle Auftrags-PO bei der der Projektleiter gleichzeitig Leiter einer Linienabteilung ist.
- Einfluss-PO: Eine spezielle Matrix-PO, bei der der Projektleiter keine formalen Weisungsbefugnisse besitzt.

Das erste wichtige Kriterium zur Auswahl der geeigneten Organisationsform ist die Größe eines Projekts bzw. seine Bedeutung für das Unternehmen. Für die Projekte unseres Unternehmens soll sie durch die Anzahl der beteiligten Personen, umgerechnet in Vollzeitäquivalenten, bestimmt werden. Das zweite Kriterium ist die Anzahl und die Bedeutung der abteilungsübergreifenden Schnittstellen. Sie wird bewertet anhand der Konzentration der Projektbeteiligten auf eine Abteilung. Die konkrete Auswahl einer PO erfolgt nach den Werten, die in Tab. 4.8 zusammengefasst sind.

Zunächst wird die Zahl der beteiligten Personen (in Vollzeitäquivalenten) betrachtet. Sind dies mehr als 20 und beträgt die Laufzeit mindestens ein Jahr, wird eine reine PO gewählt. Sind weniger als acht Personen am Projekt beteiligt, kommt die Linien-PO oder die Einfluss-PO in Frage, in allen anderen Fällen die Auftrags- oder Matrix-PO. Die weitere Entscheidung hängt von der Schnittstellenzahl ab. Sind mindestens 30 % der Beteiligten in Vollzeit am Projekt beteiligt, wird eine Auftrags-PO gebildet, sonst eine Matrix-PO. Kommen bei kleinen Projekten mindestens

Tab. 4.8 Auswahlkriterien für die passende Projektorganisation

Mehr als 20 Beteiligte + Laufzeit mind. 1 Jahr	Reine PO	
Zwischen 8 und 20 Beteiligte	Auftrags-PO mind. 30 % in Vollzeit	Matrix-PO weniger als 30 % Vollzeit
Weniger als 8 Beteiligte	Linien-PO mehr als 40 % aus einer Abteilung	Einfluss-PO keine Abteilung hat mehr als 40 %

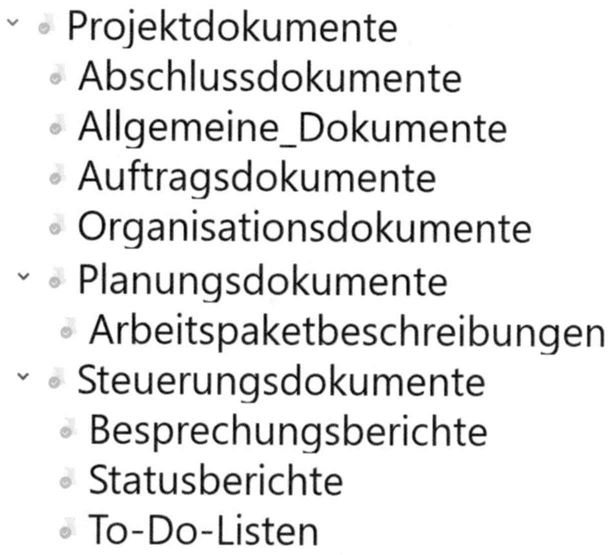

- ˅ Projektdokumente
  - Abschlussdokumente
  - Allgemeine_Dokumente
  - Auftragsdokumente
  - Organisationsdokumente
  - ˅ Planungsdokumente
    - Arbeitspaketbeschreibungen
  - ˅ Steuerungsdokumente
    - Besprechungsberichte
    - Statusberichte
    - To-Do-Listen

Abb. 4.11 Verzeichnisstruktur für die Dokumentenablage

40 % der Akteure aus einer Abteilung, übernimmt der Linien-Vorgesetzte die Projektleitung. Im anderen Fall wird eine Einfluss-PO gebildet.

▶ **Lösung 4.15 Verzeichnisstruktur für die Dokumentenablage** Wie Abb. 4.11 zeigt, wird das Verzeichnis für die Projektdokumente zunächst in mehrere Unterverzeichnisse für Auftrags-, Organisations-, Planungs-, Steuerungs-, Abschluss- und allgemeine Projektdokumente unterteilt. Dort wo es zahlreiche Dokumente des gleichen Typs geben kann, werden weitere Unterverzeichnisse angelegt.

Strukturplanung

5

Zusammenfassung

Die Strukturplanung bildet den Anfang der umfangreichen Planungsaktivitäten in einem Projekt. Zunächst wird eine gegliederte, vollständige Liste aller im Projekt zu erstellenden Lieferobjekte und Leistungen benötigt. (siehe Abb. 5.1). Dieser Produkt-strukturplan sollte so detailliert sein, dass daraus der Projektstrukturplan gewonnen werden kann, der alle auszuführenden Arbeitspakete in hierarchisch gegliederter Form enthält. Die aus dem Projektstrukturplan resultierenden Vorgänge und Arbeitspakete können dann im Detail festgelegt und beschrieben werden.

5.1 Produktstrukturplanung

Im Auftrag sind die Gegenstände und die Leistungen benannt, die am Ende des Projekts an den Auftraggeber geliefert werden sollen. Oft sind die genannten Objekte aber größere Einheiten. Die vielen Einzelteile, aus denen sie sich zusammensetzen, werden im Auftrag nicht aufgezählt. Da aber alle benötigten Teile Arbeiten im Projekt verursachen, muss zu Beginn der Projektplanungen eine vollständige Liste aller einzelnen Liefergegenstände erstellt werden. Bei realen Projekten ist diese Liste sehr umfangreich. Deshalb wird sie hierarchisch gegliedert. Man erhält, wie in Abb. 5.2 dargestellt, den baumartig strukturierten Produktstrukturplan (ProdSP) (Abb. 5.1).

Neben den offensichtlichen, im Auftrag genannten und am Projektende abzuliefernden Produktteilen muss bei der Planerstellung auch an andere Komponenten, wie z. B. Dokumentationen, an Zwischen- und Hilfsprodukte gedacht werden. Damit nichts vergessen wird, empfiehlt sich bei regelmäßig durchgeführten Projekten ein Standard-Produktstrukturplan. Es sollte ein geeigneter Gliederungsschlüssel festgelegt werden, der

© Springer Fachmedien Wiesbaden GmbH, ein Teil von Springer Nature 2021
W. Jakoby, *Intensivtraining Projektmanagement*,
https://doi.org/10.1007/978-3-658-32836-8_5

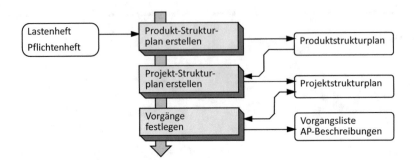

Abb. 5.1 Prozesse der Strukturplanung

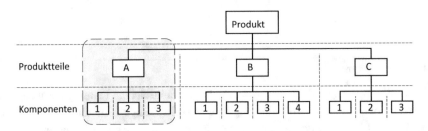

Abb. 5.2 Grafisch dargestellter Produktstrukturplan

jedes Produktteil eindeutig kennzeichnet und wenn möglich seine Position im Strukturplan erkennen lässt.

Der Produktstrukturplan ist in der Regel recht umfangreich, so dass eine systematische
Arbeitsweise zu seiner Erstellung notwendig ist. Grundsätzlich kann Top-Down, d. h. vom
Allgemeinen zum Detail oder Bottom-Up, d. h. von den Einzelteilen zu den Hauptgruppen
vorgegangen werden. In der Praxis empfiehlt sich eine Kombination beider Vorgehensweisen, um möglichst nichts zu vergessen.

▶   **Aufgabe 5.1 Produktstrukturplan für einen PKW** Erstellen Sie einen Produktstruktur-
     plan für einen PKW. Gehen Sie dabei Top-Down vor. Führen Sie zunächst auf der
     obersten Hierarchieebene eine Unterteilung in Haupt-Bestandteile durch. Greifen
     Sie sich dann einen Hauptbestandteil heraus und zerlegen Sie diesen auf der nächs-
     ten Hierarchieebene.

     Im Internet findet man sehr unterschiedliche Angaben über die Zahl der Teile, aus
     denen ein Auto besteht. Diese sind natürlich abhängig vom Detaillierungsgrad. So
     kann z. B. ein Kabelbaum als ein Teil gesehen werden oder aber jedes darin be-
     findliche Kabel und jede Klemme. Außerdem hängt die Zahl der Teile auch von der
     Autoklasse ab.

     Teilweise wird von mehr als 300.000 Einzelteilen gesprochen, die in mehreren
     Millionen Fertigungsschritten hergestellt werden. An anderen Stellen ist von 10.000
     bis 40.000 Teilen die Rede. Beim Trabi findet man folgende Aussage: „Von den

dreitausend Teilen, aus denen der Trabi besteht, seien vielleicht zweihundert problematisch gewesen und der Rest lief gut."

Über wie viele Ebenen würden Sie den Produkt-Strukturplan in diesen vier Fällen gliedern?

Wie kann die räumliche Anordnung der Komponenten und wie können deren kausale Wechselwirkungen im Produktstrukturplan dargestellt werden?

▶ **Aufgabe 5.2 Arbeitsergebnisse Auswahl Open-Source-Software** Tab. 5.1 zeigt die notwendigen Arbeitspakete für ein Projekt zur Einführung einer neuen Open-Source Büro-Software. Benennen Sie für jedes Arbeitspaket ein Arbeitsergebnis. Wo handelt es sich um ein Zwischenprodukt (Z) und wo um ein Endprodukt (E)?

▶ **Aufgabe 5.3 Gliederung eines ProdSP für ein ERP-System** Der Entwurf eines ERP-Systems (Enterprise Ressource Planing) hat eine Liste mit etwa 500 Software-Funktionen ergeben, die zu entwickeln sind. Diese sollen nun in Form eines Produktstrukturplans gegliedert werden. Welche formalen Gesichtspunkte würden Sie für die Gliederung verwenden? Wie viele Gliederungsebenen würden Sie für diesen Strukturplan vorsehen?

Sie erhalten nun die zusätzliche Vorgabe, dass das ERP-System 12 Funktionsbereiche besitzt. Wie wirkt sich dies auf ihre Gliederung aus?

▶ **Aufgabe 5.4 Standard-Projektstrukturplan Studium** Erstellen Sie einen Standard-Projektstrukturplan für ein Ingenieur-Studium aus Sicht eines Studierenden! Welche Aktivitäten sind erforderlich? Wie können diese gegliedert werden? Wie würde hier eine produktorientierte bzw. eine prozessorientierte Vorgehensweise aussehen?

Tab. 5.1 Teilprojekte und Arbeitspakete für eine Software-Einführung

Teilprojekt/Arbeitspaket	Ergebnis	Z	E
Auswahl			
- Anforderungen sammeln			
- Mögliche Anbieter suchen			
- Anforderungserfüllung überprüfen			
- Anforderungserfüllung auswerten			
- Software auswählen			
Test			
- Testbedingungen festlegen			
- Testinstallation erstellen			
- Tests ausführen			
- Auswertung der Tests			
Going Live			
- Installation auf allen Arbeitsplatzrechnern			
- Daten vom Altsystem importieren			
- Schulung			

▶ **Aufgabe 5.5 Produktstrukturplan Computer** Gegeben ist die folgende grobe Gliederung der Produktstruktur eines Computers.

1. Mechanik
2. Elektrik
3. Elektronik
4. Software
5. Geräte zur Eingabe, Ausgabe und Datenspeicherung

Führen Sie die Produktstrukturierung auf der 2. Gliederungsebene fort. Die Begriffe der 1. Gliederungsebene sind bewusst relativ abstrakt gewählt. Konkretisieren Sie deren Bedeutung, um die Komponenten zuordnen zu können! (Beispiel: Gehört der interne Kabelbaum zur Mechanik oder zur Elektrik?)

5.2   Projektstrukturplanung

Bei der Produktstrukturplanung wird das Produkt so weit untergliedert, bis für jede Komponente erkennbar ist, welche Arbeiten für ihre Bereitstellung erforderlich sind. Der ProdSP schafft damit die Basis für die Erstellung des Projektstrukturplans (ProjSP), der alle im Projekt auszuführenden Arbeiten enthält. Auch der ProjSP ist eine hierarchisch gegliederte Liste, die in verschiedenen Formen, z. B. Grafisch oder tabellarisch dargestellt werden kann. Ein Beispiel zeigt Abb. 5.3.

Die Gliederung des ProjSP kann sich am Produkt oder am Prozess orientieren. Bei der produktorientierten Gliederung weist der ProjSP die gleiche Hauptgliederung wie der ProdSP auf. Für jede Hauptgruppe des Produkts gibt es also ein eigenes Teilprojekt mit einer Reihe von Arbeitspaketen. Diese Art der Gliederung passt z. B. bei Entwicklungsprojekten oder bei Projekten, bei denen das Produkt im Vordergrund steht.

Ist dagegen der Arbeitsablauf im Projekt von besonderer Bedeutung bietet sich die prozessorientierte Gliederung des ProjSP an. Dies ist z. B. bei organisatorischen Projekten der Fall. In der Praxis sind auch Mischformen zu finden, bei denen eine Strukturebene produktorientiert und eine andere prozessorientiert aufgebaut wird.

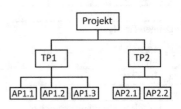

Abb. 5.3 Projektstrukturplan mit Teilprojekten und Arbeitspaketen

Werden in einem Unternehmen regelmäßig Projekte ähnlichen Inhalts ausgeführt, ist die Erstellung eines Standards für die Strukturpläne sinnvoll. Hierbei wird auf der ersten und eventuell zweiten Gliederungsebene eine Standard-Gliederung festgelegt. Diese kann dann im PM-Handbuch dokumentiert werden. Durch den Standard werden gleichartige, immer wiederkehrende Planungsarbeiten eingespart und es wird verhindert, dass wichtige Arbeiten im Projekt vergessen werden.

▶   **Aufgabe 5.6 Strukturplan der Planungsaktivitäten im Projektmanagement** Die Gliederung des vorliegenden Buchs orientiert sich am Arbeitsablauf der Projektmanagement-Prozesse. Versuchen Sie für den Planungteil eines Projekts einen Strukturplan zu erstellen, mit den Prozessen Projektgründung, Projektorganisation, Strukturplanung, Projektschätzung, Ablauf-, Termin-, Risiko-, Kosten- und Qualitätsplanung. Für jeden dieser neun Prozesse sollten Sie mindestens zwei, in der Summe also mindestens 18 Aktivitäten benennen.

▶   **Aufgabe 5.7 Prozessorientierter ProjSP für einen neuen Fahrkartenautomaten** Ein Hersteller von Automaten möchte in einem Projekt einen neuen Fahrkartenautomaten entwickeln. Dieser besteht aus einem großen Touch-Display, einem modular aufgebauten Rechner, einem Fahrscheindrucker, einem Lesegerät für Geldscheine und -münzen sowie Geldwechslern. Alle Komponenten sollen in eine mechanische Rahmenkonstruktion aus Alu-Profilen und -blechen eingebaut werden. Abb. 5.4 zeigt den Produktstrukturplan.

Die Geräte sowie die mechanischen und elektrischen Komponenten können zugekauft werden. Die beiden Software-Treiber werden von den Lieferanten der Baugruppe zur Verfügung gestellt. Lediglich die zentrale Betriebs-Software und die Software für die Ablaufsteuerung werden von der hauseigenen Entwicklungsabteilung erstellt. Sie ist auch für den Test des Automaten zuständig.

Erstellen Sie auf der Basis des Produktstrukturplans einen prozessorientierten Projektstrukturplan mit zwei Detaillierungsebenen.

1. Rechner	3. Software
1.1 Stromversorgung	3.1 Zentrale Betriebssoftware
1.2 CPU-Baugruppe	3.2 Treiber für Geld-Geräte
1.3 Touch-Display	3.3 Drucker-Treiber
2. Geräte	3.4 Ablaufsteuerungs-SW
2.1 Münzgelder-Leser	4. Mechanik
2.2 Papiergeld-Leser	4.1 Alu-Rahmenkonstruktion
2.3 Münzgeld-Wechsler	4.2 Bleche
2.4 Papiergeld-Wechsler	4.3 Befestigungsmaterialien
2.5 Fahrkartendrucker	5. Dokumentation
	5.1 Betriebsanleitung
	5.2 Entwicklerdokumentation

Abb. 5.4 Produktstrukturplan für einen Fahrkartenautomaten

▶ **Aufgabe 5.8 Gliederung eines ProjSP analysieren** Abb. 5.5 zeigt einen Ausschnitt aus einem Projektstrukturplan für ein Beschaffungsprojekt. Was missfällt Ihnen aus formaler Hinsicht an dem Plan? Wie würden Sie es besser machen?

▶ **Aufgabe 5.9 Standard-ProjSP für Hausbau-Projekte** Erstellen Sie einen (groben) Standard-ProjSP für den Bau eines Einfamilienhauses. Der Plan sollte in zwei Ebenen gegliedert sein, auf der ersten Ebene etwa fünf größere Teilprojekte und auf der zweiten Ebene jeweils etwa zwei bis vier und insgesamt etwa 15–20 kleinere Teilprojekte enthalten.

▶ **Aufgabe 5.10 „Solaranlage": Projektstrukturplan** Bei den Steinbachwerken soll die bestehende Ölheizung durch Solarkollektoren unterstützt werden. Zur Anbringung der Kollektoren ist das Dach der Maschinenhalle geeignet. Im Rahmen eines Projektes soll die Halle mit einer solarthermischen Energieversorgung ausgerüstet werden. Die Projektierung der Anlage hat den Produktstrukturplan in Abb. 5.6 ergeben.

Versuchen Sie anhand dieses Produktstrukturplans, aus Sicht des beauftragten Ingenieurbüros alle erforderlichen Arbeitspakete zu bestimmen, und gliedern Sie diese in einem produktorientierten Projektstrukturplan!

▶ **Aufgabe 5.11 Projektstrukturplan Carport** Abb. 5.7 zeigt die Komponenten eines Carport-Bausatzes und deren räumliche Anordnung. Damit lässt sich der in Tab. 5.2 dargestellte Produktstrukturplan erstellen.

Erstellen Sie einen strukturierten Plan mit allen Arbeitspaketen, die für die vollständige Errichtung des Carports notwendig sind.

Abb. 5.5 Ausschnitt eines Projektstrukturplans für ein Beschaffungsprojekt

IV	Konzeption
IV.1	Anforderungsanalyse
IV.2	Konzepterstellung
V	Produktauswahl
V.1	Marktrecherche
V.2	Angebote
V.2.1	Ausschreibung erstellen
V.2.2	Anbieter anfragen
V.2.3	Angebote auswerten
V.2.3.1	Kriterientabelle erstellen
V.2.3.2	Daten aus Angeboten eintragen
V.2.3.3	Gewichtungen festlegen
V.2.3.4	Besten Anbieter auswählen
VI	Beschaffung
VI.1	Bestellung vorbereiten
VI.2	Genehmigung einholen

Abb. 5.6 ProdSP Solaranlage

1 2 3		A B	C
	1		Solarthermie-Anlage
	2	1.	Wärmesystem
	3		1.1 Flachkollektoren
	4		1.2 mechanische Halterungen
	5		1.3 Entlüfter
	6		1.4 bivalenter Wärmespeicher
	7		1.5 Rohrleitungen Solarstation-Kollektoren
	8		1.6 Rohrleitungen Speicher-Solarstation
	9		1.7 Solarflüssigkeit
	10	2.	Solarstation
	11		2.1 Pumpe
	12		2.2 Manometer
	13		2.3 Absperrhähne
	14		2.4 Rückschlagklappen
	15		2.5 Ausdehnungsgefäß
	16		2.6 Füllhahn
	17		2.7 Entleerhahn
	18		2.8 Duchflußmesser
	19	3.	Steuerung
	20		3.1 Solarregler
	21		3.2 Temperaturfühler Kollektor
	22		3.3 Temperaturfühler Speicher
	23		3.4 elektrische Versorgung
	24	4.	Handbücher
	25		4.1 Bedienungsanleitung
	26		4.2 Betriebsanleitung
	27		4.3 Wartungsvorschrift

5.3 Vorgänge festlegen

Arbeitspakete bestehen aus mehreren zusammenhängenden Arbeiten und erfordern einen Aufwand von einem bis mehrere Personentage. Sie werden durch die Projektleitung nicht weiter untergliedert, sondern als Ganzes an die Bearbeiter – in der Regel eine Person – delegiert. Daher muss jedes Arbeitspaket (AP) knapp, aber vollständig beschrieben werden. Zu dieser AP-Beschreibung gehören die angestrebten Ergebnisse, die auszuführenden Arbeiten sowie benötigte Voraussetzungen und Qualifikationen. Das Mikromanagement, also die Detailplanung und -steuerung der Arbeitspakete obliegt den jeweiligen Bearbeitern. In der Regel erfordert dies ausser einer persönlichen Arbeitsorganisation keine ausgeprägte formale Methodik.

Die Abbildung eines Arbeitspakets auf der Zeit, also die Festlegung frühester und spätester Start- und Endzeit für die Bearbeitung, macht aus einem Arbeitspaket einen sogenannten Vorgang. Zudem existieren aus der Projektplanung vorgelagerte Arbeitspakete, deren Erledigung vorausgesetzt wird, sowie folgende Arbeitspakete, die die Ergebnisse benötigen. Auch diese Vernetzung eines Arbeitspaketes und die vorgesehenen Termine sind Bestandteil der AP-Beschreibung.

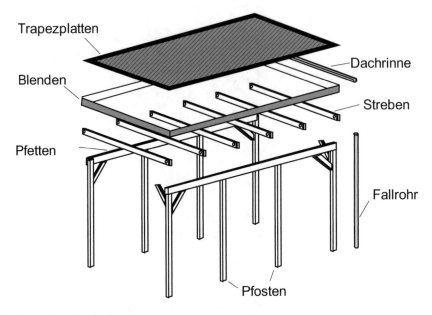

Abb. 5.7 Aufbauskizze eines Carports

Tab. 5.2 ProdSP Carport

Produktstrukturplan Carport		
1.	Gründung	
	1.1	Fundamente (nicht dargestellt)
	1.2	H-Anker (nicht dargestellt; zum Befestigen der Pfosten im Fundament)
2.	Bodenplatte	
	2.1–2.4	1. Untergrund, 2. Schotter, 3. Granulat, 4. Pflastersteine
3.	Tragkonstruktion	
	3.1–3.4	1. Seiten-Pfosten, 2. Keilpfetten, 3. Stützstreben, 4. Querstreben
4.	Dach	
	4.1–4.4.	1. Dachblenden, 2. Trapezplatten, 3. Dachrinne, 4. Fallrohr

▶   **Aufgabe 5.12 To-Do-Liste für ein Arbeitspaket erstellen** Der Screenshot in Abb. 5.8
beschreibt ein Arbeitspaket (AP1043) für die Beschaffung von Solarmodulen. Erstellen Sie anhand der vorliegenden Informationen eine To-Do-Liste für dieses
Arbeitspaket. Welchen Arbeitsaufwand und welche Bearbeitungsdauer würden Sie
für AP1043 schätzen?

Arbeitspaketbeschreibung PM f Ing

Projekt:	Solaranlage für Maschinehalle		
Projektleitung		Projekt-Nr.:	

Arbeitspaket:	Beschaffung Solarmodule		
Verantwortlich:	Leon Löwe	AP-Nr.:	AP1043
Auszuführende Arbeiten:	Erstellung einer Liste möglicher Anbieter. Einholen von mind. 3 Angeboten. Bestellung und Lieferkontrolle.		
Benötigte Qualifikationen:	Einkauf		
Benötigte Voraussetzungen:	Technische Anforderungsspezifikation für die Module (AP 1228) Kalkulationsunterlagen des Angebots (AP1007)		
Angestrebte Ergebnisse:	Solarmodule für 240 m² Hallendachfläche, spätestens verfügbar in KW39		
Vorgang:	Dauer:		
Früheste Termine:	Anfang:	Ende:	
Späteste Termine:	Anfang:	Ende:	
Betroffene AP	Vorgänger: AP1228	Nachfolger: AP1734	

Abb. 5.8 AP-Beschreibung „Beschaffung Solarmodule"

5.4 Lösungen

▶ **Lösung 5.1 Produkt-Strukturplan für einen PKW** Auf der obersten Hierarchieebene werden die Haupt-Bestandteile eines PKW gesucht. Es sollte sich hier um mindestens drei aber auch nicht deutlich mehr als zehn Komponenten handeln. Die Abgrenzung der Komponenten ist nicht immer ganz offensichtlich. Manchmal können räumliche oder funktionelle Aspekte helfen. Oft hilft der Systemgedanke: Teile, die eine enge funktionelle Kopplung aufweisen, werden zu einem Hauptbestandteil zusammengefasst. Bei einem PKW ist dies z. B. beim Fahrwerk, der Karosserie und dem Antrieb der Fall. Bei den verbleibenden Komponenten wird dies schon etwas schwieriger. Man kann z. B. alle elektrischen Komponenten, die über die elektrische Versorgung und Steuerleitungen miteinander verbunden sind, als Hauptbestandteil sehen. Die restlichen Komponenten werden dann unter dem Sammelbegriff der Innenausstattung vereint.

1. Fahrwerk,
2. Karosserie,
3. Antrieb,
4. Elektrik und Elektronik,
5. Innenausstattung.

Jeder dieser Hauptbestandteile kann und muss weiter unterteilt werden. Auch hier sollten auf der nächsten Ebene mit Hilfe des Systemgedankens ca. fünf bis zehn Unterbestandteile gebildet werden. Im Beispiel des Antriebs könnte dies folgendermaßen aussehen:

3.1   Motor

3.2   Getriebe

3.3   Kupplung

3.4   Schaltung

3.5   Kardanwelle

3.6   Differenzial

Zur Verfeinerung einer hierarchischen Struktur ist die 7er-Regel hilfreich: von einer Hierarchie-Ebene zur nächsten sollten die Zahl der Komponenten etwa um den Faktor 7 ansteigen. Damit erhält man grob folgende Komponentenzahlen auf den einzelnen Ebenen: Ebene 1: 7, Ebene 2: 50, Ebene 3: 350, Ebene 4: 2000, Ebene 5: 14.000, Ebene 6: 100.000.

Der Trabi ließe sich damit recht gut in 4 Ebenen strukturieren. Beim Golf und dem 3er-BMW scheinen 5 Ebenen angebracht und bei einer Auflösung mit 300.000 Teilen können 6 oder 7 Ebenen sinnvoll sein. Der Produkt-Strukturplan zeigt lediglich die hierarchische Gliederung der Komponenten des Produkts, in diesem Fall des Autos. Räumliche Anordnungen oder kausale Wechselwirkungen werden hier nicht dargestellt!

▶ **Lösung 5.2 Arbeitsergebnisse Auswahl Open-Source-Büro-Software**   Auch ohne tiefer reichende Kenntnisse von Software-Systemen, kann aus der Bezeichnung der Arbeitspakete auf die dadurch erzeugten Ergebnisse geschlossen werden (siehe Tab. 5.3). Nur im letzten Teilprojekt, dem Going live, werden Endergebnisse erzeugt. Bei allen anderen handelt es sich um Zwischenergebnisse.

▶ **Lösung 5.3 Gliederung eines ProdSP für ein ERP-System**   Bei allen Gliederungen ist die 7er-Regel ein geeigneter Ansatzpunkt. Der Detaillierungsgrad einer Gliederung soll also von einer Gliederungsebene zur nächsten um den Faktor sieben zunehmen. Auf der ersten Ebene erhält man somit 7, auf der zweiten ca. 50 (7^2) und auf der dritten Ebene ca. 350 (7^3) Elemente. Dieser Wert liegt in der Nähe der Zahl der Software-Funktionen, so dass es nahe liegt, mit drei Ebenen zu arbeiten.

Es ist selbstverständlich sinnvoll, die 12 Funktionsbereiche zur Gliederung auf der ersten Ebene zu verwenden. Wendet man mangels weiter gehender Informationen auf den darunter liegenden Ebenen wieder die 7er-Regel an, gelangt man auf der zweiten Ebene zu ca. 80 und auf der dritten Ebene zu 560 Elementen. Dies passt sehr gut zum vorliegenden Projekt.

Tab. 5.3 Arbeitspaketergebnisse für das Projekt zur Software-Einführung

Teilprojekt/Arbeitspaket	Ergebnis	Z	E
Auswahl			
- Anforderungen sammeln	Anforderungskatalog	x	
- Mögliche Anbieter suchen	Liste von Anbietern	x	
- Anforderungserfüllung überprüfen	Mindestens 5 Prüfergebnisse	x	
- Anforderungserfüllung auswerten	Tabellarische Gegenüberstellung	x	
- Software auswählen	Entscheidung mit Begründung	x	
Test			
- Testbedingungen festlegen	Testspezifikation	x	
- Testinstallation erstellen	Einzelrechner mit installierter Software	x	
- Tests ausführen	Protokoll der Testergebnisse	x	
- Auswertung der Tests	Zusammenfassung der Testergebnisse	x	
Going Live			
- Installation auf allen Arbeitsplatzrechnern	Rechnern mit installierter Software		x
- Daten vom Altsystem importieren	Daten im neuen System vorhanden		x
- Schulung	Mitarbeiter mit Software vertraut		x

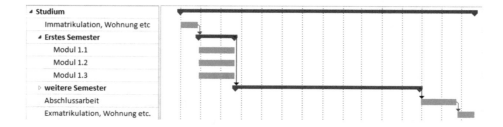

Abb. 5.9 Standard ProjSP für ein Studium

▶ **Lösung 5.4 Standard-Projektstrukturplan Studium** Aufgrund des vorgegebenen Ablaufs bietet sich hier die prozessorientierte Vorgehensweise an. Abb. 5.9 zeigt den Standard-Projektstrukturplan und rechts einen zugehörigen Ablauf.

Die Anzahl der Module pro Semester und die Anzahl der Semester ist natürlich variabel. Die dargestellten Aktivitäten könnten und sollten noch weiter untergliedert werden. So gehört zu jedem Modul das Hören einer Lehrveranstaltung, deren Vor- und Nachbereitung sowie die Teilnahme an einer Klausur. Auch die anderen Aktivitäten sollten noch weiter unterteilt werden.

▶ **Lösung 5.5 Produktstrukturplan Computer** Der folgende Screenshot zeigt eine exemplarische Gliederung für den ProdSP eines Computers. Bei der Aufstellung wurde davon ausgegangen, dass es sich um einen Desktop mit modularem Aufbau handelt. Folgende Zuordnung wurde vorgenommen. Als Mechanik werden alle Teile bezeichnet, die im Rechner keine elektrische Funktion übernehmen. Unter Elektrik werden alle elektrischen (aber nicht elektronischen) Teile verstanden. Die Begriffe Elektronik („alle Teile, die elektronische Bauteile umfassen"), Software und EA-Geräte sind weitgehend selbstverständlich. Bei den EA-Geräten wurde eine weitergehende Unterscheidung zwischen externen und internen Geräten vorgenommen. Eine detailliertere Untergliederung wäre auch bei anderen Komponenten, z. B. bei der Software möglich.

1. Mechanik	4. Software
1.1 Gehäuse	4.1 Betriebssystem
1.2 Geräteträger	4.2 Büro-Anwendung
1.3 Lüfter	4.3 Web-Browser
1.4 Abstandshalter	4.4 Firewall
1.5 Schrauben	5. EA-Geräte
2. Elektrik	5.1 Tastatur
2.1 Stromversorgung	5.2 Bildschirm
2.2 Steckverbinder	5.3 Maus
2.3 Externe Kabel	5.4 Drucker
2.4 Interne Kabel	5.5 Festplatte
3. Elektronik	5.6 CD-/DVD-Laufwerk
3.1 Motherboard	
3.2 Grafikkarte	
3.3 Soundkarte	
3.4 Netzwerkkarte	
3.5 Prozessor	
3.6 Speichermodule	

Der Produktstrukturplan eines Computers kann als Auswahlhilfe dienen, um Kriterien festzulegen, die erfüllt sein müssen und Kriterien, die erfüllt sein sollen. Stellt man sich einen Computer individuell zusammen, so kann der Produktstrukturplan als Gliederung für zu beschaffende Teile dienen.

Bei der Entwicklung eines neuen Computers wird der Produktstrukturplan benötigt, um festzulegen, welche Teile selbst entwickelt werden sollen und welche zugekauft werden können. Außerdem führt der Produktstrukturplan in diesem Fall auch zum Projektstrukturplan, der dann alle erforderlichen Tätigkeiten enthält.

▶   **Lösung 5.6 Strukturplan der Planungsaktivitäten im Projektmanage ment** Die Planungsaktivitäten können den Beschreibungen in den einzelnen Kapiteln, sowie den grafischen Darstellungen der Prozesse und Teilprozesse entnommen werden (siehe Abb. 5.10).

▶   **Lösung 5.7 Prozessorientierter ProjSP für einen neuen Fahrkartenautomaten** Der ProjSP wird prozessorientiert gegliedert. Auf die Konzeption folgt die Beschaffung und die Software-Entwicklung, die parallel laufen können. Anschließend erfolgt die Montage und der Test. Die Dokumentation kann ebenfalls mit anderen Arbeiten parallelisiert werden (siehe Abb. 5.11).

1 Projektgründung	6 Terminplanung
1.1 Projektanforderungen analysieren	6.1 Grob-Terminplanung
1.2 Projektauftrag entwickeln	6.2 Kapazitätsplanung
2 Projektorganisation	7 Risikoplanung
2.1 Aufbauorganisation	7.1 Identifikation der Risikofaktoren
2.2 Ablauforganisation	7.2 Bewertung der Risiken
2.3 Organisation der Informationsflüsse	7.3 Maßnahmen zur Risikominderung
3 Strukturplanung	7.4 Eventualfallplanung
3.1 Planung der Produktstruktur	8 Kostenplanung
3.2 Planung der Projektstruktur	8.1 Kalkulation der Projektkosten
4 Projektschätzung	8.2 Budgetierung und Verteilung der Kosten
4.1 Schätzung der Arbeitsaufwände	9 Qualitätsplanung
4.2 Schätzung von Zeitdauern	9.1 Festlegung der Qualitätskriterien
5 Ablaufplanung	9.2 Planung der qualitätssichernden Maßnahmen
5.1 Erfassung der Anordnungsbeziehung	
5.2 Festlegung des Ablaufmodells	

Abb. 5.10 Strukturplan der Planungsaktivitäten

1. Konzeption	4. Montage
1.1 Anforderungsanalyse	4.1 Aufbau des mech. Tragrahmens
1.2 Festlegung der Spezifikation	4.2 Einbau der Geräte
1.3 Konzepterstellung	4.3 Einbau der RechnerKomponenten
2. Beschaffung	5. Test
2.1 Angebote für die Geräte	5.1 Test des Rechners mit den Geräten
2.2 Angebote für Rechner-Komponenten	5.2 Gesamttest des Automaten
2.3 Angebote für mech. Komponenten	6. Dokumentation
2.4 Auswertung der Angebote und Bestellung	6.1 Erstellung der Betriebsanleitung
3. Software-Entwicklung	6.2 Erstellung der Benuterdokumentation
3.1 Entwurf der Software-Struktur	
3.2 Implementierung der zentralen Betriebs-SW	
3.2 Implementierung der Ablaufsteuerungs-SW	
3.3 Test der Software-Komponenten	

Abb. 5.11 Prozessorientierter Projektstrukturplan

▶ **Lösung 5.8 Gliederung eines ProjSP analysieren** Der ProjSP ist sehr unübersichtlich. Die verschiedenen Ebenen der Gliederung können optisch nur sehr schwer erkannt werden. Der Plan weist zudem sehr unterschiedliche Gliederungstiefen auf. Bei der Konzeption (IV) wird nur bis zur 2. Ebene untergliedert, bei der Produktauswahl (V) geht dies teilweise bis zur 4. Ebene. Gewöhnungsbedürftig ist auch die gemischte Verwendung römischer und arabischer Zahlensymbole.

Eine Verbesserung könnte erreicht werden, indem eine möglichst einheitliche Gliederungstiefe und damit ein gleichmäßiger Detaillierungsgrad in den einzelnen Abschnitten verwendet würde. Der Gesamtumfang des ProjSP, der in dem Screenshot nicht erkennbar ist, legt die erforderliche Tiefe fest. Auch die durchgängige Verwendung arabischer Zahlen verbessert die Übersichtlichkeit. Dies sollte auch durch optische Merkmale hervorgehoben werden, indem z. B. Unterpunkte eingerückt werden oder mit einer kleineren Schriftart dargestellt werden.

▶ **Lösung 5.9 Standard-ProjSP für Hausbau-Projekte** Die Aufteilung der Aktivitäten in
Teilprojekte wird im Wesentlichen an den Phasen des Hausbaus angelehnt. Die fünf
Teilprojekte sind die Planung, die Arbeiten zur Vorbereitung des Grundstücks bis
zur Bodenplatte, der Rohbau, der Innenausbau und das Herrichten der Außenanlagen.

1. Planung
    1.1 Gebäudeplanung
    1.2 Bauanträge erstellen und Genehmigungen einholen
2. Grundstück
    2.1 Grundstück aussuchen und anschaffen
    2.2 Baugrube herstellen
    2.3 Ver- und Entsorgungsanschlüsse herstellen
    2.4 Fundament herstellen
    2.5 Bodenplatte herstellen
3. Rohbau
    3.1 Wände mauern
    3.2 Decken herstellen
    3.3 Dachgebälk aufschlagen
    3.4 Dach eindecken
4. Innenausbau
    4.1 Ver- und Entsorgungsleitungen verlegen
    4.2 Verputzarbeiten
    4.3 Estrich verlegen
    4.4 Bodenbeläge verlegen
    4.5 Malerarbeiten ausführen
    4.6 Installationsobjekte
5. Außenanlagen
    5.1 Geländeformung
    5.2 Garten- und Landschaftsbau

▶ **Lösung 5.10 Fallbeispiel „Solaranlage": Projektstrukturplan** Ein produktorientierter
Projektstrukturplan, wie in der Aufgabe gefordert, eignet sich in diesem Projekt
nicht so sehr, da die verschiedenen Komponenten des Produkts sehr stark miteinander gekoppelt sind und daher nicht unabhängig voneinander behandelt werden
können. Vom Projektablauf ist es notwendig, z. B. zuerst alle Komponenten zu beschaffen, dann zu montieren und schließlich als Gesamtheit zu testen. Eine Beschaffung, Montage und Test einzelner Komponenten macht dagegen keinen Sinn.

Deshalb wird das Projekt nicht, wie in der Aufgabe gefordert, produktorientiert
gegliedert, sondern ablauforientiert. Manchmal muss man auch einer gestellten Aufgabe zuwider handeln, wenn eine andere Lösung deutlich sinnvoller ist. Mitdenken
hat bei einer Lösung noch nie geschadet. Der ablauforienierte Projektstrukturplan
könnte wie in Abb. 5.12 dargestellt aufgebaut werden.

Solarthermische Anlage			4.	Aufbau (Realisierung 2)	
				4.1.	Ausbau und Entsorgung alter Komponenten
	Arbeitspaket			4.2.	Maurerarbeiten für Leitungsführung
1.	Vorprojekt			4.3.	Einbau der Rohr-Leitungen
	1.1.	Bestandsaufnahme vor Ort		4.4.	Gerüst aufstellen
	1.2.	Grobe Bedarfsermittlung		4.5.	Montage der mech. Dachhalterungen
	1.3.	Grobkonzept		4.6.	Montage der Solarkollektoren
	1.4.	Grobe Marktanalyse		4.7.	Einbau Wärmespeicher
	1.5.	Angebot erstellen		4.8.	Anschluß aller thermischen Komponenten
2.	Analyse und Entwurf			4.9.	Montage der elektr. Leitungen
	2.1.	Detaillierte Bedarfsanalyse		4.10.	Einbau Solarstation
	2.2.	Detailkonzept ausarbeiten		4.11.	Einbau Steuerung
	2.3.	Analgenpläne zeichnen		4.12.	Anschluß und Prüfung aller elektr. Komponenten
	2.4.	Terminierten Ablaufplan entwerfen		4.13.	Gerüst abbauen
3.	Beschaffung (Realisierung 1)		5.	Dokumentation (Realisierung 3)	
	3.1.	Genaue Marktanalyse		5.1.	Betriebsanleitung
		Solarkollektoren (inkl. Halter + Verbdinung)		5.2.	Bedienungsanleitung
		Solarmodul (inkl. Rohre)		5.3.	Wartungsvorschrift
		Steuerung (inkl. Fühler + Leitungen)	6.	Anlagentest (Validierung)	
		Wasserspeicher		6.1.	Befüllung und Dichtigkeitsprüfung
	3.2.	Einholung von Angeboten		6.2.	Inbetriebnahme
		Solarkollektoren (inkl. Halter + Verbdinung)		6.3.	Einweisung des Betreibers
		Solarmodul (inkl. Rohre)	7.	Weitere Arbeiten	
		Steuerung (inkl. Fühler + Leitungen)			
		Wasserspeicher			
	3.3.	Erstellung Preisspiegel			
	3.4.	Bestellung			

Abb. 5.12 ProjSP der Solaranlage

▶ **Lösung 5.11 Projektstrukturplan Carport** Aus dem Produktstrukturplan ergibt sich weitgehend der Projektstrukturplan. Als zusätzliche Pakete wurde die Anschaffung aller benötigten Ressourcen vorgesehen und die Herstellung der Bodenplatte (Tab. 5.4).

▶ **Lösung 5.12 To-Do-Liste für ein Arbeitspaket erstellen** Der Screenshot in Abb. 5.13 zeigt die To-Do-Liste für das Arbeitspaket. Bei der Lösung der Aufgabe wurde davon ausgegangenm, dass der Bearbeiter Mitarbeiter der Beschaffungsabteilung ist und somit dem Projektteam nicht fest angehört, sondern lediglich zuarbeitet.

Zunächst wurden die Arbeiten aufgelistet (Was), die aus der Kenntnis eines üblichen Beschaffungsvorgangs abgeleitet werden können. Dann wurde der Arbeitsaufwand (Aufw. in Personentagen) geschätzt und die Arbeiten in der offensichtlichen Reihenfolge zu einem Termin (Wann) zugeordnet. Dabei wurde darauf geachtet, dass pro Arbeitstag ein gewisser Puffer freibleibt, da das Arbeitspaket neben den üblichen Aufgaben ausgeführt werden muss. Für die Kontaktierung von Arbeitern wurden 3 Tage eingeplant (bei nur 0,5 PT Arbeit), da meistens nicht jeder Anbieter sofort erreicht werden kann. Für die Abgabe der Angebote wurden ca. 2 Wochen berücksichtigt und für die Lieferung ca. 6–7 Wochen. Die Status-Spalte (Sta) ist noch offen. Sie kann während der Bearbeitung zur Selbstkontrolle genutzt werden.

Tab. 5.4 Proj SP Carport

Projekt-Strukturplan Carport		
1.	Anschaffung	
	1.1	Bausatz aussuchen
	1.2	Bausatz bestellen
	1.3.	Baumaterial bestellen (Kies, Zement, Schotter, Granulat, Pflastersteine)
	1.4.	Werkzeuge bereit stellen
2.	Gründung	
	2.1.	Fundamente ausheben
	2.2.	Fundamente betonieren und H-Anker einsetzen
3.	Bodenplatte	
	3.1.	Mutterboden entfernen
	3.2.	Schotter einfüllen
	3.3.	Bodenplatte pflastern
4.	Tragkonstruktion	
	4.1	Seiten-Pfosten in H-Anker einsetzen, ausrichten, befestigen
	4.2.	Keilpfetten auflegen und befestigen
	4.3.	Stützstreben anbringen
	4.4.	Querstreben auflegen, ausrichten und befestigen
5.	Dach	
	5.1.	Dachblenden anbringen
	5.2.	Trapezplatten auflegen und befestigen
	5.3.	Dachrinne befestigen
	5.4.	Fallrohr befestigen
	5.5.	Dach auf Dichtigkeit überprüfen

To-Do-Liste   PM f Ing

Arbeitspaket:	Solaranlage für Maschinenhalle => Beschaffung Solarmodule		
Verantw.:	Leon Löwe	AP.-Nr.:	AP1043

Nr	Was	Wann	Aufw.	Sta.
1	Vorliegende Anforderungsspezifikation sichten	3.5.	0,2 T	
2	Kalkulationsunterlagen überprüfen	3.5.	0,2 T	
3	Recherche und Auswahl geeignete Anbieter	4.5.	0,5 T	
4	Anforderungen für die Ausschreibung erstellen	3.5.	0,3 T	
5	Potentielle Anbieter anschreiben/anrufen	5.5.-7.5.	0,5 T	
6	Eingehende Angebote sichten und auswerten	ab 17.5.	2,0 T	
7	Evtl. erforderliche Nachfragen bei Anbietern	ab 17.5.	0,3 T	
8	Auftrag erteilen nach Rücksprache mit Projektleiter	24.5.	0,2 T	
9	Wareneingang kontrollieren	ca. 15.7.	0,4 T	

Abb. 5.13 To-Do-Liste für die Beschaffung von Solarmodulen

Projektschätzung

6

Zusammenfassung

Um auf der Basis des Projektstrukturplans die Termine für den Beginn und die Fertig-stellung der Arbeiten, für den Einsatz des Personals und der Ressourcen planen zu können, werden Aussagen über den Arbeitsaufwand und die Zeitdauer der Aktivitäten benötigt. Die Herleitung derartiger Aussagen ist die Aufgabe der Projektschätzung.

6.1 Methodische Grundlagen des Schätzens

Die Einmaligkeit und Neuartigkeit von Projekten führt dazu, dass keine vollständig siche-ren Aussagen über deren Verlauf und den erforderlichen Aufwand gemacht werden können. Andererseits gibt es kaum ein Projekt, bei dem gar keine Informationen zur Verfügung stehen. Das Schätzen bewegt sich daher immer zwischen den beiden Extremfällen des Wis-sens, bei dem aus vollständigen Informationen sichere Aussagen abgeleitet werden und dem Raten, das mangels Informationen keine nutzbaren Aussagen machen kann. Ziel der Projektschätzung ist es also, aus unvollständigen Informationen Aussagen zu erzeugen, die für die Planung des Projekts und für das Treffen von Entscheidungen geeignet sind.

Der wichtigste Schritt der Projektschätzung besteht aus der Gewinnung verdeckter In-formationen. Hierfür gibt es verschiedene Methoden.

- Bei der intuitiven Schätzung äußern Beteiligte auf Erfahrungen basierende „gefühlte" Einschätzungen der gesuchten Größen.
- Vergleichende Schätzungen nutzen explizit die Erfahrungen aus ähnlichen Projekten für eine Einordnung.
- Bei quantitativen Schätzmethoden werden gesuchte Größen aus ein- oder mehrpara-metrischen Modellen mit Hilfe von erfahrungsbasierten Kennwerten berechnet.

© Springer Fachmedien Wiesbaden GmbH, ein Teil von Springer Nature 2021   85
W. Jakoby, *Intensivtraining Projektmanagement*,
https://doi.org/10.1007/978-3-658-32836-8_6

- Die Qualität einer Schätzung kann durch das Zerlegen der gesuchten Größe, durch deren Skalierung oder durch das Kombinieren mehrerer Ansätze verbessert werden.
- Besonders wirksam sind Schätzungen durch eine Gruppe von beteiligten Personen, wie z. B. bei der Delphi-Methode.

Bei jeder Schätzung ist der Zusammenhang zwischen Aufwand und Schätzgenauigkeit zu berücksichtigen, so dass in jedem konkreten Fall entschieden werden muss, wie viel Aufwand zur Verbesserung der Aussagegenauigkeit investiert werden soll. Auch die Entkopplung der Schätzung von den Motivationsanreizen für die beteiligten Personen ist zur Verbesserung der Ergebnisse zu berücksichtigen.

▶ **Aufgabe 6.1 Vorgehensweise zur Aufwandsschätzung** Der Leiter des Projekts für die Neuentwicklung eines Fahrkartenautomaten soll den Arbeitsaufwand für das Projekt abschätzen. Der Strukturplan (siehe Lösung 5.7) liegt bereits vor. Das Unternehmen hat grundsätzliche Erfahrungen mit Entwicklungsvorhaben, allerdings wurde bislang kein Fahrkartenautomat entwickelt. Welche grundsätzlichen Möglichkeiten zur Schätzung des Aufwands stehen dem Projektleiter zur Verfügung? Für welche Vorgehensweise würden Sie sich entscheiden?

Der Projektleiter bittet für die Teilprojekte Beschaffung, Software-Entwicklung, Montage und Test jeweils den Mitarbeiter der für die Durchführung des Teilprojekts verantwortlich sein wird, um die Abgabe eines Aufwandsschätzwertes. Die Schätzung für die Konzeption und die Dokumentation erstellt er selbst. Er stellt den Mitarbeitern eine Bonuszahlung in Aussicht, wenn es ihnen später gelingt, den geschätzten Aufwand einzuhalten. Für den Projektantrag beim Lenkungskreis summiert er die Aufwandsschätzungen aller Teilprojekte auf. Wie bewerten Sie die Vorgehensweise des Projektleiters? Was ist gut und was ist schlecht daran?

▶ **Aufgabe 6.2 Wert aller Wohnimmobilien in Deutschland** Sie haben sich bei einem Hochbauunternehmen beworben, das deutschlandweit im Bau von Wohnimmobilien tätig ist. Im Rahmen eines Assessment-Center sollen Sie unter anderem den Gesamtwert aller Wohnimmobilien in Deutschland schätzen. Es stehen keine Unterlagen und auch kein Webzugang zur Verfügung. Welchen Wert würden Sie spontan nennen, wenn sie auf eine intuitive Schätzung angewiesen wären?

Sie erhalten nun einige Minuten Zeit. Können Sie aus Ihnen verfügbaren Informationen eine bessere Schätzung erstellen?

▶ **Aufgabe 6.3 Kennzahlen der Energieversorgung** Mit Ihren Bekannten diskutieren Sie, wie die Versorgung mit Energie zukunftssicher gestaltet werden kann. Dabei werden verschiedene Konzepte genannt und es kursieren weit auseinander liegende Schätzungen über den Ertrag verschiedener Energiequellen. Einer behauptet, dass der gesamte Energiebedarf Deutschlands aus nachwachsenden Rohstoffen gedeckt werden könne. Ein anderer meint, dass diese höchstens zur Deckung des Bedarfs an elektrischer Energie reichen. Ein dritter ist da skeptischer und behauptet, dass Solarenergie selbst dann nicht reichen würde, wenn man alle Dächer Deutschlands mit Solarpanels bedecken würden.

Sie haben gelesen, dass der durchschnittliche gesamte Energiebedarf in Deutschland pro Kopf etwa 5000 Watt beträgt. Außerdem wissen Sie, dass pro Kopf und Jahr 7000 kWh elektrische Energie verbraucht werden. Die Solaranlage auf Ihrem Dach hat eine Fläche von 50 m^2 und liefert ca. 40.000 kWh pro Jahr. Aus einer Veröffentlichung erinnern Sie sich, dass der Energieertrag aus Pflanzen im Jahresdurchschnitt 4000 Watt pro Hektar beträgt. Welche Kennzahlen können Sie aus diesen Beispielen ableiten? Wie realistisch sind die Aussagen Ihrer Bekannten?

▶ **Aufgabe 6.4 PKW-Entwicklungskosten und -aufwand** Beim Besuch einer Automobilausstellung sprechen Sie mit Ihren Kollegen über die Entwicklungskosten für ein neues PKW-Modell. Ein Kollege vermutet, dass so eine Entwicklung mehrere Hundert Millionen Euro kostet; ein anderer meint, dass da mal locker mehrere Milliarden fällig werden. Im weiteren Gespräch stellt sich heraus, dass man dies nicht so pauschal sagen könne, sondern dass es natürlich davon abhängt ob ein ganz neues Modell entwickelt oder ein bestehendes Modell modifiziert wird.

Versuchen Sie, mit Hilfe von verschiedenen Überlegungen die Schätzung der Kosten und des Personalaufwands (in Personenjahren) für die Entwicklung eines PKW zu bestimmen.

▶ **Aufgabe 6.5 Gebäudekostenschätzung** In der Kaffeepause stellen einige Ihrer Kollegen wilde Spekulationen über die Kosten des geplanten neuen Bürogebäudes für Ihre Firma an. Sie wissen lediglich, dass das kubische Gebäude eine Länge von 35 m und eine Breite von 20 m besitzt und 3 Etagen erhalten soll. Können Sie eine grobe Schätzung der Gebäudekosten erstellen? Was müssten Sie wissen, wenn Sie die Schätzung präzisieren sollten?

6.2 Mathematische Grundlagen des Schätzens

Wenn man den tatsächlichen Wert einer Größe nicht kennt, kann man für jeden möglichen Wert eine zwischen 0 und 1 liegende Wahrscheinlichkeit angeben, mit der dieser Wert angenommen wird. Über alle Werte hinweg erhält man so eine Wahrscheinlichkeitsdichtefunktion. Aus deren Verlauf können, z. B. mit Hilfe des Erwartungswertes oder des Median Aussagen über den wahren Wert und mit Hilfe der Varianz über die Güte dieser Aussagen gewonnen werden.

Wenn in einer praktischen Situation keine unmittelbare Aussage über den wahren Wert möglich ist, wird es fast unmöglich sein, eine mathematisch exakte Verteilungsfunktion anzugeben. Deshalb begnügt man sich in den meisten Fällen damit, die Verteilungsfunktion durch Ein-, Zwei- oder Dreipunktschätzungen angenähert zu beschreiben. Hierbei werden aus pessimistischen (a), optimistischen (b) und realistischen Schätzwerten (c) Aussagen über den erwarteten Wert E und dessen Standardabweichung S abgeleitet:

$$E = \frac{a + 4c + b}{6} \qquad (6.1)$$

$$S = \frac{b - a}{6} \qquad (6.2)$$

Bei der Zerlegung einer gesuchten Gesamtgröße, wie z. B. des Zeitaufwands oder der Zeitdauer für ein Projekt in viele Einzelschätzungen, nutzt man den zentralen Grenzwertsatz. Dieser besagt, dass die Addition vieler beliebig verteilter Einzelgrößen in der Summe eine Normalverteilung besitzt. Aus deren Erwartungswert E und Standardabweichung S lassen sich mit Hilfe der Kennwerte einer Normalverteilung Aussagen mit einer kalkulierbaren Prognosegenauigkeit ableiten, wie Siehe Tab. 6.1 zeigt.

▶ **Aufgabe 6.6 Dreipunktschätzung Software-Anschaffung** In einem Projekt zur Anschaffung einer neuen Software liegt für die Vorgänge in Tab. 6.2 Dreipunktschätzungen der Vorgangsdauer in Personentagen vor (a: optimistischer, c: realistischer, b: pessimistischer Wert).
Berechnen Sie

- für jeden Vorgang Erwartungswert, Standardabweichung und Varianz,
- den erwarteten Gesamtaufwand und die zugehörige Standardabweichung,
- die erwartete Projektlaufzeit und deren Standardabweichung.

Welche Laufzeit würden Sie nennen, wenn Sie diese mit 90 % Wahrscheinlichkeit einhalten wollen?

Tab. 6.1 Wahrscheinlichkeitswerte P(x, z) bei der Normalverteilung

z	P(x < E − z · S)	P(E − z · S < x < E + z · S)	P(x < E + z · S)
0,000	**50,0** %	0,0 %	**50,0** %
1,000	15,87 %	**68,27 %**	84,13 %
0.524	30,0 %	40,0 %	70 %
1,282	10,0 %	80,0 %	90 %
1,645	5 %	90,0 %	95,0 %
2,000	**2,28 %**	**95,45 %**	97,72 %
3,090	**0,1 %**	**99,8 %**	99,9 %

Tab. 6.2 Vorgangsliste mit Aufwandsschätzungen und Anordnungsbeziehungen

	Vorgang	Vorgänger	a	c	b	E	S	V
A	Markrecherche		15	19	26			
B	Auswahl einer Software	A	4	6	10			
C	Installation	B	20	24	30			
D	Schulung	B	8	10	12			
E	Going Live	C; D	7	10	15			
	Summe Aufwand							
	Laufzeit							
	Laufzeit (90 %)							

Tab. 6.3 Vorgangsliste mit Aufwandsschätzungen

Vorgang	Vorgänger	a	c	b	E	S	V
A		30	36	45			
B		22	25	29			
C		25	32	44			
D		37	45	52			
E		12	15	20			

▶ **Aufgabe 6.7 Dreipunktschätzung** Bei den folgenden fünf Vorgängen A bis E gibt es verschiedene Abhängigkeiten. Vorgang A startet nach Projektbeginn. Vorgang B kann fünf Tage nach dem Beginn von A starten. Wenn B fertig ist, kann mit C und D begonnen werden. A kann enden, wenn D läuft. Sobald C fertig ist, kann E starten.

Tragen Sie die Anordnungsbeziehungen in der Spalte „Vorgänger" von Tab. 6.3 ein. Stellen Sie den Ablauf als Balken-Diagramm mit eingezeichneten Anordnungsbeziehungen dar. Berechnen Sie

- für jeden Vorgang Erwartungswert und Standardabweichung,
- den erwarteten Gesamtaufwand und die zugehörige Standardabweichung.

Welchen Aufwand würden Sie nennen, wenn Sie diesen mit einer Wahrscheinlichkeit von 80 % bzw. 95 % einhalten wollen? Welche Laufzeit für das Projekt würden Sie nennen, wenn Sie höchstens zu 10 % eine Überschreitung der Laufzeit riskieren wollen?

▶ **Aufgabe 6.8 Dreipunktschätzung** Für die Vorgänge in Tab. 6.4 wurde eine Dreipunktschätzung der Vorgangsdauer erstellt. Berechnen Sie

- für jeden Vorgang Erwartungswert und Standardabweichung,
- den erwarteten Gesamtaufwand und die zugehörige Standardabweichung.

Tab. 6.4 Vorgangsliste mit Dreipunktschätzung der Vorgangsdauern

	Vorgang	Vorgänger	a	c	b	E	S
1	Marktrecherche		7	10	16		
2	Nutzerbefragung		12	15	18		
3	Auswertung	1, 2	9	12	16		
4	Produktfestlegung	3	2	3	3		
5	Designstudien	4	10	15	22		
6	Detailfestlegung	5	8	9	11		
7	Dokumentation	6 AA	10	12	15		
8	Präsentation vorbereiten	6, 7	3	4	6		
	Summe						

Welchen Aufwand würden Sie nennen, wenn Sie diesen mit 68 % bzw. 95 % Wahrscheinlichkeit einhalten wollen?

6.3 Schätzung der Projektdauer

Von besonderer Bedeutung ist die Aussage über die voraussichtliche Projektdauer. Theoretisch ist sie proportional zum Aufwand und umgekehrt proportional zur Anzahl und zum Leistungsfaktor der beteiligten Personen. Aufgrund des mit der Personenzahl ansteigenden Kommunikationsaufwands steigt die Projektdauer aber ab einer bestimmten Teamgröße wieder an. Sie kann also durch zusätzlichen Personenaufwand nicht beliebig verkürzt werden (siehe Abb. 6.1).

▶ **Aufgabe 6.9 Projektdauer in Abhängigkeit der Personenzahl**

    a) Der Arbeitsaufwand in einem Projekt betrage 600 Personentage. Ermitteln Sie die theoretische Laufzeit des Projekts in Abhängigkeit der Anzahl N der eingesetzten Personen, wenn diese mit einem Leitungsfaktor von 100 % im Projekt eingesetzt werden. Lassen Sie N dabei von einer bis zwölf Personen ansteigen.

    b) Berücksichtigen Sie nun den zusätzlichen Aufwand für die Kommunikation zwischen den beteiligten Personen. Bestimmen Sie hierfür zunächst die Zahl der paarweisen Kommunikationsbeziehungen in Abhängigkeit von N.

    c) Kalkulieren Sie pro Kommunikationsverbindung mit einem Kommunikationsaufwand von 3,0 %. Bei zwei Personen und einer Kommunikationsverbindung entspricht dies 1,2 Stunden pro Woche, d. h. 36 Minuten pro Person und Woche. Wie steigt der Kommunikationsaufwand mit der Zahl N der Personen?

    d) Wie ändert sich durch die Kommunikation der Gesamtaufwand und die Projektlaufzeit? Bei welcher Personenzahl wird die kürzeste Laufzeit erreicht?

    e) Wie bewerten Sie die Machbarkeit dieses Ergebnisses?

Abb. 6.1 Abhängigkeit der
Projektdauer von der Zahl N
der Personen

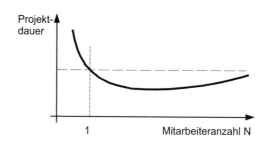

▶   **Aufgabe 6.10 Aussage über Aufwand und Laufzeit im Projekt** Sie leiten ein Projekt. Der
Projektstrukturplan wurde erstellt und der Aufwand für alle Arbeitspakete geschätzt.
Der Gesamtaufwand beträgt 320 Personentage; als Standardabweichung wurden 45
Personentage ermittelt. Der Auftraggeber hätte gerne eine verbindliche Aussage über
den voraussichtlichen Gesamtaufwand für das Projekt. Was sagen Sie ihm? Können Sie
auch eine Aussage über die voraussichtliche Projektlaufzeit machen?

6.4   Schätzung des Aufwands bei Software-Systemen

Obwohl es sich bei der Software-Entwicklung um eine vergleichsweise junge Disziplin
handelt, ist die Aufwandsschätzung auf diesem Gebiet schon sehr gründlich untersucht
und in entsprechenden Schätzmethoden dokumentiert worden. Am bekanntesten ist das
CoCoMo-Verfahren, mit dem aus einer Vielzahl von Parametern der Aufwand A (in Personenmonaten) für ein neu zu entwickelndes Software-System aus der Anzahl L der
Codezeilen (in 1000 Zeilen), die optimale Dauer D (in Monaten) für ein solches Projekt
und die optimale Teamgröße N (Anzahl der Personen) bestimmt werden.

$$A = C_1 \cdot L^{C_2}$$
$$D = C_3 \cdot A^{C_4} \tag{6.3}$$
$$N = A / D$$

Die Konstanten C_1 bis C_4 aus Gl. 6.3 wurden dabei aus Erfahrungswerten ermittelt und
sind von der Art des Software-Projekts abhängig. Hier wurde unterschieden, wie ausge-
prägt das Verständnis des Projektteams für die Aufgabe ist und wie stark die Software mit
anderen Systemteilen vernetzt ist. Tab. 6.5 gibt eine kurze Übersicht.

▶   **Aufgabe 6.11 Aufwandsschätzung der Software für den Fahrkartenautomat** Der Aufwand für die Erstellung der Software für den Fahrkartenautomaten soll abgeschätzt
werden. Sie besteht aus der zentralen Betriebs-Software und der Software für die
Ablaufsteuerung.
    Die Betriebs-Software ist sehr stark mit den Hardware-Komponenten vernetzt.
Es müssen hier strikte zeitliche Anforderungen eingehalten werden. Obwohl grund-
sätzliches Verständnis für derartige Software-Systeme vorliegt, sind einige schwie-

Tab. 6.5 CoCoMo-Schätzmodelle und Parameter

Parameter	Einfache Anforderungen, gutes Verständnis	Mittlere Anforderung, komplexere Aufgabe	Hohe Anforderung, eingebettete Software
C_1	2,4	3,0	3,6
C_2	1,05	1,12	1,20
C_3	2,5	2,5	2,5
C_4	0,38	0,35	0,32

rige Anforderungen zu erfüllen. Das Projektteam schätzt, dass das Programm eine Länge von ca. 25.000–30.000 Codezeilen aufweisen wird.

Die Software für die Ablaufsteuerung ist dagegen deutlich einfacher. Sie setzt auf der Betriebs-Software auf und kann deren Schnittstellen zur Hardware nutzen. Das Team hat derartige Programme schon öfter erstellt und rechnet mit 16.000 Codezeilen.

Bestimmen Sie den voraussichtlichen Aufwand für die Software-Erstellung. Wie sieht die ideale Anzahl von Programmierern aus und wie lange wird die Entwicklung voraussichtlich dauern?

6.5   Lösungen

▶ **Lösung 6.1 Vorgehensweise zur Aufwandsschätzung** Falls das Unternehmen ein systematisches Projektmanagement betreibt und fertig gestellte Projekte analysiert, liegen daraus Erfahrungswerte oder Kennzahlen zur Aufwandsschätzung vor. Ist dies nicht der Fall, können die abgeschlossenen Projekte zumindest zum Vergleich heran gezogen werden, um eine Abgrenzung des Gesamtaufwands vorzunehmen.

Da der Projektstrukturplan vorliegt, ist es sinnvoll, auf dessen unterster Ebene die Arbeitspakete einzeln abzuschätzen. Wird dabei die Dreipunktschätzung eingesetzt, können neben dem Erwartungswert auch Aussagen über die Schätzgüte gewonnen werden. Die präzisesten Schätzungen liefert eine Gruppe. Hierzu könnten die Arbeitspakete eines fachlich abgegrenzten Teilprojekts, wie z. B. der Software-Entwicklung durch mehrere Experten abgeschätzt werden.

Die Teilprojekte von den entsprechenden Experten abschätzen zu lassen, ist richtig. Dass dabei keine Vorgaben für die Vorgehensweise gemacht werden, kann zu unangenehmen Überraschungen führen. Ob ein Teilprojekt-Verantwortlicher sein Teilprojekt als Komplettwert abschätzt oder auf der Ebene der Arbeitspakete, ist ebenso offen, wie die Frage, ob er alleine die Schätzung macht oder Kollegen hier mit einbezieht.

Vollkommen falsch ist die Kopplung einer Bonuszahlung an die abgegebenen Schätzwerte. Das Prinzip einer motivationsfreien Schätzung wird dadurch eklatant verletzt. Dies wird dazu führen, dass die Teilprojekte eher pessimistisch geschätzt werden, um zur Erreichung der Bonuszahlung genügend Sicherheitspuffer zu haben.

▶ **Lösung 6.2 Wert aller Wohnimmobilien in Deutschland** Bei einer intuitiven Schätzung kommt es je nach Vorkenntnissen zu sehr unterschiedlichen Ergebnissen. Diese können stark divergieren. Alleine die richtige Zehnerpotenz zu treffen ist eine Herausforderung. Spontan nennen Sie z. B. eine Billion Euro.

Nachdenken lohnt sich. Man hat immer mehr Informationen, als man denkt. Sie bewohnen mit Ihrer Familie, die aus 4 Personen besteht, ein Einfamilienhaus, das bei der Anschaffung 250.000 € kostete. Sie schätzen nun, dass die Wohneinheiten in Deutschland wegen Alterung im Durchschnitt die Hälfte, also 125.000 € wert sind. Bei 80 Mio. Einwohnern werden 20 Mio. solcher Einheiten benötigt. Die Multiplikation mit dem zuvor geschätzt Wert einer Wohneinheit führt auf einen Gesamtwert von 2,5 Bio. € (20 Mio. Wohneinheiten à 125.000 €).

Zu Hause angekommen nutzen Sie das Internet für eine Recherche. Sie finden verschiedene Angaben. So wird z. B. der Gesamtwert aller Immobilien mit 10 Bio. € angegeben. Davon sind etwa die Hälfte, also 5 Bio. € Wohnimmobilien. An einer anderen Stelle wird das private Vermögen mit 11,5 Bio. € beziffert, von dem 4,5 Bio. € Anlagevermögen sind, das im Wesentlichen Wohnimmobilien entspricht.

▶ **Lösung 6.3 Kennzahlen der Energieversorgung** Für die Klärung der Fragen ist eine Umrechnung der verfügbaren Informationen auf vergleichbare Kennwerte sinnvoll. Für die Energieerzeugung bietet sich der Ertrag pro Fläche (Watt/m²) an. Beim Energiebedarf ist die Angabe der Leistung pro Person (Watt/Person) hilfreich. Aus dem jährlichen Bedarf an elektrischer Energie (in kWh) kann der Leistungsbedarf durch Division durch die Jahresstunden bestimmt werden. Der Ertrag pro Fläche bei Bio- und Solarenergie lässt sich aus den angegebenen Werten ableiten (siehe Tab. 6.6).

Mit diesen Kennzahlen können die Bedarfe und Erträge gegenübergestellt werden. Die Bevölkerungsdichte in Deutschland beträgt 226 Einwohner pro km². Pro Einwohner sind dies rund 4400 m². Um den gesamten Energiebedarf mit Bioenergie zu decken, reicht die Fläche bei weitem nicht aus. Selbst für die elektrische Energie

Tab. 6.6 Kennzahlen für die Energieversorgung

		Ertrag Bioenergie	Ertrag Solarenergie
		4000 W/ha = 0,4 W/m²	40.000 kWh/a / 50 m² = 90 W/m²
Bedarf elektr. Energie	0,8 kW/Pers.	2000 m²/Person	8,8 m²/Person
Bedarf Gesamtenergie	5,0 kW/Pers.	12.500 m²/Person	55,5 m²/Person

müsste fast die Hälfte der verfügbaren Fläche genutzt werden. Bei Solarpanels sieht die Sache deutlich besser aus. Hier deckt die normale Dachfläche den Bedarf ab.

▶ **Lösung 6.4 PKW-Entwicklungskosten und -aufwand** Eine pauschale Aussage über die Entwicklungskosten eines PKW ist natürlich nicht möglich. Zum einen wird der Aufwand davon abhängen, ob ein Modell komplett neu entwickelt wird oder ob nur eine Variante eines bestehenden Modells erstellt wird. Aus Kostengründen wird wohl versucht werden, eine komplette Neuentwicklung zu vermeiden. Die meisten Firmen verfolgen eine Plattform-Strategie, bei der Komponenten eines Autos für verschiedene Modelle genutzt werden. Auch Kooperationen verschiedener Hersteller sind mittlerweile eher die Regel als die Ausnahme. Zudem wird der Entwicklungsaufwand mit dem Preis eines PKW korreliert sein.

Um dennoch auf Anhaltspunkte zu kommen, kann man sich die Bilanzen der Hersteller anschauen und den ausgewiesenen Entwicklungsaufwand bestimmen. Bei zwei namhaften deutschen Herstellern ergibt sich jeweils ein jährlicher Entwicklungsaufwand von rund 4 Mrd. €. Dieser entspricht ca. 6 % des Umsatzes. Das Modellspektrum umfasst mehrere Dutzend verschiedene Modelle, allerdings handelt es sich teilweise um Varianten eines Grundmodells. Außerdem werden viele Komponenten, wie z. B. Motoren oder Getriebe in verschiedenen Modellen eingesetzt.

Die Zahl der tatsächlichen Neuentwicklungen muss daher deutlich niedriger angesetzt werden. Geht man von ca. 10 bis 20 grundlegend unterschiedlichen Automodellen aus und setzt außerdem deren Laufzeit mit fünf Jahren an, so kommt man pro Jahr auf zwei bis vier neue Modelle, auf die sich die Entwicklungskosten aufteilen. Man kommt somit auf Entwicklungskosten, die in der Größenordnung von 1–2 Mrd. € liegen. Dazu passt eine Aussage eines Projektleiters für eine PKW-Entwicklung, der die Entwicklungskosten auf 2 Mrd. € beziffert.

▶ **Lösung 6.5 Gebäudekostenschätzung** Zur überschlägigen Schätzung der Gebäudekosten gibt es mehrere Wege. Zum einen könnte aus der Grundfläche des Gebäudes mit Hilfe eines Kennwertes eine Schätzung erfolgen:

1. **Schätzung mit Hilfe der Brutto-Grundfläche:**
   Grundfläche: 35 m * 20 m * 3 Etagen = 2100 m^2
   Kennwert z. B. 1 Tsd. € / m^2
   Schätzwert: ca. 2,1 Mio. €

Ist kein Kennwert für die Grundfläche, sondern nur für die Kubatur bekannt, kann auch der zur Schätzung benutzt werden:

2. **Schätzung mit Hilfe der Kubatur**
   Gebäudevolumen: 35 m * 20 m * 3 m * 3 = 6300 m³
   Kennwert z. B. 350 €/m³
   Schätzwert: ca. 2,25 Mio. €

Ein dritter Weg wäre über die Miete möglich, wenn Miethöhen für vergleichbare Gebäude bekannt sind

3. **Schätzung mit Hilfe der Miete**
   vermietbare Fläche ca. 2000 m²
   Miete (für neues Gebäude) z. B. 5 €/m² pro Monat, d. h. 60 €/m² pro Jahr
   Gebäudemiete: 120 Tsd. € pro Jahr
   Maklerfaktor 18
   Schätzwert: ca. 2,16 Mio. €

Die Schätzung und damit auch die Kennwerte sind natürlich sehr stark von den lokalen (Lage) und regionalen (ländlich, städtisch, großstädtisch) Gegebenheiten abhängig, die sich auf die Grundstückspreise und die Miethöhen auswirken. Liegen Vergleichswerte nicht vor, können diese durch eine kleine Recherche im Internet problemlos ermittelt werden.

▶ **Lösung 6.6 Dreipunktschätzung Software-Anschaffung** Für jeden Vorgang ergibt sich der Erwartungswert E aus Gl. 6.1, die Standardabweichung S aus Gl. 6.2 und die Varianz V als Quadrat von S. Der erwartete Gesamtaufwand ist die Summe der Einzelaufwände. Das Gleiche gilt bei der Varianz. Die Gesamt-Standardabweichung ist die Wurzel der Varianz. Der kritische Pfad wird durch die Vorgänge A, B, C und E gebildet. Erwartungswert und Standardabweichung der Laufzeit werden wie zuvor berechnet, indem nur die Vorgänge des kritischen Pfades berücksichtigt werden. Für eine Wahrscheinlichkeit von 90 % ergibt sich aus Tab. 6.1 für die Normalverteilung ein Faktor 1,282 mit dem die Standardabweichung multipliziert und zum Erwartungswert addiert wird. Als relativ sichere Laufzeit könnte man also einen Wert von 65 Tagen nennen. Der Screenshot in Abb. 6.2 fasst die Berechnungsergebnisse zusammen.

	Vorgang	Vorgänger	a	c	b	E	S	V
A	Marktrecherche		15	19	26	19,5	1,83	3,36
B	Auswahl einer SW	A	4	6	10	6,3	1,00	1,00
C	Installation	B	20	24	30	24,3	1,67	2,78
D	Schulung	B	8	10	12	10,0	0,67	0,44
E	Going Live	C; D	7	10	15	10,3	1,33	1,78
	Summe Aufwand					70,5	3,06	9,36
	Laufzeit (A+B+C+E)					60,5	2,99	8,92
	Laufzeit (90%)	=E+1,282*S				64,3		

Abb. 6.2 Auswertung der Dreipunktschätzung

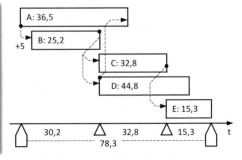

Vorgänger	a	c	b	E	S	V
A D: AE	30	36	45	36,5	2,50	6,25
B A: AA+5	22	25	29	25,2	1,17	1,36
C B: EA	25	32	44	32,8	3,17	10,03
D B: EA	37	45	52	44,8	2,50	6,25
E C: EA	12	15	20	15,3	1,33	1,78
Gesamtaufwand				154,7	5,07	25,67
Projektlaufzeit				78,3	3,63	13,17
Aufwand (80%)	=E+0,842*S			158,9		
Aufwand (95%)	=E+1,645*S			163,0		
Laufzeit (90%)	=E+1,282*S			83,0		

Abb. 6.3 Auswertung der Schätzergebnisse und Vorgangsanordnung

▶ **Lösung 6.7 Dreipunktschätzung** Die Spalte „Vorgänger" im Screenshot von Abb. 6.3 zeigt die Anordnungsbeziehungen für die fünf Vorgänge A bis E. Dort sind auch Erwartungswert E und Standardabweichung S gemäß Gl. 6.1 und 6.2 berechnet. Abb. 6.3 zeigt das Balken-Diagramm mit den Anordnungsbeziehungen. Außerdem sind die Erwartungswerte der Vorgangsdauern eingetragen, wenn man von je einer zugeordneten Person ausgeht.

Als Gesamtaufwand erhält man 154,7 Personentage. Die zugehörige Standardabweichung beträgt 5,07 Tage. Für 80 % Sicherheit ergibt sich ein Faktor 0,842 und für 95 % der Faktor 1,645. Der Aufwand steigt somit von 154,7 Tagen (bei 50 %), auf 159 Tage (bei 80 %) und auf 163 Tage (bei 95 %). Für die Laufzeit ist der kritische Pfad zu bestimmen. Bei einem so einfachen Beispiel, kann dieser recht gut aus dem Balkendiagramm ermittelt werden. Auf dem Weg B-C-E erhält man 78,3 Tage inklusive der Verzögerung von fünf Tagen vor dem Start. Dies ist der kritische Pfad, da Vorgang D kürzer ist, als die Summe von C und E. Um eine Laufzeitüberschreitung von maximal 10 % zu riskieren, erhält man einen Faktor 1,282. Man sollte also eine Laufzeit von ca. 83 Tagen angeben.

▶ **Lösung 6.8 Dreipunktschätzung** Zunächst wird für jeden Vorgang der Erwartungswert und die Standardabweichung berechnet nach folgenden Formeln:

$$E = \frac{a + 4 \cdot c + b}{6}, \quad S = \frac{b - a}{6}$$

Anschließend wird die Varianz durch Quadrierung der Standardabweichung bestimmt. Für den Erwartungswert und die Varianz wird dann die Summe aller Vorgänge ermittelt. Die Standardabweichung des Gesamtaufwands ergibt sich dann als Wurzel der Varianz (Tab. 6.7).

Für eine Wahrscheinlichkeit von 70 % ergibt sich nach Tab. 6.1 ein Faktor von $z = 0,52$ für die Standardabweichung und für 95 % ist $z = 1,645$. Im ersten Fall kommt man auf einen Wert von 100, 5 Tagen und im zweiten Fall auf 104,2 Tage.

Tab. 6.7 Abschätzung der Vorgangsdauer

	Vorgang	Vorg.	a	c	b	E	S	V
1	Projektdefinition		2	2	4	2,3	0,3	0,11
2	Marktrecherche	1	7	10	16	10,5	1,5	2,25
3	Nutzerbefragung	1	12	15	18	15,0	1,0	1,00
4	Auswertung	2,3	9	12	16	12,2	1,2	1,36
5	Produktfestlegung	3,4	2	3	3	2,8	0,2	0,03
6	Zwischenpräsentation	5	1	1	1	1,0	0,0	0,00
7	Definition der Eigenschaften	5	8	10	13	10,2	0,8	0,69
8	Designstudien	5	10	15	22	15,3	2,0	4,00
9	Designauswahl	7, 8	2	3	4	3,0	0,3	0,11
10	Detailfestlegung	9	8	9	11	9,2	0,5	0,25
11	Dokumentation	10AA	10	12	15	12,2	0,8	0,69
12	Präsentation vorbereiten	10,11	3	4	6	4,2	0,5	0,25
13	Abschlusspräsentation	12	1	1	1	1,0	0,0	0,00
	Summe					98,8	3,3	10,75

Abb. 6.4 Projektdauer in Abhängigkeit der Personenzahl

N	Dauer theor.	Komm.-bez.	Komm.-aufw.	Gesamt-aufw.	Dauer prakt.
1	600	0	0	600	600
2	300	1	18	618	309
3	200	3	54	654	218
4	150	6	108	708	177
5	120	10	180	780	156
6	100	15	270	870	145
7	86	21	378	978	140
8	75	28	504	1104	138
9	67	36	648	1248	139
10	60	45	810	1410	141
11	55	55	990	1590	145
12	50	66	1188	1788	149

Arbeitsaufwand	600 Personentage
Komm.-aufw.	3,0%

▶ **Lösung 6.9 Projektdauer in Abhängigkeit der Personenzahl** Abb. 6.4 zeigt das Ergebnis der Berechnungen. Die theoretisch erreichbare Dauer nimmt von 600 Tagen (bei N = 1) bis auf 50 Tage (bei N = 12) ab. Die Zahl der Kommunikationsbeziehungen beträgt N * (N − 1) / 2. Sie steigt also etwa quadratisch mit N an. Bei einem Aufwand von 3 % pro Beziehung steigt der Kommunikationsaufwand mit N rapide an und übersteigt ab neun Personen den eigentlichen Arbeitsaufwand. Die praktisch erreichbare Projektdauer nimmt zunächst mit N stetig ab, erreicht bei N = 8 ihr Minimum und steigt dann wieder an.

Die Verkürzung der Laufzeit von 600 Tagen bei einer Person auf 138 Tage bei acht Personen ist rein rechnerisch zutreffend. Der erhöhte Aufwand für die Kommunikation ist darin berücksichtigt. Allerdings ist dies eine rein summarische Berechnung. Nicht jedes Arbeitspaket wird sich auf zwei, vier oder gar acht Personen aufteilen lassen. Eine vollständige Parallelisierung der Arbeiten, wie dies bei einer Laufzeit von 138 Tagen und acht gleichzeitig arbeitenden Personen vorausgesetzt wird, ist daher nur in seltenen Fällen machbar.

▶ **Lösung 6.10 Aussage über Aufwand und Laufzeit im Projekt** Dass der Auftraggeber gerne eine verbindliche Aussage hätte, ist verständlich aber bei einem Projekt nicht realistisch. Jedes Projekt ist mit Unsicherheit behaftet, so dass auch Termin- und Aufwandsaussagen eine Unsicherheit besitzen. Bei einem erwarteten Aufwand von 320 PT beträgt die Wahrscheinlichkeit, dass dieser Wert nicht überschritten wird lediglich 50 %!

Geht man mit der Zusage um die einfache Standardabweichung über diesen Wert hinaus (365 PT), steigt die Wahrscheinlichkeit auf 84 % und bei der doppelten Standardabweichung (410 PT) sogar auf 98 %. Welchen Wert man schließlich nennt, hängt davon ab, ob und welche Erfahrungen mit dem Auftraggeber vorliegen. Ein extremes Sicherheitsbedürfnis ist in einem Projekt ebenso wenig angebracht, wie extreme Waghalsigkeit. Daher könnte ein Wert von 350 bis 360 PT ein sinnvoller Kompromiss sein.

Eine detaillierte Aussage über die Dauer des Projektes kann gemacht werden,

- wenn der Projektstrukturplan vorliegt,
- die einzelnen Arbeitspakete abgeschätzt wurden
- und der Ablauf geplant ist.

Die ersten beiden Bedingungen sind erfüllt; sie liegen der Schätzung zugrunde. Über die dritte Bedingung ist nichts bekannt, so dass eine genaue Aussage über die Projektdauer nicht möglich ist. Eine grobe Abschätzung ist aber anhand der Faustformel $D = 3 \cdot A^{1/3}$ machbar, wobei der Aufwand in PM und die Dauer in Monaten bestimmt wird. Im konkreten Fall ergibt dies bei einem Aufwand A = 360 PT = 18 PM die Dauer D = 7,86 Mon. Dies setzt voraus, dass im Durchschnitt 2–3 Personen im Projekt arbeiten. Am Anfang werden weniger Personen benötigt; in der Mitte des Projekts kann es dagegen notwendig sein 4–6 Personen im Projekt einzusetzen. Unter dieser Voraussetzung scheint folgende Aussage vertretbar: Der Gesamtaufwand für das Projekt wird bei etwa 18 Personenmonaten liegen und es wird in ca. 8 Monaten realisierbar sein.

	Ablauf-Software	Betriebs-Software		
C1	2,4	3,6		
C2	1,05	1,2		
C3	2,5	2,5		
C4	0,38	0,32		
L	2,5	6	Tsd. Zeilen	
A	6,3	30,9	Personenmonate	=C1*Potenz(L,C2)
D	5,0	7,5	Monate	=C3*Potenz(A,C4)
N	1,2	4,1	Personen	=A/D

Abb. 6.5 Aufwand, Dauer und Personalbedarf für die Software-Erstellung

▶ **Lösung 6.11 Aufwandsschätzung der Software für den Fahrkartenauto mat** Da die beiden Softwareteile unterschiedliche Charakteristika aufweisen und deren Code-länge getrennt abgeschätzt werden konnte, werden beide Teile unabhängig betrachtet. Die Ablaufsteuerung ist von einfachem Schwierigkeits- und Vernetzungsgrad. Hier konnte das Team auch eine relativ sichere Vorhersage der Codelänge vornehmen. Das Gegenteil ist bei der Betriebs-Software der Fall. Diese Software ist stark vernetzt und es gibt einige Unklarheiten im Verständnis der Aufgabe. Dies äußert sich auch in der Unsicherheit bei der Schätzung der Codelänge. Deshalb wird für diesen Teil der Parametersatz für schwierige Systeme verwendet und mit dem vorsichtigen Wert der Codelänge gearbeitet. Das Ergebnis der Berechnung zeigt Abb. 6.5.

In der Summe ergibt sich ein Aufwand von gut 37 Personenmonaten. Beim Einsatz der optimalen Personenzahl ergibt sich eine Laufzeit von 7,5 Monaten, die durch die Betriebs-Software bestimmt wird, wenn die beiden Teilprojekte parallel ausgeführt werden können.

Ablauf- und Terminplanung

7

Zusammenfassung

In der Ablaufplanung wird die Abfolge der verschiedenen Arbeiten festgelegt. Da die Ergebnisse vieler Arbeiten als Input für andere gebraucht werden, bestehen zahlreiche inhaltliche Abhängigkeiten. Deren Berücksichtigung legt eine Reihenfolge für die Vorgänge fest. Zur übersichtlichen Gliederung und besseren Nachvollziehbarkeit wird der Ablauf zusätzlich in Phasen gegliedert, deren Beginn und Ende Meilensteine markieren.

Mit Hilfe der Schätzwerte für den Aufwand und der Ressourcenzuordnung kann die Dauer der Vorgänge bestimmt werden. Deren Übertragung in den Ablaufplan ergibt die Termine für Anfang und Ende der Vorgänge, der Teilprojekte und auch die Meilensteintermine für das Gesamtprojekt (siehe Abb. 7.1).

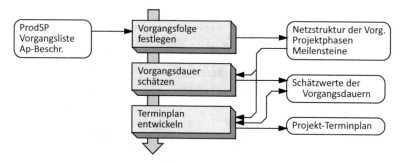

Abb. 7.1 Prozesse der Ablauf- und Terminplanung

© Springer Fachmedien Wiesbaden GmbH, ein Teil von Springer Nature 2021
W. Jakoby, *Intensivtraining Projektmanagement*,
https://doi.org/10.1007/978-3-658-32836-8_7

7.1 Ablaufmodelle

Eine Anordnungsbeziehung beschreibt die Abhängigkeit eines Vorgangs y von einem anderen Vorgang u. Es gibt dabei vier Grundbeziehungen: Anfangsfolge, Sprungfolge, Normalfolge, Endefolge (Tab. 7.1). Zusätzlich können die Beziehungen auch noch mit Zeitbedingungen versehen werden.

Die Kombination aller paarweisen Beziehungen zwischen Vorgängen ergibt den Gesamtablauf für ein Projekt. Dieser besteht aus:

1. Vorgängen: zeiterforderndes Geschehen mit definiertem Anfang und Ende,
2. Ereignissen: Zustandsübergange im Projektablauf,
3. Beziehungen: Abhängigkeiten zwischen Vorgängen und Ereignissen.

Netzpläne können Abläufe anschaulich darstellen. Sie bestehen aus Knoten, bei denen Objekte als Rechteck oder Kreis dargestellt werden und Kanten, die Beziehungen zwischen Objekten als Linien oder Pfeile darstellen. Zur Darstellung von Abläufen als Netzpläne gibt es zwei wesentliche Varianten:

1. Vorgangs-Knoten-Netze (VKN): Vorgänge werden als Knoten und Ereignisse als Pfeile dargestellt.
2. Ereignis-Knoten-Netze (EKN). (ähnlich: Vorgangs-Pfeil-Netze (VPN)) Ereignisse werden als Knoten, Vorgänge als Pfeile dargestellt.

Die üblichen Netzpläne können nur Normalfolgen darstellen. Für alle anderen Anordnungsbeziehungen werden Scheinvorgänge benötigt.

Tab. 7.1 Anordnungsbeziehungen

Anfangsfolge AA Anfang-Anfang	Vorgang y kann begonnen, wenn zuvor u begonnen wurde.	
Sprungfolge AE Anfang-Ende	Vorgang y darf enden, wenn u begonnen wurde.	
Normalfolge EA Ende-Anfang	Vorgang y kann begonnen werden, wenn zuvor u abgeschlossen wurde	
Endefolge EE Ende-Ende	Vorgang y kann beendet werden, wenn zuvor u beendet wurde	

▶ **Aufgabe 7.1 Anordnungsbeziehungen** Bei den folgenden 6 Vorgängen V1 bis V6 gibt es verschiedene Abhängigkeiten. Die Vorgänge V3 und V5 müssen seit 3 mindestens Tagen beendet sein, bevor V2 beginnen kann. Wenn V2 beginnt, muss auch V6 beginnen. Erst wenn V2 endet, darf auch V1 enden. Während V2 läuft muss V6 oder V1 laufen. V4 darf erst beginnen, wenn nach Abschluss von V1 1 Tag vergangen ist. Stellen Sie die Anordnungsbeziehungen zwischen den Vorgängen in tabellarischer Form dar.

▶ **Aufgabe 7.2 Anordnungsbeziehungen Symphonieorchester** Ein Symphonieorchester hat viele Gemeinsamkeiten mit einem Projektteam. Jedes Mitglied hat eine bestimmte Aufgabe. Zwischen den Aufgaben gibt es zahlreiche Kopplungen und es gibt eine Person, die das Ensemble leitet. In erster Näherung kann man das Orchester in vier Gruppen aufteilen: die Streicher, die Holzbläser, die Blechbläser und die Schlaginstrumente.

Bei einem Musikstück sollen nun folgende Abhängigkeiten zwischen den Teilen des Orchesters bestehen. Das Musikstück beginnt mit den Streichern. Vier Takte später sollen die Holzbläser einsetzen. Wenn die Streicher ihren ersten Einsatz beenden, beginnen die Schlaginstrumente und nach deren Beginn können die Holzbläser aufhören. Sechs Takte später setzen die Blechbläser ein und die Schlaginstrumente enden. Danach kommen die Streicher wieder zum Zuge. Wenn die Blechbläser ihren Part beenden, können auch die Streicher ihre Bögen ruhen lassen und das Musikstück endet.

Stellen Sie die Abhängigkeiten zwischen den Einsatzphasen der Orchesterteile als Balkendiagramm und in Form einer Tabelle mit Anordnungsbeziehungen dar.

▶ **Aufgabe 7.3 EKN erstellen** Die Planung eines Projekts hat die in Tab. 7.2 aufgelisteten Aktivitäten mit der jeweiligen Dauer (in Tagen) und der logischen Abfolge ergeben.
Erstellen Sie aus der Vorgangsliste einen Ereignis-Knoten-Netzplan.

▶ **Aufgabe 7.4 EKN in VKN umwandeln** Wandeln Sie das Ereignis-Knoten-Netzwerk (EKN) aus Abb. 7.2 in ein Vorgangs-Knoten-Netzwerk.

Tab. 7.2 Vorgangsdaten

Vorgang	Vorgänger	Dauer
V1		10
V2	V1	25
V3	V1	11
V4	V1	17
V5	V3	13
V6	V4	8
V7	V5; V6	8
V8	V2; V7	15

V6: 10
E1
V1: 10
E2
V2: 4
E3
V4: 5
E4
V5: 8
E5
V7: 6
E6
V3: 16

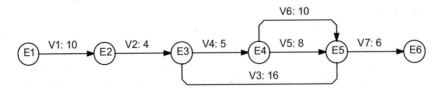

Abb. 7.2 Ereignis-Knoten-Netzwerk

A
10
B
25
C
7
D
16
E
25
F
5
G
8

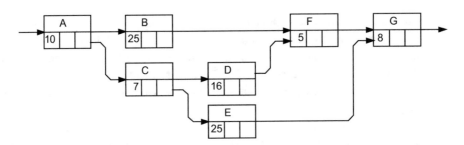

Abb. 7.3 Vorgangs-Knoten-Netzwerk

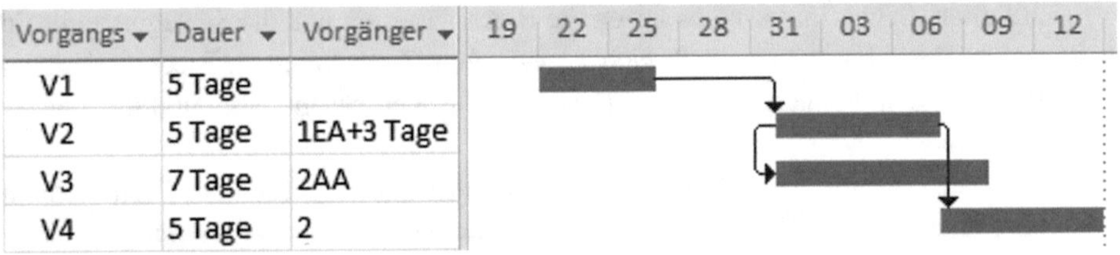

Vorgangs
Dauer
Vorgänger
19 22 25 28 31 03 06 09 12
V1 5 Tage
V2 5 Tage 1EA+3 Tage
V3 7 Tage 2AA
V4 5 Tage 2

Abb. 7.4 Balkenplan eines Ablaufs mit vier Vorgängen

▶ **Aufgabe 7.5 VKN in EKN umwandeln** Formen Sie den in Abb. 7.3 dargestellten Ablauf in ein Ereignis-Knoten-Netz (EKN) um.

▶ **Aufgabe 7.6 Balkendiagramm in VKN wandeln mit Scheinvorgängen** Das Diagramm in Abb. 7.4 zeigt einen Projektablauf als Balkenplan. Zwischen den Vorgängen bestehen verschiedene Anordnungsbeziehungen, die durch Wirkungslinien beschrieben sind. Stellen Sie den Ablauf als VKN dar. Sie benötigen hierfür an verschiedenen Stellen Scheinvorgänge.

7.2 Planungsmethoden

Mit Hilfe der Schätzwerte für die Dauer der Vorgänge können aus den Ablaufplänen Terminaussagen für die Ereignisse und Vorgänge gewonnen werden. Hierfür gibt es unterschiedliche Methoden. Die Critical-Path-Method (CPM) basiert auf den Vorgangs-Pfeil-

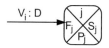

$V_i : D$

j: Ereignisnummer
F: Frühester Ereignistermin
S: Spätester Ereignistermin
P: Puffer
D: Dauer (des davor liegenden Vorgangs)

Abb. 7.5 Ereignissymbol für die Critical-Path-Methode

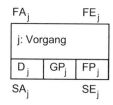

j: Vorgangsnummer
D: Dauer
GP: Gesamter Puffer
FP: Freier Puffer
FA / FE: frühester Anfangs-/Endtermin
SA / SE: spätester Anfangs- Endtermin

Abb. 7.6 Vorgangssymbol für die Metra-Potenzial-Methode

bzw. Ereignis-Knoten-Netzen (Abb. 7.5). Sie berechnet für die Ereignisse die frühest- und spätestmöglichen Termine.

In der Vorwärtsrechnung wird für jedes Ereignis E_j der früheste Ereignistermin F_j bestimmt:

$$F_j = \max_i \{F_i + D_i\} \quad \left(i : \text{alle vorangehenden Ereignisse von } E_j\right). \tag{7.1}$$

Die Rückwärtsrechnung dient zur Bestimmung der spätesten Ereignistermine S_j:

$$S_j = \min_k \{S_k - D_k\} \quad \left(k : \text{alle nachfolgenden Ereignisse von } E_j\right). \tag{7.2}$$

Daraus folgt dann der zeitliche Spielraum (Puffer) P_j für jedes Ereignis:

$$P_j = S_j - F_j. \tag{7.3}$$

Alle Ereignisse mit Pufferzeit 0 können weder nach vorne noch nach hinten verschoben werden. Sie bilden zusammen mit den dazwischen liegenden Vorgängen den kritischen Pfad.

Die Metra-Potenzial-Methode (MPM) nutzt die Vorgangs-Knoten-Netze (Abb. 7.6). Sie berechnet für die Vorgänge die frühesten und spätesten Anfangs- und Endtermine.

Die Vorwärtsrechnung bestimmt die frühesten Termine:

$$FA_j = \max_i \{FE_i\}, \tag{7.4}$$

$$FE_j = FA_j + D_j. \tag{7.5}$$

Aus der Rückwärtsrechnung folgen die spätesten Termine

$$SE_j = \min_k \{SA_k\}. \tag{7.6}$$

$$SA_j = SE_j - D_j. \tag{7.7}$$

Aus der Differenz von frühsten und spätesten Termine folgt der zeitliche Puffer der Vorgänge:

$$GP_j = SE_j - FE_j = SA_j - FA_j, \tag{7.8}$$

$$FP_j = \min_k \{FA_k\} - FE_j. \tag{7.9}$$

Die PERT-Methode arbeitet ähnlich wie CPM, verwendet aber die aus der Dreipunkt-schätzung berechneten Werte. Die PERT-Methode ermöglicht es, die Unsicherheit der Schätzung in der Planung angemessen zu berücksichtigen.

Gantt-Diagramme dienen zur Darstellung der Aufeinanderfolge und der Dauer von Abläufen. Jeder Vorgang wird durch einen Balken dargestellt, dessen Länge proportional zur Vorgangsdauer ist. Dadurch sind die zeitlichen Verhältnisse eines Ablaufs leicht und schnell zu erfassen.

▶ **Aufgabe 7.7 Terminplanung** Ermitteln Sie für alle Vorgänge des Netzplans in Abb. 7.7 die frühesten und spätesten Anfangs- und Endtermine sowie die jeweiligen Pufferzeiten.

▶ **Aufgabe 7.8 Netzplan erstellen** Erstellen Sie aus der Vorgangsliste in Tab. 7.3 mit den Vorgängen A bis I einen Netzplan und bestimmen Sie den kritischen Pfad. Berechnen Sie für jeden Vorgang den Erwartungswert und die Standardabweichung der Vorgangsdauer. Nach Vorlage des Projektplans stellt der Auftraggeber die Forderung, den Fertigstellungstermin um 2 Wochen vorzuziehen. Gibt es eine sinnvolle Lösung?

▶ **Aufgabe 7.9 VPN erstellen** Stellen Sie den Ablauf aus Aufgabe 7.8 als Vorgangs-Pfeil-Netzwerk (VPN) dar.

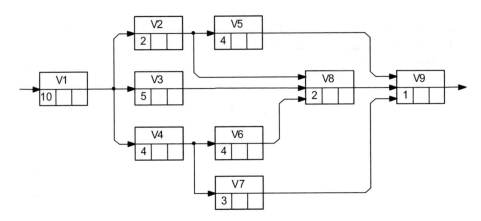

Abb. 7.7 Vorgangs-Knoten-Netzwerk

Tab. 7.3 Vorgänge A bis I mit Schätzwerten der Vorgangsdauer

Vorgang	Vorgänger	opt. Dauer	real. Dauer	pess. Dauer	Erw. wert	Std. abw.
A		12	15	19		
B		26	30	37		
C	A, B	16	20	26		
D	A, B	4	5	7		
E	A, B	21	25	30		
F	C	20	25	32		
G	C, D, E	17	20	26		
H	C	8	10	13		
I	E	11	15	20		

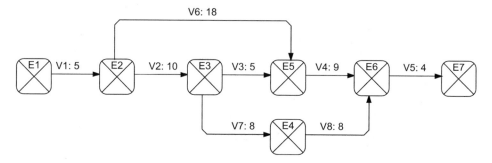

Abb. 7.8 Ereignis-Knoten-Netz für die CPM-Methode

▶ **Aufgabe 7.10 Terminplanung für Ereignisse mit CPM** Ermitteln Sie für alle Ereignisse des Netzplans in Abb. 7.8 die frühesten und spätesten Termine sowie die jeweiligen Pufferzeiten.

▶ **Aufgabe 7.11 Terminplanung für Vorgänge mit MPM** Ermitteln Sie für alle Vorgänge des Netzplans in Abb. 7.9 die frühesten und spätesten Anfangs- und Endtermine sowie die jeweiligen Pufferzeiten. Wo liegt der kritische Pfad?

▶ **Aufgabe 7.12 Terminplanung „Neue Produktionslinie"** Ein Hersteller hydraulischer Komponenten möchte in einem Projekt die Produktionslinie für eine neue Pumpe konzipieren. Hierfür wurden die Teilprojekte in Tab. 7.4 festgelegt.

Erstellen Sie aus dieser Vorgangsliste einen Vorgangsknoten-Netzplan, bestimmen Sie die Anfangs und Endzeiten für die Vorgänge sowie den kritischen Pfad. Wie würden Sie geeignete Meilensteine festlegen? Wie würden Sie den Phasen, die durch die Meilensteine gebildet werden, die Teilprojekte zuordnen? Welche Auswirkungen hätte eine solche Phasenzuordnung auf die Termine?

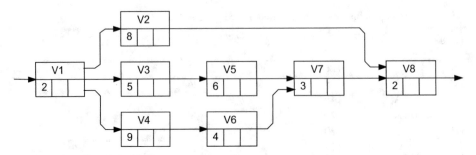

Abb. 7.9 Vorgangs-Knoten-Netz für die MPM-Methode

Tab. 7.4 Teilprojekte des Projekts „Neue Produktionslinie"

	Vorgang	Vorgänger	Bearbeiter	Aufwand
A	Produktions-Konzept erstellen			45
B	Aufbau eines Pumpen-Prototyps			90
C	Grobplanung der Produktionslinie	A, B		60
D	Planung des Prüfablaufs	A, B		15
E	Prototyp-Analyse	A, B		75
F	Steuerung für Prüfablauf konzipieren	D		65
G	Detailplanung Produktionslinie	C, D, E		60
H	Prüfplatz-Projektierung	D		30
I	Detailkonzept für Seriengerät erstellen	E		45

Tab. 7.5 Arbeitspakete für ein Entwicklungsprojekt

Vorgang	AOB	Opt.	Real.	Pess.	E	S	V
AP1		20	25	35			
AP2		25	32	40			
AP3		22	27	38			
AP4		20	30	45			
AP5		30	36	48			
Gesamtaufwand							
A1							
Dauer							
D1							

▶ **Aufgabe 7.13 Ablaufplanung** Für ein Entwicklungsprojekt sind die Arbeitspakete
AP1 bis AP5 in Tab. 7.5 definiert. Es bestehen folgende Abhängigkeiten: AP2 und
AP3 können begonnen werden, wenn AP1 fertig ist. AP4 muss mindestens zehn
Tage vor dem Ende von AP3 beginnen. Erst wenn AP3 fertig ist, darf auch AP2 be-
endet werden. AP5 beginnt nach dem Ende von AP4 und frühestens 25 Tage nach
Abschluss von AP2.

Tragen Sie die Anordnungsbeziehungen (AOB) in Tab. 7.5 ein. Berechnen Sie für
jeden Vorgang Erwartungswert und Standardabweichung. Berechnen Sie den erwar-

teten Gesamtaufwand und die zugehörige Standardabweichung. Welchen Aufwand A1 würden Sie nennen, wenn Sie diesen mit einer Wahrscheinlichkeit von 70 % einhalten wollen? Stellen Sie den Ablauf als VKN dar. Ermitteln Sie die frühest möglichen Termine nach der Methode MPM. Verwenden Sie für die Dauer der einzelnen Arbeitspakete den gerundeten Erwartungswert. Bestimmen Sie nun den Erwartungswert der Projektdauer und deren Standardabweichung. Welche Dauer D1 würden Sie nennen, wenn Sie diese mit einer Wahrscheinlichkeit von 70 % einhalten wollen?

Zur Bestimmung der spätesten Termine in der Rückwärtsrechnung verwenden Sie als spätesten Zieltermin den Wert D1, den Sie in der vorigen Teilaufgabe berechnet haben.

7.3 Kapazitätsplanung

Die Ablaufplanung berücksichtigt die logischen Anordnungsbedingungen der Arbeitspakete. Die Terminplanung legt mit Hilfe der Aufwandsschätzwerte Ereigniszeitpunkte und Bearbeitungszeiträume fest. Die für die Ausführung der Arbeiten benötigten Personen und Ressourcen sind hierbei noch nicht berücksichtigt. Daher muss man von einer Grobplanung sprechen.

Die Gesamtzahl der in einem Projekt einsetzbaren Personen begrenzt, aber auch die Personen, die über die benötigten Qualifikationen für bestimmte Arbeiten verfügen. Zudem sind individuelle Bedingungen wie Arbeits- und Urlaubszeiten zu beachten. Vor allem bei der Zuordnung von Personen zu Arbeitspaketen treten also gegenüber der reinen Ablaufplanung zusätzliche Einschränkungen auf.

Aus der Grobplanung des Ablaufs und der Termine resultiert eine charakteristische Verteilung der personellen Kapazitäten über die Projektlaufzeit. Dieses so genannte Kapazitätsgebirge des personellen Bedarfs muss an die verfügbare Kapazität angepasst werden. Für diese Feinplanung stehen verschiedene Maßnahmen zur Verfügung. Am einfachsten ist die Verschiebung von Arbeitspaketen innerhalb des berechneten Puffers. Geht dies nicht, müssen Arbeitspakete einer anderen, zur Not auch einer zusätzlichen Person zugeordnet werden. Als weitere Maßnahme muss das Verschieben von Terminen ins Auge gefasst werden.

▶ **Aufgabe 7.14 Kapazitätsplanung** Der Screenshot in Abb. 7.10 zeigt die Planung für ein Projekt mit sieben Vorgängen V1 bis V7 unter Berücksichtigung der Anordnungsbeziehungen („Vorgänger"). Die Vorgänge wurden so früh wie möglich eingeplant und den drei Personen („Ressourcen") A, B und C zugeordnet. Die Personen sind so qualifiziert, dass sie alle Arbeitspakete ausführen können.

Person C fällt nun aus. Ihnen stehen also nur die beiden Personen A und B zur Verfügung. In der bestehenden Terminplanung kommt es dadurch zu einer Überlastung. Können Sie diese beheben? Geht dies ohne Verlängerung der Projektlaufzeit?

Vorgangs ▾	Dauer ▾	Vorgänger ▾	Mon 29	Mon 30	Mon 31	Mon 32	Mon 33	Mon 34	Mon 35
V1	5 Tage								
V2	5 Tage	1							
V3	10 Tage								
V4	10 Tage								
V5	10 Tage	2;3							
V6	10 Tage	3							
V7	10 Tage	2;6;4							

Abb. 7.10 Planungsstand für ein Projekt

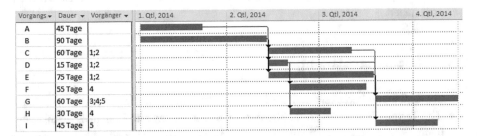

Vorgangs ▾	Dauer ▾	Vorgänger ▾	1. Qtl, 2014	2. Qtl, 2014	3. Qtl, 2014	4. Qtl, 2014
A	45 Tage					
B	90 Tage					
C	60 Tage	1;2				
D	15 Tage	1;2				
E	75 Tage	1;2				
F	55 Tage	4				
G	60 Tage	3;4;5				
H	30 Tage	4				
I	45 Tage	5				

Abb. 7.11 „Neue Produktionslinie" (Zeitachse in Kalenderwochen)

▶ **Aufgabe 7.15 Kapazitätsplanung „Neue Produktionslinie"** Abb. 7.11 zeigt das Balkendiagramm des Projekts „Neue Produktionslinie". Den kritischen Pfad bilden die Vorgänge B, E und G. Die Laufzeit des Projekts auf diesem Pfad beträgt 225 Tage. Da zu keinem Zeitpunkt mehr als vier Vorgänge parallel liegen, lässt sich das Projekt mit vier Personen ohne Kapazitätsüberschreitungen durchführen. Es stehen nun aber nur drei Personen zur Verfügung. Diese besitzen die Kompetenzen, um jeden Vorgang bearbeiten zu können. Wie kann das Projekt mit diesen drei Personen ohne Kapazitäts- und Laufzeitüberschreitung unter Beibehaltung der Vorgänge und deren Beziehungen ausgeführt werden?

Nun fordert der Auftraggeber eine Kürzung der Projektlaufzeit um mindestens 25 Tage. Zusätzliches Personal steht nicht zur Verfügung und Überstunden sind nicht erlaubt. Halten Sie dieses Ziel für realistisch? Was können Sie tun, um dieses Ziel zu erreichen?

▶ **Aufgabe 7.16 Ablauf- und Terminplanung Innenausbau** Der Rohbau für das neue Bürogebäude ist fertig. Im zweiten Stock befindet sich ein Großraumbüro, dessen Innenausbau nun geplant werden soll. Folgende Arbeiten sind zu erledigen (siehe Tab. 7.6). Zunächst müssen die Fenster gesetzt sowie die Elektro- und die Sanitärleitungen installiert werden. Nach Abschluss dieser Arbeiten können die Innenwände und dann die Decken verputzt werden. Bevor der Maler seine Arbeiten ausführt, muss der Putz mindestens zwei Wochen trocknen. Nach dem Verputzen können die Rohre der Fußbodenheizung und dann der Estrich verlegt werden. Eine Woche nach

Tab. 7.6 Arbeitspakete für den Innenausbau eines Hauses

Nr.	Arbeitspaket	Arbeit	AOB	Handwerker	Personen
1	Innenausbau				
2	Fenster setzen	5		Schreiner	
3	Elektroleitungen	10		Elektriker	
4	Sanitärleitungen	10		Sanitär	
5	Wandputz	5		Verputzer	
6	Deckenputz	5		Verputzer	
7	Malerarbeiten	10		Maler	
8	Heizspiralen Fußboden	5		Sanitär	
9	Estrich	5		Estrich	
10	Innentüren	5		Schreiner	
11	Bodenbeläge	10		Fliesenleger	
12	Montage Elektro-Objekte	5		Elektriker	
13	Montage Sanitär-Objekte	5		Sanitär	

Vorgangsname	Dauer	Vorgänger
− Innenausbau	65 Tage	
Fenster setzen	5 Tage	
Elektroleitungen	10 Tage	
Sanitärleitungen	10 Tage	3AA
Wandputz	5 Tage	2;3;4
Deckenputz	5 Tage	5
Malerarbeiten	10 Tage	5EA+10 Tage
Heizspiralen Fussboden	5 Tage	5;6
Estrich	5 Tage	5;8
Innentüren	5 Tage	9EA+5 Tage
Bodenbeläge	10 Tage	9EA+15 Tage
Elektro-Montage	5 Tage	11EA+5 Tage
Sanitär-Montage	5 Tage	12AA

Abb. 7.12 Vorlage für ein Balkendiagramm

dem Verlegen kann der Estrich betreten werden. Nach weiteren zwei Wochen ist er so weit ausgetrocknet, dass die Bodenbeläge angebracht werden können.

a) Setzen Sie die im Text formulierten Bedingungen in geeignete Anordnungsbeziehungen um.

b) Stellen Sie das Teilprojekt als Netzplan dar, bestimmen Sie die frühesten und spätesten Termine und ermitteln Sie den kritischen Pfad.

c) Stellen Sie einen möglichen Verlauf für das Teilprojekt als Balkendiagramm dar. (Die Skala im Diagramm von Abb. 7.11 ist in Wochen unterteilt).

d) Die Laufzeit des Teilprojekts soll nun um drei Wochen gekürzt werden, indem bei einzelnen Gewerken zwei Personen statt einer eingesetzt werden. Trotzdem soll aber mit minimalem Personalaufwand gearbeitet werden. Sie sollten davon ausgehen, dass sich bei einem Einsatz von zwei Personen im gleichen Arbeitspaket die Dauer des Vorgangs auf 60 % (nicht 50 %!) verringert (Abb. 7.12).

7.4   Lösungen

▶ **Lösung 7.1 Anordnungsbeziehungen** Mit folgenden Anordnungsbeziehungen kön-
nen die Bedingungen formal abgebildet werden:
   V1: V2 EE
   V2: V3 EA + 3T; V5 EE + 3 T
   V3: -
   V4: V1 EA + 1T
   V5: -

▶ **Lösung 7.2 Anordnungsbeziehungen Symphonieorchester** Da die Streicher zwei
Einsätze haben, werden diese zur Sicherstellung der Eindeutigkeit durch zwei
Vorgänge abgebildet. Damit lassen sich in Tab. 7.7 aufgelisteten Anordnungsbedin-
gungen formulieren.

▶ **Lösung 7.3 EKN erstellen** Die Vorgänge werden im EKN als Pfeile dargestellt. Dort,
wo es Abhängigkeiten gibt, müssen Ereignisse definiert werden. Einige davon lassen sich aber zusammenfassen (siehe Abb. 7.13). So haben z. B. V2, V3 und V4 den
Vorgang V1 als Vorgänger. Das Ende von V1 bildet daher ein Ereignis, das gleichzeitig den Start von V2, V3 und V4 darstellt.

Tab. 7.7 Anordnungsbeziehungen für ein Musikstück

Vorgang	AOB	
V1: Streicher (1)		
V2: Streicher (2)	V3 EA; V5 EE	
V3: Schlaginstr.	V1 EA	
V4: Holzbläser	V1 AA + 4 T; V2: AE	
V5: Blechbläser	V4 EA + 6 T	

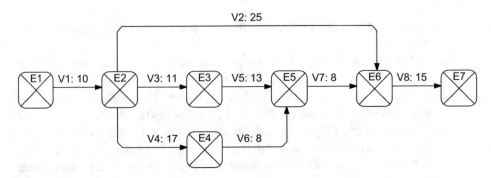

Abb. 7.13 Ereignis-Knoten-Netzplan

▶ **Lösung 7.4 EKN in VKN umwandeln** Die Vorgangspfeile aus dem EKN werden im VKN von Abb. 7.14 als Rechtecke dargestellt. Die Ereignisse werden zu Übergängen zwischen den Vorgängen.

▶ **Lösung 7.5 VKN in EKN umwandeln** Alle Übergänge zwischen den Vorgängen stellen Ereignisse dar. Da es sich überall nur um Normalfolgen handelt, werden keine Scheinvorgänge benötigt (siehe Abb. 7.15).

▶ **Lösung 7.6 Balkendiagramm in VKN wandeln mit Scheinvorgängen** Die Normalfolge (V2 EA) kann direkt dargestellt werden. Der Zeitabstand zwischen V1 und V2 sowie die Anfangsfolge (V2 AA) werden mit je einem Scheinvorgang modelliert (siehe Abb. 7.16).

▶ **Lösung 7.7 Terminplanung** Im Netzplan in Abb. 7.17 sind oben die durch Vorwärtsrechnung ermittelten frühesten Anfangs- und Endzeiten und unten die spätesten Anfangs- und Endzeiten eingetragen, die aus der Rückwärtsrechnung resultieren. Aus

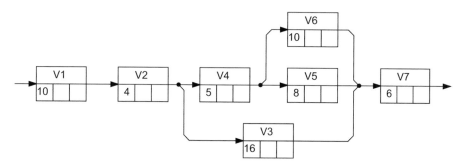

Abb. 7.14 Umgewandelter Vorgangs-Knoten-Netzplan

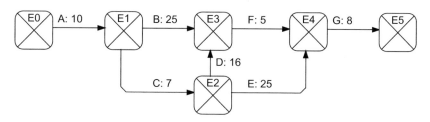

Abb. 7.15 Umgewandelter Ereignis-Knoten-Netzplan

Abb. 7.16 VKN mit
Scheinvorgängen

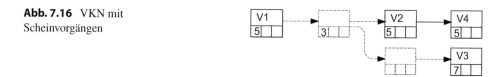

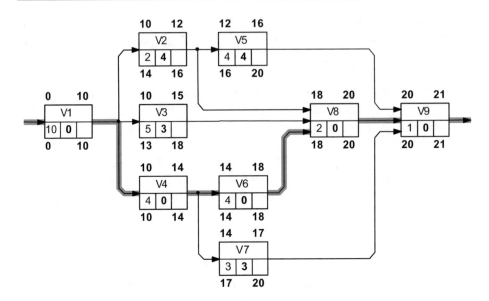

Abb. 7.17 Netzplan mit Terminen und kritischem Pfad

Tab. 7.8 Vorgänge A bis I mit Erwartungswert und Standardabweichung

Vorgang	Vorgänger	opt. Dauer	real. Dauer	pess. Dauer	Erw. wert	Std. abw.
A		12	15	19	**15,2**	**1,2**
B		26	30	37	**30,5**	**1,8**
C	A, B	16	20	26	**20,3**	**1,7**
D	A, B	4	5	7	**5,2**	**0,5**
E	A, B	21	25	30	**25,2**	**1,5**
F	C	20	25	32	**25,3**	**2,0**
G	C, D, E	17	20	26	**20,5**	**1,5**
H	C	8	10	13	**10,2**	**0,8**
I	E	11	15	20	**15,2**	**1,5**

der Differenz von Anfangs und Endzeitpunkt ergibt sich der Puffer für jeden Vorgang. Alle Vorgänge mit Puffer 0 bilden den kritischen Pfad, der hervorgehoben ist.

▶ **Lösung 7.8 Netzplan erstellen** Die Erwartungswerte und die Standardabweichung wurden in der Tab. 7.8 eingetragen.

Der Netzplan besitzt den in Abb. 7.18 dargestellten Aufbau. Unter Berücksichtigung der Anordnungsbeziehungen benötigt der kritische Pfad eine Durchlaufzeit von 15 Wochen (75 Arbeitstage). Dabei liegen die Vorgänge C, F auf dem kritischen Pfad parallel zu E, G. Um an dieser Stelle den kritischen Pfad zu kürzen, wären erheblich Änderungen notwendig.

Realistischer erscheint hier der Ansatz beim Vorgang B, der vom Projektanfang in KW24 bis in KW29 den kritischen Pfad bildet. Bei einer Dauer von 6 Wochen, ist

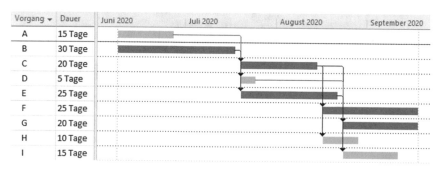

Abb. 7.18 Netzplan für die Vorgänge A bis I

Abb. 7.19 Ereignis-Knoten
Netzplan mit den Ereignissen
E1 bis E6

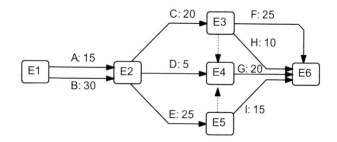

es wenig wahrscheinlich dass eine Einsparung im Umfang von 2 Wochen erreichbar ist. Wenn es aber gelingt, den Vorgang B in zwei Vorgänge aufzuspalten, die von zwei Bearbeitern parallel ausgeführt werden können, ist eine Verkürzung der Durchlaufzeit denkbar.

▶ **Lösung 7.9 EKN darstellen** Anfang und Ende eines Vorgangs müssen auf einem Ereignis liegen. Da der Vorgang G von mehreren Ereignisse abhängt, müssen hier Scheinvorgänge (in Abb. 7.19 gestrichelt dargestellt) eingebaut werden. Sie dienen lediglich zur Darstellung der Abhängigkeiten.

▶ **Lösung 7.10 CPM-Methode** In der Vorwärtsrechnung werden die frühesten Ereignistermine bestimmt. Dies ergibt eine Gesamtlaufzeit von 36 Tagen, wie in Abb. 7.20 zu erkennen ist. Mit diesem Wert werden dann rückwärts die spätesten Termine berechnet. Nur die Ereignisse E3 und E4 besitzen einen Puffer. Er beträgt lediglich einen Tag. Bei allen anderen gibt es keinen Puffer. Sie bilden den kritischen Pfad mit den Vorgängen V1, V6, V4 und V5.

▶ **Lösung 7.11 MPM-Methode** In der Vorwärtsrechnung werden vom Starttermin (Tag 0) ausgehend die frühestens Anfangs- und Endtermine der Vorgänge ermittelt. Der Zieltermin (Tag 20) wird dann als Basis für die Rückwärtsrechnung verwendet, die die spätesten Vorgangstermine liefert.

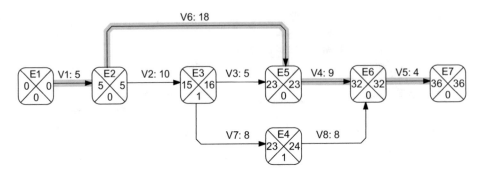

Abb. 7.20 Ergebnis der Critical Path Method

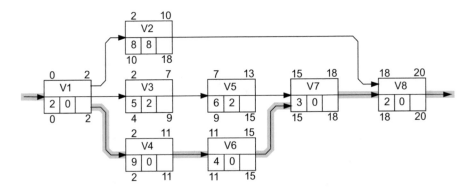

Abb. 7.21 Ergebnis der Metra-Potenzial-Methode

Vorgang V3 und V5 besitzen einen Puffer von zwei Tagen. Bei V2 beträgt er acht Tage. Die übrigen Vorgänge sind ohne Puffer und bilden den kritischen Pfad: V1, V4, V6, V7 und V8. Er ist in Abb. 7.21 hervorgehoben.

► **Lösung 7.12 Terminplanung „Neue Produktionslinie"** Die frühesten und spätesten Anfangs- und Endzeitpunkte der Vorgänge sind im VKN in Abb. 7.22 eingetragen. Die Vorgänge A und B liegen parallel am Projektanfang. Am Projektende liegen sogar vier Vorgänge parallel. Von diesen bestimmt der Vorgang mit dem maximalen frühesten Endtermin, nämlich Vorgang G die Projektlaufzeit.

Die Mindest-Projektlaufzeit beträgt 225 Tage. Der kritische Pfad besteht aus den Vorgängen B, E und G. Als Meilenstein bieten sich neben dem Projektanfang (Tag 0) und -ende (Tag 225), der Abschluss von B (Tag 90) und der Abschluss von E (Tag 165) an. Phase I des Projekts umfasst somit die Vorgänge A und B, Phase II umfasst C, D und E und die restlichen vier Vorgänge liegen in Phase III.

► **Lösung 7.13 Ablaufplanung** Die Berechnungen wurden mit Hilfe einer Tabellenkalkulation ausgeführt. Die Ergebnisse sind in Abb. 7.23 aufgelistet.

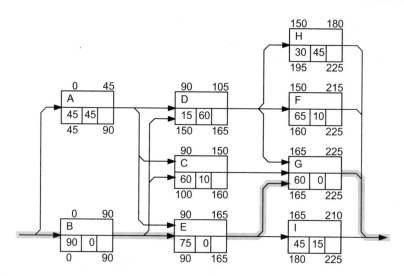

Abb. 7.22 Terminplan für das Projekt „Neue Produktionslinie"

Vorgang	AOB (a)	opt.	real.	pess.	E (b)	S (b)	V
AP1		20	25	35	25,8	2,5	6,3
AP2	1EA; 3EE	25	32	40	32,2	2,5	6,3
AP3	1EA	22	27	38	28,0	2,7	7,1
AP4	3EA-10T	20	30	45	30,8	4,2	17,4
AP5	4EA; 2EA+25T	30	36	48	37,0	3,0	9,0
Gesamtaufwand (c)					153,8	6,8	46,0
A1 (d)					157,4	=153,8+0,524*6,8	
Dauer					120,0	4,6	21,5
D1					122,4	=120,0+0,524*4,6	

Abb. 7.23 Auswertung der Aufwandsschätzung

Aus der Normalverteilung ergibt sich mit Hilfe von Tab. 6.1 für 70 % einen Wert von $z = 0,524$. Das Diagramm in Abb. 7.24 zeigt das VKN. Die Zeitbedingungen zwischen AP2 und AP5 sowie zwischen AP3 und AP4 wurden an den entsprechenden Pfeilen notiert. Sie sind bei den Berechnungen der Termine zu berücksichtigen. Der kritische Pfad besteht aus den Arbeitspaketen AP1, AP2 und AP5. Deren Laufzeit inklusive der Wartezeit von 25 Tagen ergibt die erwartete Projektdauer. Aus den Varianzen kann wie beim Aufwand die Standardabweichung und damit der 70 %-Wert der Laufzeit bestimmt werden. Die spätesten Termine sind im VKN eingetragen. Durch die Verwendung des gerundeten 70 %-Wertes ergibt sich auf dem kritischen Pfad ein Puffer von drei Tagen.

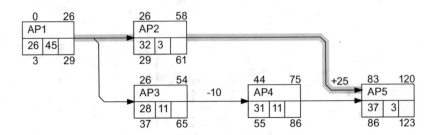

Abb. 7.24 Projektablauf mit Vorgangsterminen und Pufferzeiten

Vorgangs ▾	Dauer ▾	Vorgänger ▾	Mon 30	Mon 31	Mon 32	Mon 33	Mon 34	Mon 35
V1	5 Tage		▬A					
V2	5 Tage	1		▬A				
V3	10 Tage		▬▬B					
V4	10 Tage				▬▬A			
V5	10 Tage	2;3					▬▬	A
V6	10 Tage	3			▬▬B			
V7	10 Tage	6;4;2					▬▬	B

Abb. 7.25 Ergebnis der Kapazitätsplanung

▶ **Lösung 7.14 Kapazitätsplanung** Die Laufzeit des Projektes beträgt genau sechs Wochen, also 30 Arbeitstage. Der Gesamtaufwand liegt bei 60 Personentagen, so dass das Projekt theoretisch mit zwei Personen in der gewünschten Zeit bearbeitet werden könnte. Die drei Arbeiten von Person B erstrecken sich über das gesamte Projekt und sind über Normalfolgen aneinander gekoppelt. Die Sequenz V3, V6 und V7 bildet den kritischen Pfad, so dass hier kaum Spielraum möglich ist.

Schiebt man V5, der kein Vorgänger für andere Vorgänge ist, ganz nach hinten, kann V4 ebenfalls um zwei Wochen geschoben und dann Person A zugeordnet werden. Damit wird eine Überlastung verhindert und beide Personen sind über die gesamte Projektzeit zu 100 % ausgelastet. Das Ergebnis zeigt Abb. 7.25.

▶ **Lösung 7.15 Kapazitätsplanung „Neue Produktionslinie"** Der Vorgang H (Nr. 8) kann problemlos nach hinten in den Bereich von Woche 36 bis 44 verschoben werden, da er nicht kritisch ist und keine Nachfolger besitzt. Dadurch liegen überall höchstens drei Vorgänge parallel, so dass eine Bearbeitung durch drei Personen möglich wird. Alternativ könnte auch Vorgang F (Nr. 6) nach hinten geschoben werden. Er ist ebenfalls kürzer als der kritische Vorgang G.

Der Gesamtaufwand im Projekt beträgt 475 Personentage. Die theoretische Untergrenze der Laufzeit bei drei Personen liegt somit bei knapp 160 Tagen, was praktisch nicht erreichbar ist. Eine Verkürzung um 25 Tage auf weniger als 200 Tage sollte aber machbar sein. Hierfür sind aber Änderungen am kritischen Pfad (B-E-G) nötig. Die einzige Möglichkeit ist die Zuordnung von zwei Personen für mindestens

einen dieser Vorgänge. Dadurch kann sich die Laufzeit für diesen Vorgang (theoretisch) halbieren. Wegen der Kapazitätsbegrenzung ist dies aber weder für Vorgang E,
noch für Vorgang G durchgängig machbar. Zudem würde durch deren Halbierung
andere Vorgänge auf den kritischen Pfad gelangen und die Laufzeitverkürzung begrenzen (siehe Abb. 7.26). Die einzig sinnvolle Lösung ist daher die Zuordnung von
zwei Personen zu Vorgang B. Dessen Halbierung bringt einen Laufzeitgewinn von
45 Tagen.

▶ **Lösung 7.16 Ablauf- und Terminplanung Innenausbau**

a) Die Ergebnisse zeigt Tab. 7.9. Die Parallelität der Elektro- und Sanitärarbeiten
   wurden als Anfangsfolgen ausgedrückt. Wand- und Deckenputz liegen nacheinander, obwohl hier auch eine andere Reihenfolge, eventuell sogar Parallelität
   möglich wäre.
b) Wie man im VKN von Abb. 7.27 sieht, verzweigt der parallele Pfad an zwei Stellen, nämlich bei den Elektro- und Sanitärarbeiten. AP7 (Malerarbeiten) und
   AP10 (Innentüren) besitzen einen recht großen Puffer.

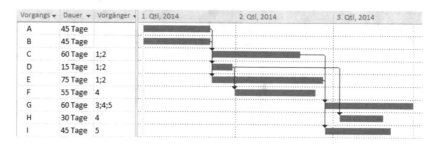

Abb. 7.26 Kapazitätsplanung für das Projekt „Neue Produktionslinie"

Tab. 7.9 Anordnungsbeziehungen für den Innenausbau eines Hauses

Nr.	Arbeitspaket	Arbeit	AOB (a)	Handwerker	Pers.	D0	D1
1	Innenausbau					65	50
2	Fenster setzen	5		Schreiner	1		
3	Elektroleitungen	10		Elektriker	2	10	6
4	Sanitärleitungen	10	3AA	Sanitär	2	10	6
5	Wandputz	5	2;3;4	Verputzer	1	5	5
6	Deckenputz	5	5	Verputzer	1	5	5
7	Malerarbeiten	10	5EA + 10 Tage	Maler	1		
8	Heizspiralen Fußboden	5	5;6	Sanitär	2	5	3
9	Estrich	5	8	Estrich	2	5	3
10	Innentüren	5	9EA + 5 Tage	Schreiner	1		
11	Bodenbeläge	10	9EA + 15 Tage	Fliesenleger	2	10	6
12	Montage Elektro-Objekte	5	11EA + 5 Tage	Elektriker	1	5	
13	Montage Sanitär-Objekte	5	12AA	Sanitär	1	5	

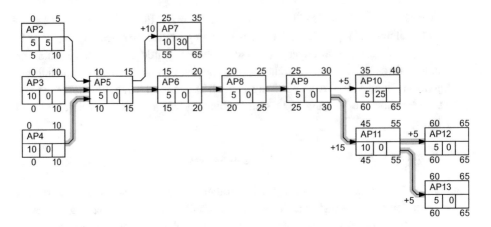

Abb. 7.27 Ablaufplan für den Innenausbau eines Hauses

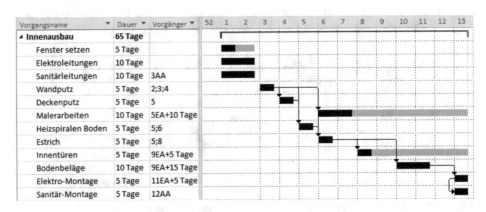

Abb. 7.28 Balkendiagramm für den Innenausbau eines Hauses

c) In Abb. 7.28 sind die Vorgänge als dunkle Balken am frühestmöglichen Termin eingezeichnet. Die hellen Balken kennzeichnen den Puffer.

d) Zu einer Verkürzung können die Vorgänge des kritischen Pfades beitragen. Wird ein Paket von fünf Personentagen auf zwei Personen aufgeteilt, reduziert sich die Dauer von fünf auf drei Tage. Dies ist bei den Heizspiralen, beim Estrich sowie bei Elektro- und Sanität-Montage möglich. Dadurch werden sechs Tage gewonnen. Bei den Bodenbelägen (10 PT) ist eine Verkürzung um vier Tage möglich. Durch den Einsatz von zwei Verputzern können Wand- und Deckenputz parallel laufen. Hier lassen sich also weitere fünf Tage gewinnen. Insgesamt kann die Laufzeit dadurch von 65 Tagen auf 50 Tage reduziert werden.

Risikomanagement

8

Zusammenfassung

Alle Entscheidungen und Maßnahmen in einem Projekt sind mit Unsicherheiten verbunden, deren Auswirkungen bis hin zum Scheitern reichen können. Unsicherheit in einem Projekt kann weder ganz ausgeschlossen, noch darf sie einfach ignoriert werden. Ein systematisches Risikomanagement stellt geeignete Methoden und Werkzeuge zum Umgang mit und zur Verringerung von Risiken zur Verfügung (siehe Abb. 8.1).

Zunächst müssen die Risikofaktoren erkannt und dann hinsichtlich ihrer Auftrittswahrscheinlichkeit und des potenziellen Schadens bewertet werden. Je nach Höhe des Risikos können verschiedene Maßnahmen vorab zur Verringerung des Risikos ergriffen werden. Andere Maßnahmen werden für den Eventualfall geplant. Während der Projektdurchführung werden geeignete Risikoindikatoren überwacht, um kritische Ereignisse frühzeitig erkennen und darauf reagieren zu können (Abb. 8.1).

8.1 Projektrisiko

Unsicherheit ist ein ständiger Wegbegleiter in Projekten. Viele Fehler können mit überschaubarem Aufwand korrigiert werden, so dass sie sich kaum schädlich auf das Projektergebnis auswirken. Andere Fehler dagegen sind gravierender und können nur mit

© Springer Fachmedien Wiesbaden GmbH, ein Teil von Springer Nature 2021 121
W. Jakoby, *Intensivtraining Projektmanagement*,
https://doi.org/10.1007/978-3-658-32836-8_8

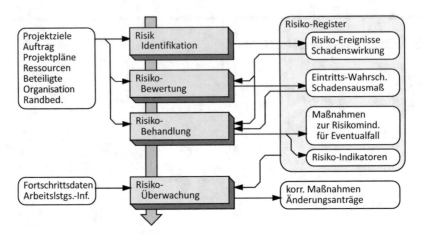

Abb. 8.1 Prozesse des Risikomanagements

beträchtlichem Aufwand oder gar nicht korrigiert werden. Daher ist es notwendig, nicht nur mögliche Fehlerquellen zu erfassen, sondern deren Auswirkung zu quantifizieren.

Ein Risiko beschreibt die Schwere unerwünschter Ereignisse. Je größer das Risiko, desto gravierender ist ein Ereignis und desto wichtiger ist dessen Beachtung. Um das Risiko eines potenziell schädlichen Ereignisses durch nachvollziehbare Zahlen beschreiben zu können, wird es als Produkt der Eintrittswahrscheinlichkeit des schädlichen Ereignisses und dem daraus folgenden Schadensausmaß definiert. Summiert man die Risiken aller schädlichen Ereignisse in einem Projekt, so erhält man das Gesamt-Risiko eines Projekts als Schadens-Erwartungswert.

▶ **Aufgabe 8.1 CHAOS-Studie der Standish Group   Die Standish Group untersucht seit** 1994 regelmäßig den Verlauf von IT-Projekten, um Erfolgs- und Misserfolgsfaktoren zu erkennen. Dabei werden drei Arten von Projektverläufen unterschieden:

- Typ 1: erfolgreich abgeschlossene Projekte in vollem Funktionsumfang ohne größere Kosten- oder Terminüberschreitungen.
- Typ 2: Abgeschlossene Projekte mit deutlichen Kosten- und/oder Terminüberschreitungen bzw. reduziertem Funktionsumfang.
- Typ 3: Gescheiterte bzw. abgebrochene Projekte.

Tab. 8.1 zeigt die in den einzelnen Studien festgestellte prozentuale Häufigkeit der drei Verlaufstypen.

Versuchen Sie für jedes Jahr ein entsprechendes Projektrisiko zu bestimmen. Die Eintrittswahrscheinlichkeiten der Schadensfälle können aus der Tabelle entnommen werden. Da die Projekte alle unterschiedliche und in der Tabelle nicht angegebene (finanzielle) Größen besitzen, können Sie das Schadensausmaß nicht monetär ermitteln. Setzen Sie statt dessen den Schaden als Prozentwert in Relation zur (unbekann-

Tab. 8.1 Erfolgsquoten von IT-Projekten 1994-2011

	1994	1996	1998	2000	2002	2004	2006	2009	2010	2011
Typ 1	16 %	27 %	26 %	28 %	34 %	29 %	35 %	32 %	31 %	34 %
Typ 2	53 %	33 %	46 %	49 %	51 %	53 %	46 %	44 %	47 %	51 %
Typ 3	31 %	40 %	28 %	23 %	18 %	18 %	19 %	29 %	22 %	15 %

ten) Projektgröße. Wie hoch setzen Sie den Schaden für die drei Projekttypen an? Interpretieren Sie die von Ihnen berechneten Ergebnisse. Wie groß ist das über den gesamten Zeitraum gemittelte Projekt-Risiko?

▶ **Aufgabe 8.2 Risikolebensversicherung** Ein gängige Maßnahme zur Risikoverringe-rung in sehr unterschiedlichen Bereichen ist der Abschluss einer Versicherung gegen bestimmte schädliche Ereignisse. Handelt es sich hierbei um eine vorbeugende Maßnahme oder eine Eventualfallmaßnahme?

Eine Risikolebensversicherung leistet im Todesfall an die Hinterbliebenen eine Zahlung in einer bestimmten Höhe. Der zu zahlende Versicherungsbeitrag hängt von verschiedenen Parametern ab. Dazu zählen das Lebensalter, der Versicherungszeit-raum, der Gesundheitszustand, der Beruf und eventuelle riskante Hobbies.

Bei einem gesunden 40-jährigen Büroangestellten (1,80 m; 80 kg) beträgt der monatliche Beitrag für eine Summe von 100.000 € bei 20-jähriger Laufzeit 19,80 €. Was sagt dies über die von der Versicherung angenommene Sterblichkeitswahr-scheinlichkeit aus? Bei einem Raucher mit ansonsten gleichen Daten steigt der Bei-trag auf 42,90 €. Was sagt uns das?

▶ **Aufgabe 8.3 Anleiherisiken** Die Bewertung von Risiken ist am Kapitalmarkt eine sehr zentrale Aufgabe. Die für eine Anleihe gezahlten Zinsen hängen vom Anlage-zeitraum ab. Daneben wirken sich Währungsrisiken und Ausfallrisiken der Emitten-ten sehr stark auf den Zinssatz aus. Emittenten werden deshalb von Rating-Agenturen in verschiedene Klassen eingeteilt. Deutsche Staatsanleihen erhalten derzeit das höchste Rating AAA. Auf den Webseiten diverser Portale und Online-Banken kön-nen Sie problemlos Daten von unterschiedlichen Emittenten, Laufzeiten und Wäh-rungen beschaffen. Ermitteln Sie aus diesen Daten, wie hoch die Ausfallwahrschein-lichkeit für die Rating-Kategorien AAA, AA, A, B und C am Kapitalmarkt eingeschätzt wird.

8.2   Der Risikomanagement-Prozess

Risikomanagement als strukturierte Vorgehensweise ist ein Prozess, der sich aus 5 Teilpro-zessen zusammen setzt:

- Risiko-Identifikation,
- Risiko-Bewertung,
- Risiko-Minderung,
- Eventualfallplanung,
- Risiko-Überwachung.

Der Ablauf beginnt mit der Identifikation von Ereignissen, die sich schädlich auswirken können. Die Projektziele, Phasen und Teilprojekte stellen geeignete Anhaltspunkte zur systematischen Suche nach Risikofaktoren dar. Gefährdungen beziehen sich immer auf die Projektziele. Kann ein Ereignis die Zielerreichung verschlechtern oder eine Randbedingung verletzen, so stellt es ein Risiko dar. Potenziell schädliche Ereignisse kann man in allen Aktivitäten finden, so dass deren systematische Betrachtung aus Risikosicht eine weitgehend vollständige Liste der Risikofaktoren liefert.

Der nächste Schritt ist die Bewertung der Risiken, d. h. die Einschätzung der Eintrittswahrscheinlichkeit eines schädlichen Ereignisses und des möglichen Schadensausmaßes. Beide Größen sind nur sehr schwer als exakte Zahlenwerte zu fassen. In der Regel genügt es aber, wenn bei beiden Größen Bereiche gebildet werden. Die gemeinsame Betrachtung der Eintrittswahrscheinlichkeit und des Schadensausmaßes führt zu unterschiedlich gravierenden Risikoklassen, die dann tabellarisch oder in grafischer Form als Risk-Map übersichtlich dargestellt werden können.

Sind die Risiken erkannt, gilt es vorbeugende Maßnahmen zur Verringerung des Risikos zu suchen. Diese sind natürlich für den jeweiligen Risikofaktor spezifisch. Generell ist aber für jede Maßnahme der erforderliche Aufwand zu berücksichtigen und in Relation zur dadurch erreichbaren Risikoverringerung zu setzen. Eine Ausschaltung aller Risiken ist daher weder möglich noch sinnvoll. Vielmehr nehmen die erreichbaren Wirkung, wie auf einer Treppe vom vollständigen Verhindern, über das Lindern, Begrenzen und Übertragen bis zum Akzeptieren eines Risikos ab.

Da nicht jedes Risiko vollständig vorab beseitigt werden kann, muss man damit leben, dass schädliche Ereignisse eintreten. In diesem Fall kann es nur noch um das Minimieren des Schadens gehen. Geeignete Maßnahmen hierfür sollten aber nicht erst nach Eintritt des Schadens, sondern vorab, im Rahmen der Eventualfallplanung gesucht und festgelegt werden.

Aufbauend auf den planenden Prozessen ist während der Projektdurchführung eine Risiko-Überwachung notwendig. Hier werden die Indikatoren beobachtet, die das Auftreten eines Schadensereignisses ankündigen, damit die notwendigen Reaktionen frühzeitig eingeleitet und überprüft werden können. Zudem ist ein Projekt ein dynamisches System, so dass sich die anfängliche Einschätzungen der Risiken ändern kann. Daher ist im Rahmen der Überwachung oft auch eine Anpassung der Risikoplanungen an geänderte Situationen und neue Erkenntnisse notwendig.

Bei der Fehler-Möglichkeits- und Einfluss-Analyse (FMEA) werden Auftrittswahrscheinlichkeit, Bedeutung und Entdeckungswahrscheinlichkeit für einen Fehler bewertet und zu einer Risikoprioritätszahl zusammengefasst. Deren Wert ist ein wichtiger Indikator für Risikofaktoren, die behandelt werden müssen.

▶ **Aufgabe 8.4 Auslandsvertrieb** Bei einem Unternehmen, das seine Produkte bisher ausschließlich im Inland abgesetzt hat, wird erwogen, die Produkte zukünftig auch im Ausland zu vermarkten. Zur Vorbereitung einer Entscheidung wurde eine Liste mit möglichen Risiken erstellt:

- Aufbau eines Vertriebsweges für das Produkt im Ausland.
- Währungsschwankungen.
- Kulturelle Diskrepanzen.
- Übersetzung der Dokumentation und evtl. der Benutzeroberfläche des Produkts.
- Erhöhter Aufwand, z. B. für die Übersetzung der Dokumentation.
- Falsche Einschätzung der Marktsituation.
- Erfassung der Marktsituation (Nachfrage, Wettbewerber).
- Falsche Einschätzung der gesetzlichen Rahmenbedingungen.
- Erfassung der gesetzlichen Rahmenbedingungen (z. B. Steuern, Zulassungsbedingungen).

Überprüfen Sie, bei welchen Faktoren es sich tatsächlich um Risiken handelt und wo die Faktoren Aufgaben bzw. Probleme darstellen. Worin besteht der Unterschied zwischen beiden?

▶ **Aufgabe 8.5 Risikofaktoren bei einer Abschlussarbeit** Eine Abschlussarbeit stellt in den meisten Studiengängen einen wichtigen Bestandteil des Studiums dar. Sie erstreckt sich über mehrere Monate. Für eine Abschlussarbeit soll nun eine Risikobetrachtung durchgeführt werden.

a) Benennen Sie zunächst mindestens drei wichtige Ziele einer Abschlussarbeit. Unterscheiden Sie dabei zwischen Randbedingungen (Muss-Zielen) und Gütekriterien (Soll-Zielen). Wie hoch bewerten Sie das Schadensausmaß bei Nichterreichen diese Ziele? Wie unterscheidet sich das Schadensausmaß bei Soll- und Muss-Zielen?

b) Suchen Sie nun mindestens drei Ereignisse die das Nichterreichen dieser Ziele verursachen können. Wie groß ist die Wahrscheinlichkeit für das Eintreten dieser Ereignisse?

c) Welche vorbeugenden Maßnahmen können zur Verringerung der Risiken ergriffen werden? Welche Eventualfallmaßnahmen sind für die Schadensfälle anwendbar?

▶ **Aufgabe 8.6 Maßnahmen gegen Requirements Creep** Bei der Analyse abgeschlossener Projekte tauchen bestimmte Faktoren als Ursachen für problematische Projekt-
verläufe auf. Da die Probleme vergangener Projekte oft die Risiken der neuen Projekte sind, liefert die Analyse abgeschlossener Projekte verlässliche Hinweise für
die Suche nach Risikofaktoren. Ein wichtiges Problemfeld ist der so genannte
„Scope Creep", also die schleichende Veränderung, vor allem Ausweitung der Anforderungen. Eine wichtige Ursache hierfür sind zusätzliche Anforderungen, die ein
Auftraggeber im Laufe eines Projekts stellt. Suchen Sie Maßnahmen, die das Risiko
des „Requirements Creep" verringern können.

▶ **Aufgabe 8.7 Risiko-Indikatoren für demotivierte Mitarbeiter** Demotivierte Mitarbeiter stellen auch in Projekten Risikofaktoren dar. Demotivation führt zu mangelnder
Leistungsbereitschaft, zu mangelhaften Arbeitsergebnissen und zur verzögerten Fertigstellung von Arbeitspaketen. Zudem verschlechtern demotivierte Mitarbeiter unter Umständen die Atmosphäre im Projekt.

   Suchen Sie Indikatoren, die auf die mangelnde Motivation eines Mitarbeiters im
Projektteam hindeuten. Wer sollte für die Überwachung dieser Indikatoren verantwortlich sein? Welche Maßnahmen würden Sie zur Verringerung dieses Risikofaktors ergreifen?

▶ **Aufgabe 8.8 Vorlage für ein Risikoregister** Ein Risikoregister fasst die in einem Projekt erkannten Risiken übersichtlich in tabellarischer Form zusammen. Jede Zeile
enthält ein Risiko, dessen wichtigste Merkmale in knapper Form in den Spalten der
Tabelle eingetragen werden. Entwerfen Sie eine Tabelle mit den verschiedenen
Merkmalen für ein Risikoregister.

▶ **Aufgabe 8.9 Fehler in einem Formular zur Risikoanalyse** Der Screenshot in Abb. 8.2
zeigt einen Ausschnitt aus der Beschreibung eines Risikos. Untersuchen Sie, welche
formalen und inhaltlichen Fehler dieses Formular aufweist.

▶ **Aufgabe 8.10 Projekt-FMEA** Zu Beginn eines Projekts werden die Projektmitarbeiter
im Rahmen einer Risikoklausur gebeten, mögliche Risiken für das Projekt zu benennen. Das folgende Gesprächsprotokoll ist ein Ausschnitt aus der Besprechung, in der
es um Risiken im Zusammenhang mit dem Auftraggeber geht.

   „Bei fast jedem Projekt kommt der Auftraggeber mit zusätzlichen Anforderungen. Wenn man sich anschaut, wie lückenhaft die Lastenhefte sind, ahnt man schon,
dass da noch Anforderungen nachkommen."

Risikofaktor		
Beschreibung:	Verspätete Fertigstellung des Projekts wegen unrealistischer Zeitplanung	
Wirkung:	Überschreitung des Zieltermins um mehr als 2 Monate	
Eintrittswahrsch. p	hoch	
Schadensausmaß S	mittel	

Risikoreduzierende Maßnahmen		
Beschreibung:	1. Zusätzlichen Mitarbeiter auf dem kritischen Pfad einplanen 2. Puffer für das Projekt vorsehen	
Wirkung:	Zieltermin bleibt erhalten, ist aber nun mit Puffer ausgestattet	
red. Eintrittswahrsch. p	niedrig	
red. Schadensausmaß S	mittel	

Eventualfallplanung	
Eintrittsindikatoren:	Meilensteine werden später als geplant erreicht
Eventualfall-Maßnahmen:	Verantwortliche für die Verspätung ermitteln. Puffer in Anspruch nehmen
Verantwortlich für die Risikoüberwachung:	Theisen, Baumann, Eisele

Abb. 8.2   Risikoanalyse

„Da gebe ich dir Recht, aber das ist doch normal. Das wirft uns höchstens um 2 bis 3 Wochen zurück. Viel schlimmer ist es, wenn der Auftraggeber am Ende die Abnahme komplett verweigert. Das würde einem Scheitern des Projekts gleichkommen."

„Das ist doch bis jetzt bei keinem Projekt passiert. Und außerdem muss es gar nicht so weit kommen. Wir können ja zwischendurch schon mal Ergebnisse offenlegen. Wenn der Auftraggeber nicht zufrieden ist, können wir frühzeitig gegensteuern. Wenn er aber an den Meilensteinen keine oder nur unwesentliche Reklamationen hat, kann er die Abnahme am Ende nicht total verweigern."

„Aber was ist, wenn der Auftraggeber im Laufe des Projekts insolvent wird? Da können wir das beste Projekt hinlegen und gehen am Ende trotzdem leer aus!"

„Das ist Pech, da kann man nichts machen."

„Wieso? Wir könnten doch eine Versicherung für diesen Fall abschließen oder eine Bürgschaft verlangen oder Teilzahlungen vereinbaren."

Versuchen Sie für diese Risikobetrachtung eine FMEA durchzuführen. Welche Risiken gibt es? Wie würden Sie die Auftrittswahrscheinlichkeit A, die Entdeckungswahrscheinlichkeit E und die Bedeutung B auf einer Skala von 1 bis 10 in Bereiche einordnen. Welche Risikoprioritätszahl gibt es für die Risiken? Im Gespräch werden auch Maßnahmen zur Verringerung der Risiken angesprochen. Wie ändern sich als Folge dieser Maßnahmen die Zahlenwerte und die Risiken? Kommentieren Sie die Ergebnisse.

8.3 Lösungen

▶ **Lösung 8.1 CHAOS-Studie der Standish Group** Die Wahrscheinlichkeiten für das Auftreten der drei möglichen Fälle ist in der Tabelle der Aufgabenstellung angegeben. Das Schadensausmaß ist nicht bekannt. Es muss daher abgeschätzt werden. Da auch die Projektgrößen nicht bekannt und zudem unterschiedlich sind, kann der Schaden nicht als absoluter Wert angegeben werden. Stattdessen wird er in Relation zur Projektgröße in Prozent angegeben.

Bei Projekten vom Typ 1, die in vollem Funktionsumfang ohne größere Kosten- oder Terminüberschreitungen erfolgreich abgeschlossen wurden, gibt es keinen Schaden (0 %). Abgeschlossene Projekte mit deutlichen Kosten- und/oder Terminüberschreitungen bzw. reduziertem Funktionsumfang (Typ 2) werden mit einem Schaden in Höhe von 30 % des Projektumfangs bewertet. Gescheiterte bzw. abgebrochene Projekte (Typ 3) werden mit 100 % angesetzt.

Das Risiko für jedes Jahr ergibt sich aus der Multiplikation der Wahrscheinlichkeit (in Prozent) mit dem jeweiligen Schaden (ebenfalls in Prozent, bezogen auf den Projektumfang). Der Screenshot in Abb. 8.3 zeigt die Ergebnisse der Risikoberechnung für die einzelnen Jahre und auch den Mittelwert.

Das Risiko der Projekte beträgt also im Mittel 38 % des Gesamtumfangs. Bemerkenswert ist auch, dass sich die Risiken im Laufe der 17 Jahre nur marginal verringert haben.

▶ **Lösung 8.2 Risikolebensversicherung** Der monatliche Beitrag von 19,80 € summiert sich in 20 Jahren auf 4752 €. Diesen berechnet die Versicherungsgesellschaft durch Multiplikation des Schadens mit der Auftrittswahrscheinlichkeit. Aus Sicht der Versicherung ist die zu zahlende Summe (100.000 €) der Schaden. Die Auftrittswahrscheinlichkeit des Ereignisses wird also mit 4,75 % angesetzt. Ein Monatsbeitrag von 42,90 € ergibt in 20 Jahren einen Betrag von 10296 €. Hier liegt also eine Auftrittswahrscheinlichkeit von 10,3 % zugrunde!

Zur Einordnung und Überprüfung dieser Werte können statische Daten zur Sterberate herangezogen werden. Im Durchschnitt von Männern und Frauen betrug diese im Jahr 2007 zwischen dem vierzigsten und sechzigsten Lebensjahr 6,7 %

	Schaden	1994	1996	1998	2000	2002	2004	2006	2009	2010	2011	Mittelwert
Typ 1	0%	16%	27%	26%	28%	34%	29%	35%	32%	31%	34%	
Typ 2	30%	53%	33%	46%	49%	51%	53%	46%	44%	47%	51%	
Typ 3	100%	31%	40%	28%	23%	18%	18%	19%	29%	22%	15%	
Risiko		47%	50%	42%	38%	33%	34%	33%	42%	36%	30%	38%

Abb. 8.3 Auswertung der Erfolgsquoten von IT-Projekten

Tab. 8.2 Anleiherenditen in Abhängigkeit der Rating-Kategorie

Rating	AAA	AA	A	B	C
Rendite 1-jährige Laufzeit	0,35 %	0,50 %	0,75 %	4,1 %	6,5 %
Rendite 10-jährige Laufzeit	2,5 %	3,0 %	3,7 %	9,0 %	12,0 %

(Destatis2007). Man kann also davon ausgehen, dass der Durchschnittsdeutsche einige Risikofaktoren ansammelt. Machen Sie den Test. Spielen Sie bei einem online-Versicherer verschiedene Szenarien durch. Sie können anhand des Versicherungsbeitrags ehrliche und teilweise überraschende Aussagen über die Risiken bestimmter Lebensweisen gewinnen.

▶ **Lösung 8.3 Anleiherisiken** Da es im wesentlichen drei Einflussgrößen auf den Zinssatz gibt, müssen zwei dieser Größen konstant sein, um den Einfluss der dritten zu bestimmen. Um den Einfluss der Emittenten-Kategorie zu bestimmen, muss also der Anlagezeitraum und die Währung konstant gehalten werden. Die Recherche nach Anleihen mit einer Laufzeit von etwa 10 Jahren in US-Dollar ergibt die in Tab. 8.2 dargestellten durchschnittlichen Renditen (Stand August 2014).

Da der Zinssatz eine Kombination von ausfallsicherem Zins und Risikoaufschlag darstellt, kann die Ausfallwahrscheinlichkeit nicht aus einem einzigen Wert direkt, sondern nur durch Vergleich zweier Werte bestimmt werden. Nimmt man an, dass die Ausfallwahrscheinlichkeit bei einem AAA-Rating praktisch Null ist, so ergibt die Zinsdifferenz zu den anderen Kategorien den Risikozuschlag an.

Bei 1-jähriger Laufzeit und AA-Rating beträgt die Differenz 0,15 %. Dies ist die vom Kapitalmarkt geschätzte Wahrscheinlichkeit, mit der ein AA-Emittent innerhalb eines Jahres zahlungsunfähig wird. Bei A-Emittenten beträgt das Risiko 0,4 %, bei Kategorie B 3,75 % und bei C immerhin 6,15 %. Bei längerer Laufzeiten ist die Wahrscheinlichkeit einer potenziellen Insolvenz wegen des größeren Zeitraums deutlich größer. Hier ergeben sich Risikoaufschläge von 0,5 % (AA), 1,2 % (A), 6,5 % (B) und 9,5 % (C).

▶ **Lösung 8.4 Auslandsvertrieb** Probleme und Aufgaben sind auf jeden Fall zu lösen. Sie treten nicht möglicherweise ein, sondern sie sind zu Beginn eines Projekts bereits vorhanden und müssen bearbeitet werden. Im vorliegenden Fall sind folgende Probleme und Aufgaben erkennbar: Aufbau des Vertriebswegs (1), Übersetzungsaufgaben (4), Marktanalyse (7) und Gesetze (9).

Risiken dagegen können eintreten, müssen aber nicht. Wenn ein Risikoereignis eintritt, wird es zu einem Problem. Jede zuvor benannte Aufgabe kann zu Risiken führen, wenn sie nicht vollständig oder nicht richtig gelöst wird. Tatsächliche Risiken sind: Währungsschwankungen (2), Kulturunterschiede (3), erhöhter Aufwand (5) und falsche Einschätzungen (6 und 8).

▶ **Lösung 8.5 Risikofaktoren bei einer Abschlussarbeit** Ein sehr wichtiges Ziel ist sicherlich das Bestehen der Abschlussarbeit. Dies ist eine (harte) Randbedingung, die unbedingt eingehalten werden muss. Darüber hinaus ist das Erreichen einer möglichst guten Bewertung ein anstrebenswertes Ziel. Als weiteres Ziel kann die Einhaltung der Prüfungsfrist genannt werden. Oft gibt es in begründeten Fällen die Möglichkeit zur Verlängerung der Frist. Der verlängerte Termin stellt in diesem Fall eine durch die Prüfungsordnung fest vorgegebene Randbedingung dar. Den nicht verlängerten Termin einzuhalten und vielleicht sogar etwas früher fertig zu werden, kann als Gütekriterium bezeichnet werden.

Weitere mögliche Ziele sind der Erwerb einer möglichst guten zusätzlichen Qualifikation durch den Inhalt der Arbeit, das Knüpfen von Kontakten zu potenziellen Arbeitgebern, wenn die Arbeit hochschulextern ausgeführt wird und eine möglichst große wissenschaftliche Bedeutung der Arbeit.

Sowohl das Nichtbestehen durch mangelnde Qualität als auch durch Nichteinhaltung der Frist ist der maximale Schaden, der auftreten kann. Beim Bewertungsergebnis steigt der Schaden von der besten bis zur schlechtesten bestandenen Note mehr oder weniger stark an. Nicht eingehaltene Randbedingungen (Muss-Ziele) bedeuten in der Regel ein Scheitern des Projekts. Der Schaden ist also immer sehr groß. Bei schlechterer Erreichung von Soll-Zielen ist der Schaden dagegen geringer und steigt mit der Abweichung vom Ziel an.

Für drei verschiedene Fälle zeigt der Screenshot in Abb. 8.4 mögliche Ereignisse, deren Wirkung und Wahrscheinlichkeiten sowie Maßnahmen zur Verringerung des

Risikofaktor:	Vollständiges Verfehlen des Themas
Wirkung:	Nichtbestehen
Eintrittswahrsch. p	gering
Schadensausmaß S	sehr groß
Maßnahme	Regelmäßige Besprechung mit betreuender Person
Eventual-Maßnahme	Keine

Risikofaktor:	Unterschätzung des Aufwands
Wirkung:	Zeitüberschreitung oder inhaltliche Lücken
Eintrittswahrsch. p	hoch
Schadensausmaß S	moderat
Maßnahme	Aufwandsschätzung + detaillierte Planung + Puffer
Eventual-Maßnahme	Puffer verwenden, Verlängerung beantragen, Teilarbeiten weglassen

Risikofaktor:	Unvollständige/Unverständliche Dokumentation
Wirkung:	Schlechtere Note, evtl. Nichtbestehen
Eintrittswahrsch. p	mittel bis hoch
Schadensausmaß S	mittel bis hoch
Maßnahme	andere zur Probe lesen lassen, dem Betreuer Gliederung vorlegen
Eventual-Maßnahme	Ist Nachbesserung möglich?

Abb. 8.4 Risikofaktoren bei einer Abschlussarbeit

Risikos. Weitere mögliche, schädliche Ereignisse sind die unvollständige Bearbeitung der Aufgabe, das Vergessen oder Verwechseln des Abgabetermins (ja, das gibt es), Quellenangaben vergessen oder gar bewusste Plagiate (ja, auch so etwas soll es geben).

▶ **Lösung 8.6 Maßnahmen gegen Requirements Creep** Mögliche Maßnahmen gegen den Requirements Creep sind:

Zu Beginn des Projekts werden alle Anforderungen dokumentiert. Idealerweise erfolgt dies in Form eines Lastenhefts, das der Auftraggeber verfasst. Der Auftragnehmer überprüft die Anforderungen auf Vollständigkeit und Realisierbarkeit.

Wichtige zusätzliche oder geänderte Anforderungen werden während des Projekts nicht stillschweigend oder „zähneknirschend" akzeptiert, sondern in einem eigenen „Change-Management"-Prozess behandelt, der die Folgen der Änderung hinsichtlich Kosten und Terminen bewertet und die Änderungen explizit annimmt oder zurückweist.

Für das Auffangen kleinerer Anforderungsänderungen kann ein (kleiner) Zeit- und Kostenpuffer in den Planungen vorgesehen werden, damit eine streng formale Handhabung auch kleinster Änderungen vermieden werden kann.

▶ **Lösung 8.7 Risiko-Indikatoren für demotivierte Mitarbeiter** Zeichen für eine mangelnde oder nachlassende Motivation sind:

- Nachlassende Leistung,
- Fehlende oder nachlassende Beteiligung an gemeinsamen außerdienstlichen Ereignissen (Mittagessen, Kaffeepause, Feier),
- Verändertes Verhalten in Besprechungen: mangelnde Beiträge, unsachliche Kommentare,
- vermehrte Krankmeldungen,
- scheinbar nebensächliche Bemerkungen in informellen Gesprächen (über die eigene Person, über Partner, Kinder, Kollegen etc),
- körperliche Signale, wie z. B. hängende Schultern, schlaffe Körperhaltung, hängende Mundwinkel, schlechte Laune.

Die Verantwortung für die Überwachung dieser Risiko-Indikatoren liegt beim Projektleiter. Dieser muss die Aufgabe aber nicht alleine stemmen, sondern kann die Mitarbeiter auch ermuntern, gegenseitig ein offenes Ohr zu haben und durch vertrauliche Behandlung auf entsprechende Hinweise zu reagieren. Wichtige Maßnahme zur Verringerung des Risikos können sein:

- Schaffung einer angenehmen Arbeitsatmosphäre (keine Überstunden, offener Umgang miteinander).
- Regelmäßige informelle Gespräche führen und dabei nicht nur fachliche, sondern sehr zurückhaltend auch persönliche Themen (Hobbies, Urlaub etc.) streifen, um Signale möglichst frühzeitig zu erkennen.
- Vermeintliche Probleme in einem gut vorbereiteten, persönlichen Gespräch behandeln.

▶ **Lösung 8.8 Vorlage für ein Risikoregister** Folgende Daten könnte ein Risikoregister enthalten:

- Id: Eindeutige Identifikationsnummer des Risikos,
- Risikofaktoren: Ursache bzw. Ereignis das den Schadensfall auslöst,
- Wirkung: Welchen Effekt, welche Konsequenz hat das Schadensereignis,
- Wahrscheinlichkeit des Eintretens (als Prozentzahl, Punktzahl, Klasse etc.),
- Schadensausmaß (ausgedrückt in Kosten oder qualitativ),
- Risikopriorität: Zusammenfassung von Wahrscheinlichkeit und Schaden zu einer Kenngröße,
- vorbeugende Maßnahme (eventuell mehrere Maßnahmen für ein Risiko),
- Kosten der Maßname(n),
- durch die Maßnahme geänderte Wahrscheinlichkeit, Schadensausmaß und Priorität,
- Signale für die Erkennung des Eintretens des Schadens,
- verantwortliche Person zur Überwachung des Risikos,
- Eventualfallmaßnahme(n),
- Kosten der Maßnahme(n),
- durch die Maßnahme geänderte Wahrscheinlichkeit, Schadensausmaß und Priorität.

▶ **Lösung 8.9 Fehler in einem Formular zur Risikoanalyse**   In dem Formular sind 4 Fehler enthalten:

- Das Diagramm, das das Risiko nach Ergreifen der risikoreduzierenden Maßnahmen darstellt, ist falsch. Wegen der verringerten Eintrittswahrscheinlichkeit müsste das Risiko im Bild nach links gerückt sein.
- Die Beschreibung des Risikofaktors ist falsch. Hier werden Ursache („unrealistische Zeitplanung") und Wirkung („verspätete Fertigstellung") vermischt. Die Formulierung „Überschreitung des Zieltermins ..." wiederholt die zuvor bereits beschriebene Wirkung.
- „Verantwortliche für die Verspätung ermitteln" hilft nicht das Problem zu lösen. Im Eventualfall kostet eine solche Maßnahme nur unnötige Zeit (und Nerven), trägt aber nichts zur Verringerung des Schadens bei.

Tab. 8.3 FMEA für ein Projekt

	A	B	E	RPZ
Nachträgliche Anforderungen	Hoch => 10	Gering bis mittel => 3	Hoch => 2	60
Abnahmeverweigerung	Gering => 4	Sehr hoch => 9	Mittel => 5	180
… mit Zwischenberichten	Sehr gering => 2	Sehr hoch => 9	Höher => 4	72
Insolvenz	Sehr gering => 2	Sehr hoch => 9	Mittel => 6	108
… mit Versicherung/Bürgschaft	Sehr gering => 2	Mittel => 6	Mittel => 6	72
… mit Teilzahlungen	Sehr gering => 2	Gering … mittel => 4	Mittel => 6	48

- Drei Personen für die Risikoüberwachung verantwortlich zu erklären, ist ebenfalls nicht zielführend. Verantwortlich kann nur eine Person sein. Alles andere führt zu unklarer Verantwortlichkeit und der Gefahr, dass jeder der Benannten sich auf die anderen verlässt.

▶ **Lösung 8.10 Projekt-FMEA** In dem Gespräch tauchen drei mögliche Risiken auf: nachträgliche Anforderungen, Abnahmeverweigerung und Insolvenz. Für eine FMEA müssen Auftrittswahrscheinlichkeit A, Budget- bzw. Terminüberschreitung B sowie die Entdeckungswahrscheinlichkeit E auf einer Skala von 1 bis 10 eingeschätzt werden. Die Aussagen enthalten keine genauen Angaben hierzu, können aber grob eingeteilt werden. Die Ergebnisse zeigt Tab. 8.3.

Die im Gespräch angesprochenen Maßnahmen können zur Risikominderung verwendet werden. Die Tabelle zeigt die dadurch erreichte Risikoveränderung. Keine Prioritätszahl liegt unter 40, auch nicht nach Ergreifen der risikoverringernden Maßnahmen. Keines der Risiken ist also unkritisch. Das Risiko einer Abnahmeverweigerung oder einer Insolvenz ist ohne besondere Maßnahmen als kritisch anzusehen, da die RPZ über 100 liegt. Nach Ergreifen der Maßnahmen sinken die beiden Risiken deutlich, auch wenn sie noch nicht als unkritisch einzustufen sind.

Literatur

Destatis2007 http://www.destatis.de. Abgerufen am 16.9.2014

Kostenmanagement

9

Zusammenfassung

Die Kosten bilden eine Seite des Zieldreiecks von Projekten. Auf der Basis des Projekt-strukturplans können die Kosten für die Arbeitspakete, Teilprojekte und das Gesamt-projekt geschätzt werden (Abb. 9.1). Sie setzen sich aus den Materialkosten und den Personalkosten zusammen, die mittels Stundensätzen aus dem geschätzten Personal-aufwand bestimmt werden können.

Neben der Gesamtsumme der Kosten ist auch deren Verteilung auf die Phasen und Zeitabschnitte im Projektablauf von Interesse. Die Kostenplanung ermittelt dazu den zeitlichen Verlauf der voraussichtlich anfallenden Kosten und fasst einzelne Zeiträume zu Budgets zusammen. Während der Durchführung des Projekts werden die tatsächlich anfallenden Kosten erfasst und mit den Planwerten verglichen. Auf festgestellte Abwei-chungen wird dann korrigierend eingegriffen oder es können auch die Planungen an die Realität angepasst werden.

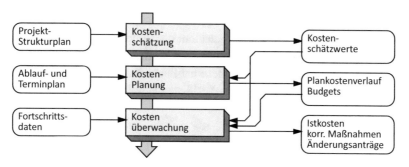

Abb. 9.1 Prozesse des Kostenmanagements

© Springer Fachmedien Wiesbaden GmbH, ein Teil von Springer Nature 2021
W. Jakoby, *Intensivtraining Projektmanagement*,
https://doi.org/10.1007/978-3-658-32836-8_9

9.1   Kosten

Kosten entstehen durch die Nutzung von sächlichen Ressourcen und durch den Arbeitsaufwand der beteiligten Personen. Für eine vollständige Erfassung aller anfallenden Kosten ist die Kenntnis der verschiedenen Kostenarten, wie z. B. Personal- und Materialkosten, Abschreibungen, Zulieferungskosten notwendig. Darüber hinaus muss erfasst werden,
wo die Kosten anfallen (Kostenstelle) und wofür die Kosten eingesetzt werden (Kostenträger).

In vielen Projekten verursacht der Arbeitsaufwand die größte Kostenposition. Die passende Festlegung eines Stundensatzes ist daher für die präzise Kalkulation eines Projekts
entscheidend. Zur Bestimmung des Stundensatzes müssen die anfallenden Kosten und die
geleisteten Zeiten bekannt sein. Zu den Personalkosten werden neben den unmittelbar
personengebundenen Kosten, wie Bruttogehalt und Sozialbeiträgen auch sächliche Kosten
für die Bereitstellung des Arbeitsplatzes, wie z. B. Gebäude, Ausstattung und Fuhrpark
gezählt. Weitere indirekte Kosten sind oft nicht en Detail erfassbar, so dass sie überschlägig durch prozentuale Zuschläge berücksichtigt werden. Von den tariflichen Arbeitszeiten
müssen unproduktive Zeiten, wie Fehlzeiten durch Schulungen, Krankheit oder für Ver-
waltungsarbeiten abgezogen werden, um die tatsächlich produktive Zeit zu erhalten.

▶   **Aufgabe 9.1 Kalkulation von Stundensätzen** In Ihrem Projekt arbeiten mehrere Personen mit. Diese gehören zu unterschiedlichen Tarifgruppen T1 bis T4 und sie haben unterschiedliche vertraglich festgelegte Arbeitszeiten. Einige arbeiten während
ihrer ganzen Zeit im Projekt mit, andere nur teilweise (siehe Tab. 9.1).

Zusätzlich zum angegebenen monatlichen Bruttogehalt wird ein Urlaubsgeld in
Höhe von 60 % eines Monatsgehalts und ein Weihnachtsgeld in Höhe von 40 %
gezahlt. Bestimmen Sie für jede Tarifgruppe einen Stundensatz, mit dem Sie die
Arbeitskosten der Projektbeteiligten kalkulieren können. Für fehlende Angaben machen Sie plausible Annahmen.

▶   **Aufgabe 9.2 Kalkulations-Kennwerte** Für die Erstellung von Angeboten für Projekte
möchten Sie aus den Jahresbruttogehältern der Projektmitarbeiter mit Hilfe einfacher Zuschlags- und Korrekturfaktoren passende Stundensätze berechnen. Die Con-
trolling-Abteilung Ihres Unternehmens hat Ihnen hierzu aus dem vergangenen Ka-
lenderjahr die Daten in Abb. 9.2 zur Verfügung gestellt.

Tab. 9.1 Basisdaten für verschiedene Tarifgruppen

Tarifgruppe	Anzahl	Arbeitszeit	Projektanteil	Gehalt
T1	1	40 Std/Woche	100 %	4200 €
T2	2	40 Std/Woche	80 %	3250 €
T3	1	32 Std/Woche	50 %	2600 €
T4	3	37,5 Std/Woche	100 %	2500 €

Abb. 9.2 Datenbasis für die
Bestimmung von
Kostenkennwerten

Bruttolöhne und -gehälter	8.100.000 €
Gesetzliche Sozialleistungen	1.505.000 €
Freiwillige Sozialleistungen	145.800 €
Gebäudekosten (Miete, Heizung etc.)	1.336.500 €
Fuhrpark	230.400 €
Rechner, Kommunikation, IT	187.500 €
Sonstige Kosten	680.800 €
Gebuchte Arbeitsstunden insgesamt	302.400 Std
Auf Projekte gebuchte Stunden	105.840 Std
auf sonstige Aufträge gebuchte Std.	157.248 Std
unproduktive Stunden	39.312 Std

Tab. 9.2 Personalkosten und Arbeitszeiten

Name	Funktion	Arbeitszeit	Gehalt
Jake	Projektleiter	ganztags	4750 €
Elwood	Programmierer	halbtags	1950 €
Curtis	Programmierer	ganztags	3800 €
Claire	Programmiererin	ganztags	4100 €
Boogieman	Techniker	halbtags	1650 €
Ray	Techniker	ganztags	3200 €

Bestimmen Sie Kennwerte für die produktive Arbeitszeit, für den Sozialversicherungsbeitrag des Unternehmens und für die Arbeitsplatz-Sachkosten. Erläutern Sie den Rechengang zur Bestimmung des Stundensatzes aus den Bruttogehältern am Beispiel eines Bruttogehalts von 40 € pro Stunde.

▶ **Aufgabe 9.3 Personalkostenkalkulation** In Ihrem Projekt arbeiten mehrere Personen mit. Die Funktionen, Arbeitszeiten und die Monatsgehälter können Sie Tab. 9.2 entnehmen. Eine Ganztagsstelle entspricht einer wöchentlichen Arbeitszeit von 40 Stunden. Das Urlaubsgeld beträgt 50 % und das Weihnachtsgeld 40 % eines Monatsgehalts. Bestimmen Sie einen Stundensatz, mit dem Sie die Arbeitskosten der Projektbeteiligten kalkulieren können.

9.2   Kostenplanung in Projekten

Die präzise Berücksichtigung aller im Projekt entstehenden Kosten ist für eine auskömmliche Projektkalkulation entscheidend. Hierbei ist eine Abwägung des erforderlichen Aufwands und der angestrebten Genauigkeit erforderlich. Grobe Schätzungen mit Hilfe von

Abb. 9.3 Daten zu den
Arbeitspaketen eines Projekts

AP	Name	Std.satz €/Std.	Aufwand Pers.tage	Start	Ende
AP1	Anne	70	36	1.3.	15.4.
AP2	Otto	60	45	1.3.	15.5.
AP3	Ina	50	24	15.4.	15.6.
AP4	Uwe	52	30	15.6.	31.7.
AP5	Ella	64	18	15.4.	15.6.

Kennzahlen liefern schnelle, aber ungenaue Aussagen über die Kosten. Für genauere Schätzungen kann der Aufwand anhand der Produkt- und Projektstrukturpläne zerlegt und dann in Einzelpositionen geschätzt werden.

Die für die Durchführung eines Projekts entstehenden Kosten fallen weder schlagartig zu Projektbeginn noch gleichmäßig verteilt über die Projektlaufzeit an. Neben der Betrachtung der Summe aller Kosten ist daher auch deren zeitliche Verteilung von großem Interesse. Zur Vermeidung unnötiger Kosten als Folge zu früher Kapitalbereitstellung versucht man, die Kosten im Projekt so spät wie möglich, aber so früh wie nötig einzuplanen. In der Regel werden Kosten nicht stetig, sondern zu den Meilensteinterminen in Form von Budgets freigegeben.

▶ **Aufgabe 9.4 Kostenverlauf über die Projektlaufzeit** Die Aufstellung in Abb. 9.3 zeigt den geschätzten Arbeitsaufwand sowie die Start- und Endtermine für die verschiedenen Arbeitspakete eines Projekts. Ermitteln Sie die geplanten Kosten für jedes Arbeitspaket und die monatlichen Kosten. Die durchschnittliche wöchentliche Arbeitszeit beträgt 38,75 Stunden. Zu Beginn des Projekts werden Anschaffungen in Höhe von 27.500 € fällig, und zum Start von AP3 weitere 9000 €. Das Gesamtbudget soll in drei Stufen freigegeben werden: am Projektstart, am 15.4. und am 15.6. Legen Sie die drei Budgets fest.

▶ **Aufgabe 9.5 Kostenplanung** Tab. 9.3 zeigt den geschätzten Arbeitsaufwand sowie die Start und Endtermine für die verschiedenen Arbeitspakete eines Projekts. Die Stundensätze für Ingenieure und Informatiker im Projekt betragen 72 €, für Techniker 60 €. Bei AP5 verteilt sich der Aufwand etwa gleichmäßig auf Informatiker und Techniker. Ermitteln Sie die geplanten Kosten für jedes Arbeitspaket und die monatlichen Kosten.

▶ **Aufgabe 9.6 Monatliche Kostenverteilung bestimmen und analysieren** Die Aufstellung in Abb. 9.4 zeigt den geschätzten Arbeitsaufwand sowie die Start- und Endtermine für die verschiedenen Arbeitspakete eines Projekts.

Die Tagessätze im Unternehmen werden einheitlich mit 480 € angesetzt. Ermitteln sie die geplanten Kosten für jedes Arbeitspaket und die monatlichen Kosten.

Tab. 9.3 Personaleinsatz

AP	Bearbeiter	Aufwand	Beginn	Ende
AP1	Ing.	40 Tage	1.6.	15.7.
AP2	Ing.	56 Tage	15.7.	15.9.
AP3	Ing., Inf.	27 Tage	15.7.	10.8.
AP4	Tec.	32 Tage	10.8.	30.8.
AP5	Inf., Tec.	60 Tage	15.9.	30.10.
AP6	Ing.	45 Tage	1.11.	15.12.
AP7	Ing.	20 Tage	15.12.	15.1.

	Vorgangsname	Arbeit	Anfang	Fertig stellen
1	Testschaltungen aufbauen	30 Tage	Mo 01.07.13	Mo 15.07.13
2	Schaltungsentwurf	24 Tage	Mo 15.07.13	Sa 31.08.13
3	Leiterplatten-Design	30 Tage	Do 01.08.13	Sa 31.08.13
4	Fertigung Prototyp	40 Tage	Do 15.08.13	Mo 30.09.13
5	Redesign	20 Tage	Di 01.10.13	Do 31.10.13
6	Nullserie aufbauen	60 Tage	Di 15.10.13	So 15.12.13
7	Dokumentation	30 Tage	Mo 01.07.13	So 15.12.13

Abb. 9.4 Aufwand und Termine für die Arbeitspakete eines Projekts

Das Unternehmen erwirtschaftet trotz genauer Aufwandsschätzung und guter Termin- und Kostentreue der Projekte kaum Gewinne. Der Stundensatz von 62 €, der in der Kalkulation verwendet wird, soll deshalb überprüft werden. Dazu ermittelt das Unternehmen seine gesamten Personalkosten. Für neun Beschäftigte werden pro Monat 39.500 € Bruttogehälter bezahlt. Versuchen Sie mit Hilfe der Kennwerte aus Aufgabe 9.2 abzuschätzen, ob der Stundensatz angemessen ist.

9.3   Kostencontrolling mittels Earned Value Analyse

Das Kostencontrolling dient dazu, den Fortschritt eines Projekts aus Kostensicht zu überwachen und zu steuern. Dazu werden die geplanten Kosten regelmäßig mit den aufgewendeten Kosten und den erbrachten Leistungen verglichen.

Eine spezielle Methode des Kostencontrollings ist die Earned Value Analyse. Sie definiert einen festen Satz an Kennzahlen, die zu jedem Zeitpunkt während der Projektdurchführung ermittelt werden können und wichtige Schlussfolgerungen über den Status eines Projekts, über die voraussichtliche Laufzeit und das Gesamtbudget ermöglichen. Dabei wird sowohl der inhaltliche Fortschritt im Projekt als auch der dafür eingesetzte Aufwand in Kostenzahlen ausgedrückt.

	Gesamt-Budget	Geplantes Budget	tatsächl. Kosten	Fertigstell.-grad	Fertigstell.-wert (EV)
TP1	7500	7500	8200	100%	
TP2	5000	4000	3400	75%	
TP3	3200	1800	1800	65%	
TP4	6700	1500	1900	20%	
TP5	3800	0	0	0%	
Projekt	26200	14800	15300		

Abb. 9.5 Kostenstatus eines Projekts

Die Analyse des Earned Value steht und fällt mit der korrekten Feststellung des tatsächlichen Fertigstellungsgrades bzw. des Fertigstellungswertes. Hierfür stehen verschiedene alternative Bestimmungsverfahren, wie z. B. Istaufwand, 0/50/100 oder Restaufwand zur Verfügung.

▶ **Aufgabe 9.7 Fertigstellungswert ermitteln** Der Screenshot in Abb. 9.5 stellt bei einem auf zehn Wochen angelegten Projekt mit fünf Teilprojekten den Status nach Ablauf von sechs Wochen dar.

Ordnen Sie die folgenden Werte den Spalten der dargestellten Tabelle zu: Actual Cost (AC), Budget at Completion (BAC) und Planned Value (PV). Bestimmen Sie nun für jedes Teilprojekt den Fertigstellungswert (Earned Value EV). Wie hoch ist der Fertigstellungswert und der Fertigstellungsgrad des Gesamtprojekts? Erläutern Sie anschaulich den Status der fünf Teilprojekte und des Gesamtprojekts.

▶ **Aufgabe 9.8 Bestimmung des Fertigstellungsgrads** Das in Abb. 9.6 dargestellte Projekt besteht aus 8 Arbeitspaketen (AP1 bis AP8). Das Projekt wurde am 16.5. begonnen. Am 29.6. soll nun der bislang erreichte Fertigstellungswert ermittelt werden. Dazu wurde neben den ursprünglich geplanten Aufwand (Geplante Arbeit) und dem bislang aufgewendeten Zeiten (Ist-Arbeit) bei allen Paketen eine Schätzung des voraussichtlichen Rest-Aufwands durchgeführt (Restarbeit).

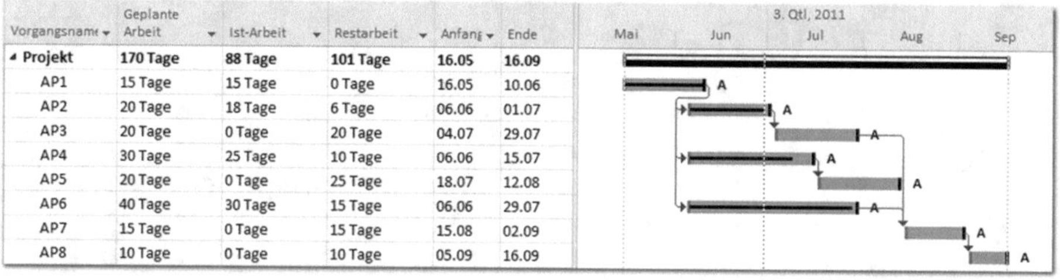

Vorgangsnam ▾	Geplante Arbeit ▾	Ist-Arbeit ▾	Restarbeit ▾	Anfang ▾	Ende
◢ Projekt	170 Tage	88 Tage	101 Tage	16.05	16.09
AP1	15 Tage	15 Tage	0 Tage	16.05	10.06
AP2	20 Tage	18 Tage	6 Tage	06.06	01.07
AP3	20 Tage	0 Tage	20 Tage	04.07	29.07
AP4	30 Tage	25 Tage	10 Tage	06.06	15.07
AP5	20 Tage	0 Tage	25 Tage	18.07	12.08
AP6	40 Tage	30 Tage	15 Tage	06.06	29.07
AP7	15 Tage	0 Tage	15 Tage	15.08	02.09
AP8	10 Tage	0 Tage	10 Tage	05.09	16.09

Abb. 9.6 Projektdaten und Gantt-Diagramm

Abb. 9.7 Kostenstatus mehrerer Projekte

Projekt	PV	AC	EV
P1	100.000	100.000	100.000
P2	100.000	90.000	80.000
P3	100.000	92.000	97.000
P4	100.000	108.000	115.000
P5	100.000	120.000	104.000
P6	100.000	110.000	90.000
P7	100.000	80.000	105.000

Ermitteln Sie den Fertigstellungswert und den Fertigstellungsgrad

- anhand der aktuell geleisteten Arbeit,
- nach der Methode 0/100,
- nach der Methode 0/50/100,
- mit Hilfe der Rest-Aufwandsschätzung.

▶ **Aufgabe 9.9 Interpretation von PV, EV und AC** Der Screenshot in Abb. 9.7 zeigt Ihnen den Status von sieben unterschiedlichen Projekten P1 bis P7. Dargestellt sind Planned Value (PV), Earned Value (EV) und Actual Cost (AC). Beschreiben Sie die Situation der Projekte hinsichtlich Projektfortschritt und Kosten. Welche Projekte werden voraussichtlich mit überzogenem Budget und welche mit überschrittenem Terminplan enden?

▶ **Aufgabe 9.10 Earned Value Analyse** Das in Abb. 9.8 dargestellte Projekt besteht aus fünf Arbeitspaketen AP1 bis AP5. Es wurde am 4.2. mit einem geplanten Arbeitsaufwand von 135 Personentagen begonnen und sollte am 12.6. nach 90 Projekttagen enden. Die geplanten Kosten in Höhe von 64.800 € enthalten nur die Personalkosten. Der Screenshot zeigt den Status des Projekts am 10.4. (47. Tag der Projektlauf-

Vorgangsname ▾	Geplante Arbeit ▾	Geplante Kosten ▾	Ist-Arbeit ▾	Restarbeit ▾	Anfang ▾	Ende ▾	Vorgänger ▾
◢ **Projekt**	**135 Tage**	**64.800,00 €**	**75 Tage**	**67 Tage**	**04.02**	**12.06**	
AP1	20 Tage	9.600,00 €	23 Tage	0 Tage	04.02	06.03	
AP2	45 Tage	21.600,00 €	25 Tage	24 Tage	07.03	14.05	2
AP3	25 Tage	12.000,00 €	25 Tage	0 Tage	07.03	10.04	2
AP4	30 Tage	14.400,00 €	2 Tage	28 Tage	11.04	22.05	4
AP5	15 Tage	7.200,00 €	0 Tage	15 Tage	23.05	12.06	3;4;5

Abb. 9.8 Arbeits- und Termindaten eines Projekts

Tab. 9.4 Plan-, Ist- und Restaufwand

	Plan	Ist	Rest
Abgeschlossene Arbeitspakete	285	323	0
Laufende Arbeitspakete	125	85	57
Offene Arbeitspakete	90	0	90

zeit) mit dem bislang geleisteten Arbeitsaufwand (Ist-Arbeit) und dem von den Beteiligten geschätzten Restaufwand (Restarbeit).

Ermitteln Sie für die 5 Arbeitspakete den Fertigstellungswert und den Fertigstellungsgrad:

- anhand der aktuell geleisteten Arbeit,
- nach der Methode 0/50/100,
- mit Hilfe der Rest-Aufwandsschätzung.

Bestimmen Sie den Wert der bisher erbrachten Leistungen und der bislang entstandenen Kosten. Wie hoch ist das Budget at Completion (BAC) und der für den aktuellen Zeitpunkt geplante Planned Value (PV)? Bestimmen Sie Cost Variance (CV) und Cost Performance Index (CPI) sowie Schedule Variance (SV) und Schedule Performance Index (SPI). Bestimmen Sie die Earnings at Completion (EAC), die Variance at Completion (VAC) und den Estimate to Complete (ETC). Bestimmen Sie nun die Zeitwerte Time at Completion (TAC), Plan at Completion (PAC) und Delay at Completion (DAC). Wie beurteilen Sie den Status des Projekts?

▶ **Aufgabe 9.11 Earned Value Analyse** Zu Beginn des zweiten Quartals wurde ein Projekt gestartet. Das Projekt soll bis Ende des Jahres abgeschlossen sein. Es entstehen nur Arbeitskosten. Zu Beginn des vierten Quartals soll nun die nächste Arbeitswertanalyse erfolgen. Die Aufstellung in Tab. 9.4 zeigt den geplanten und den tatsächlichen Aufwand (in Personentagen) für die bereits abgeschlossenen, die aktuell laufenden und die noch nicht begonnenen Arbeitspakete. Bei den laufenden Paketen ist außerdem der voraussichtliche Restaufwand dargestellt. Für das Projekt wird mit einem Stundensatz von 65 € bei 8 Stunden pro Tag kalkuliert.

a) Wie hoch ist das ursprüngliche geplante Gesamtbudget?

b) Bestimmen Sie den Wert der bisher erbrachten Leistungen und der aufgelaufenen Kosten.

c) Bestimmen Sie die Kennzahlen CV, CPI, EAC, VAC, ETC.

9.4 Lösungen

▶ **Lösung 9.1 Kalkulation von Stundensätzen** Zur Bestimmung eines Stundensatzes müssen die gesamten Personalkosten durch die produktive Arbeitszeit dividiert werden. Am sinnvollsten erfolgt dies auf Jahresbasis, da hierin alle Sondereffekte enthalten sind.

Zunächst wird das monatliche Bruttogehalt auf das Jahr hochgerechnet. Im vorliegenden Fall ergeben Urlaubsgeld (60 %) und Weihnachtsgeld (40 %) ein 13. Monatsgehalt. Zu diesem Bruttowert sind die Sozialleistungen, die mit rund 20 % angesetzt werden und die Sach- bzw. Gemeinkosten zu addieren. Sie werden mit 30 % geschätzt.

Zur Bestimmung der produktiven Jahresarbeitszeit werden von den Werktagen die angenommenen Urlaubstage und die ebenfalls angenommenen durchschnittlichen Krankheitstage subtrahiert. Die Arbeitstage werden mit den durchschnittlichen täglichen Arbeitszeiten multipliziert, die sich aus der Wochenarbeitszeit ergeben. Mangels weiter gehender Informationen werden von diesem Ergebnis 10 % unproduktive Zeiten subtrahiert und man erhält für die vier Tarifgruppen T1 bis T4 die produktiven Stunden pro Jahr (siehe Abb. 9.9).

		T1	T2	T3	T4
Monats-Brutto		4.200	3.250	2.600	2.500
Jahres-Brutto	*13,0	54.600	42.250	33.800	32.500
+Sozialleistungen	+20%	65.520	50.700	40.560	39.000
+Sach-/Gemeinkosten	+30%	85.176	65.910	52.728	50.700
Wochenstunden		40	40	32	38
Tagesstunden	/5	8,0	8,0	6,4	7,5
Werktage pro Jahr		250	250	250	250
Urlaub		-30	-30	-30	-30
Krankheit		-8	-8	-8	-8
Arbeitstage pro Jahr		212	212	212	212
Stunden pro Jahr		1.696	1.696	1.357	1.590
unprod. Stunden	-10%	-170	-170	-136	-159
prod. Std. pro Jahr		1.526	1.526	1.221	1.431
Stundensatz		55,80	43,18	43,18	35,43

Abb. 9.9 Berechnete Stundensätze für vier Tarifgruppen

Der Quotient aus Gesamtkosten und produktiven Stunden ergibt schließlich den Stundensatz. Man erkennt, dass Tarifgruppe T2 und T3 den gleichen Stundensatz besitzen. Sie gehören zur gleichen Gehaltsgruppe, unterscheiden sich aber in den Arbeitszeiten. Der Zeitanteil der Projektarbeit spielt keine Rolle. Dies wird lediglich für die Zeitplanung benötigt.

▶ **Lösung 9.2 Kalkulations-Kennwerte** Die Arbeitszeit in Projekten und auch die Arbeit für sonstige Aufträge kann als produktiv angesehen werden. Die verbleibende Zeit (13 %) ist unproduktiv. Als Kennwert C_P für den Anteil produktiver Zeit kann also 0,87 angesetzt werden. Freiwillige und gesetzliche Sozialleistungen in Relation zum Bruttogehalt bilden den Kennwert C_V für den Arbeitgeber-Sozialbeitrag. Die Summe aller anderen Kosten sind Gemeinkosten. Auch sie werden in Relation zum Bruttogehalt als Kennwert C_S verwendet (siehe Abb. 9.10).

Mit diesen drei Werten können die zu kalkulierenden Kosten K_S aus dem Bruttogehalt K_B pro Stunde bestimmt werden:

$$K_S = \frac{C_S \cdot C_V}{C_P} K_B. \tag{9.1}$$

Wie der Screenshot in Abb. 9.9 zeigt, ergibt sich für ein Gehalt von 40,00 € pro Stunde ein Stundensatz von 71,99 €.

Bruttolöhne und -gehälter	8.100.000 €		100,0%	40,00
Gesetzliche Sozialleistungen	1.505.000 €			
Freiwillige Sozialleistungen	145.800 €	1.650.800	20,4%	48,15
Gebäudekosten (Miete, Heizung etc.)	1.336.500 €			
Fuhrpark	230.400 €			
Rechner, Kommunikation, IT	187.500 €			
Sonstige Kosten	680.800 €	2.435.200	30,1%	62,63
Gebuchte Arbeitsstunden insgesamt	302.400 Std		100,0%	
Auf Projekte gebuchte Stunden	105.840 Std		35,0%	
auf sonstige Aufträge gebuchte Std.	157.248 Std		52,0%	
unproduktive Stunden	39.312 Std		13,0%	
			87,0%	71,99

Abb. 9.10   Kennwertbestimmung für Stundensätze

▶ **Lösung 9.3 Personalkostenkalkulation** Ausgehend von den Monatsgehältern G und der Arbeitszeit A können die verschiedenen Werte bestimmt werden (Tab. 9.5).

Zunächst wird zu Vergleichszwecken der Stundensatz bestimmt, der sich aus dem monatlichen Bruttogehalt ergibt. Dabei wird von durchschnittlich 144 Stunden Arbeitszeit pro Monat ausgegangen. Dann wird das Jahresgehalt bestimmt, wobei Urlaubs- und Weihnachtsgeld in der Summe ein 13. Monatsgehalt ergeben. Das Jahres-Bruttogehalt wird dann durch die produktiven Arbeitsstunden dividiert. Hier wird von 1500 Produktivstunden ausgegangen. Es werden drei Gruppen gebildet, die sich im Stundensatz unterscheiden. Die erste Gruppe bildet die Projektleitung (PL), die zweite bilden die Programmierer (PR) und die dritte die Techniker (TC). Als Nächstes müssen auf das gezahlte Bruttogehalt die Arbeitgeberbeiträge zur Sozialversicherung und sonstige Kosten aufgeschlagen werden, die in Höhe von 25 % angesetzt werden. Die Sachkosten für den Arbeitsplatz werden schließlich als pauschaler Aufschlag in Höhe von 30 % berücksichtigt.

▶ **Lösung 9.4 Kostenverlauf über die Projektlaufzeit** Zur Bestimmung der Kosten pro Arbeitspaket wird der Aufwand (in Personentagen) mit dem jeweiligen Stundensatz und der durchschnittlichen täglichen Arbeitszeit (7,75 Stunden) multipliziert. Die Aufstellung in Abb. 9.11 zeigt die Kosten für die Arbeitspakete (AP-Kosten). Für das Gesamtprojekt entstehen Kosten in Höhe von 70.773 €. Die monatlichen Kosten

Tab. 9.5 Personalkostenkalkulation

	A	G	G/144	G*13	/1500		*1,25	*1,30
PL	1/1	4750 €	32,98	61.750	41,17	41,17	51,46	66,89
PR	1/2	1950 €	27,08	25.350	33,80	34,09	42,61	55,39
PR	1/1	3800 €	26,39	49.400	32,93			
PR	1/1	4100 €	28,47	53.300	35,53			
TC	1/2	1650 €	22,92	21.450	28,60	28,17	35,21	45,77
TC	1/1	3200 €	22,22	41.600	27,73			

AP	Start	Ende	AP-Kosten €	März €	April €	Mai €	Juni €	Juli €	Budget I 1.3.	Budget II 15.4.	Budget III 15.6.
AP1	1.3.	15.4.	19530	13020	6510				19530		
AP2	1.3.	15.5.	20925	8370	8370	4185			12555	8370	
AP3	15.4.	15.6.	9300		2325	4650	2325			9300	
AP4	15.6.	31.7.	12090				4030	8060			12090
AP5	15.4.	15.6.	8928		2232	4464	2232			8928	
									27500	9000	
			70773	21390	19437	13299	8587	8060	59585	35598	12090

Abb. 9.11 Budgets und monatliche Kosten für ein Projekt

erhält man, indem die Kosten für jedes Arbeitspaket anteilig auf die Monate umgelegt werden. Hierbei wird zwischen ganzen und halben Monaten unterschieden.

Zur Bestimmung der Budgets muss AP2 anteilig aufgeteilt werden. Ansonsten gehört AP1 zu Budget I, AP3 und AP4 zu Budget II und AP5 bildet Budget III. Zusammen mit den Materialkosten ergeben sich die dargestellten Beträge.

▶ **Lösung 9.5 Kostenplanung** Aus dem für jedes Arbeitspaket angegebenen Aufwand kann mit Hilfe der Stundensätze (72 €, 60 €) der Kostenaufwand ermittelt werden (Tab. 9.6). Dabei wird AP5 hälftig auf einen Informatiker und einen Techniker aufgeteilt.

Mit den angegebenen Start- und Endzeiten können die Kosten auf die einzelnen Monate verteilt werden (Siehe Tab. 9.7):

Es wird dabei angenommen, dass sich die Kosten eines Arbeitspakets gleichmäßig über die Dauer der Bearbeitung verteilen. Auch wenn dies nicht exakt so sein sollte, ist dies eine sinnvolle Hypothese. Zum einen gibt es zu Beginn keine genauere Aussage über die Verteilung der Kosten. Zum anderen werden sich die Schwankungen bei den verschiedenen Arbeitspaketen zum Teil gegenseitig wegmitteln. Damit ergibt sich die in Tab. 9.7 dargestellte Verteilung der monatlichen Kosten

Tab. 9.6 Kostenplanung der Arbeitspakete

AP	Bearbeiter	Aufwand	Beginn	Ende	Std.	Kosten
AP1	Ing.	40 Tage	1.6.	15.7.	320	23.040
AP2	Ing.	56 Tage	15.7.	15.9.	448	32.256
AP3	Ing., Inf.	27 Tage	15.7.	10.8.	216	15.552
AP4	Tec.	32 Tage	10.8.	30.8.	256	15.360
AP5	Inf.	30 Tage	15.9.	30.10.	240	17.280
	Tec	30 Tage	15.9.	30.10.	240	14.400
AP6	Ing.	45 Tage	1.11.	15.12.	360	25.920
AP7	Ing.	20 Tage	15.12.	15.1.	160	11.520

Tab. 9.7 Monatliche Kostenplanung

AP	Jun	Jul	Aug	Sep	Okt	Nov	Dez	Jan
AP1	15.360	7.680						
AP2		8.064	16.128	8.064				
AP3		9.331	6.221					
AP4			15.360					
AP5				5.760	11.520			
				4.800	9.600			
AP6						17.280	8.640	
AP7							5.760	5.760
Sum.	15.360	25.075	37.709	18.624	21.120	17.280	14.400	5.760

▶ **Lösung 9.6 Kostenmanagement** Zunächst werden die angegebenen Arbeitsaufwände anhand der Anfangs- und Endtermine der einzelnen Arbeitspakete anteilig auf die jeweiligen Monate umgerechnet. Anschließend lässt sich der Arbeitsaufwand (in Personentagen) pro Monat berechnen. Die Multiplikation mit dem Tagessatz von 480 € ergibt dann die monatlichen Arbeitskosten (siehe Abb. 9.12).

Aus den gezahlten Bruttogehälter kann zunächst auf das Jahr hochgerechnet werden. Hierbei werden 13 Monatsgehälter angenommen. Anschließend werden mit Hilfe der Kennwerte aus Aufgabe 9.2 die Sozialleistungen und die Sachkosten berücksichtigt und auf die produktive Zeit hochgerechnet. Die so erhaltene Summe wird durch die Zahl der Mitarbeiter und die angenommen Jahresarbeitsstunden dividiert. Schließlich muss der Stundensatz noch um den Faktor nach oben korrigiert werden, der die unproduktiven Stunden berücksichtigt (siehe Abb. 9.13).

Die Berechnung ergibt einen Stundensatz von 59,67 €. Dieser liegt nur knapp unter den 62 €, die in den Kalkulationen verwendet werden. Die Gewinnmarge liegt also unter 5 %. Berücksichtigt man, dass die Stundensatzkalkulation nur überschlägig, mit Kennwerten erfolgte, kann es nur so sein, dass die tatsächlichen Kosten im Unternehmen höher sind und daher die Projekte trotz plangerechter Ausführung Verluste verursachen.

				Jul	Aug	Sep	Okt	Nov	Dez
1	30	1.7.	15.7.	30					
2	24	15.7.	31.8.	8	16				
3	30	1.8.	31.8.		30				
4	40	15.8.	30.9.		13	27			
5	20	1.10.	31.10.				20		
6	60	15.10.	15.12.				15	30	15
7	30	1.7.	15.12.	5,5	5,5	5,5	5,5	5,5	2,5
	234			43,5	64,5	32,5	40,5	35,5	17,5
	*480 €			20.880	30.960	15.600	19.440	17.040	8.400

Abb. 9.12 Berechnung der monatlichen Kosten aus den Arbeitsaufwand

Abb. 9.13 Stundensatzberechnung

Bruttogehälter pro Mona		39.500
Jahr	*13	513.500
Soz.	+21,1%	621.849
Sachkosten	*28,9%	801.563
9 Mitarb.	/9	89.063
Jahres-Std	/1700	52,39
unprod. Anteil	/0,878	59,67

▶ **Lösung 9.7 Fertigstellungswert ermitteln** Das Gesamtbudget beschreibt für jedes
Teilprojekt das bis zur vollständigen Fertigstellung des Projekts vorgesehene Budget. Dies ist das Budget at Completion (BAC). Das geplante Budget beschreibt,
welches Budget bis zum aktuellen Betrachtungszeitpunkt verplant ist. Dieser Wert
wird in der Earned Value Analyse als Planned Value (PV) bezeichnet. Die bis zum
aktuellen Zeitpunkt tatsächlich aufgelaufenen Kosten, werden als Actual Cost (AC)
bezeichnet. Der Fertigstellungswert (Earned Value EV) ergibt sich aus dem Produkt
von Fertigstellungsgrad und Gesamtbudget.

Die Summe der Teilprojektwerte ergibt den Fertigstellungswert des Gesamtprojekts zum aktuellen Zeitpunkt. Das Verhältnis dieses Wertes zum Gesamtbudget
ergibt den Fertigstellungsgrad des Gesamtprojekts. Die Berechnungsergebnisse
zeigt der Screenshot in Abb. 9.14.

Teilprojekt TP1 ist abgeschlossen, hat aber gegenüber der Planung um knapp
10 % höhere Kosten verursacht. Bei TP2 liegt der Fertigstellungswert (3750) unter
dem geplanten Wert (4000): Allerdings liegen die tatsächlichen Kosten (3400) noch
darunter, so dass dieses Teilprojekt terminlich zwar etwas in Verzug ist, aber bezüglich der Kosten recht günstig da steht. Noch besser sieht TP3 aus. Die Kosten sind
genau im Plan (1800), der Fertigstellungswert (2080) sogar noch darüber. Aber es
gibt kaum ein Projekt, in dem alles glatt läuft. Bei TP4 sind die Kosten höher als
geplant (1900 gegenüber 1500) und die Fertigstellung geht langsamer voran (1340
gegenüber 1500). Dieses Teilprojekt ist also sehr unerfreulich. TP5 liegt voll im
Plan. Zum gegenwärtigen Zeitpunkt war noch nichts geplant und es ist tatsächlich
auch noch nichts gemacht. Das Gesamtprojekt liegt, vor allem wegen TP4 über den
geplanten Kosten (15.300 gegenüber 14.800) und knapp unter dem angestrebten
Fertigstellungswert (14.670 gegenüber 14.800).

▶ **Lösung 9.8 Bestimmung des Fertigstellungsgrads** Abb. 9.15 zeigt die Ergebnisse zur
Berechnung der Fertigstellungsgrade für AP1 bis AP8 nach den Methoden 0/100,
0/50/100 und auf Basis des Restaufwands.

	BAC	PV	AC	PC	EV
	Gesamt-Budget	Geplantes Budget	tatsächl. Kosten	Fertigstell.-grad	Fertigstell.-wert (EV)
TP1	7.500	7.500	8.200	100%	7.500
TP2	5.000	4.000	3.400	75%	3.750
TP3	3.200	1.800	1.800	65%	2.080
TP4	6.700	1.500	1.900	20%	1.340
TP5	3.800	0	0	0%	0
Projekt	**26.200**	**14.800**	**15.300**	**56%**	**14.670**

Abb. 9.14 Kostenkennzahlen eines Projekts

	Plan	Ist	Rest	Soll	akt.	0/100	0/50/100	Rest	
AP1	15	15	0	15	15	15	15	15,0	=15
AP2	20	18	6	24	18	0	10	15,0	=18/24*20
AP3	20	0	20	20	0	0	0	0,0	
AP4	30	25	10	35	25	0	15	21,4	=25/35*30
AP5	20	0	25	25	0	0	0	0,0	
AP6	40	30	15	45	30	0	20	26,7	=30/45*40
AP7	15	0	15	15	0	0	0	0,0	
AP8	10	0	10	10	0	0	0	0,0	
					88	15	60	78,1	

Abb. 9.15 Fertigstellungsgrade der Arbeistpakete AP1 bis AP8

Der Soll-Wert, der als Hilfsgröße benötigt wird, ist die Summe von Ist-Aufwand und Restaufwand. Nimmt man den Wert der aktuell geleisteten Arbeit als Wert der Leistungen, erhält man als Summe 88 Tage. Dieser Wert ist aber sicher zu groß, da bei manchen Arbeitspaketen mehr Aufwand benötigt wird, als ursprünglich geplant war. Die extrem vorsichtige Berechnung 0/100 geht davon aus, dass nur abgeschlossene Pakete als Leistung vorliegen. Man erhält einen Wert von 15 Tagen. Dichter an der Realität ist die Methode 0/50/100: Laufende Arbeitspakete werden mit 50 % der geplanten Leistung berücksichtigt. Man erhält so einen Wert von 60 Tagen. Die aufwändigere Restwertschätzung berücksichtigt die geleistete Arbeit (Ist), bezieht sie auf den berechneten Soll-Wert (= Ist + Rest) und bewertet damit den Planaufwand. Man erhält somit einen Wert von 78,1 Tagen.

▶ **Lösung 9.9 Interpretation von PV, EV und AC** Projekt P1 ist in jeder Hinsicht exakt im Plan. Bei P2 liegt der Aufwand unter Plan und der Ertrag weit unter Plan. Das bisher erreichte Ergebnis ist weder hinsichtlich des absoluten Fortschritts (EV im Vergleich zu PV) noch in Relation zum Aufwand (EV in Relation zu AC) zufriedenstellend.

P3 liegt geringfügig unter Plan (EV zu PV). Dabei wurden aber Aufwand eingespart. Falls sich der Fortschritt noch ein wenig steigern lässt, kann das noch ein ganz gutes Projekt werden. P4 liegt deutlich über Plan. Auch die Relation zu den Kosten (EV > AC) sieht gut aus. Besser ist nur noch P7: Ertrag über Plan, Kosten deutlich darunter. Was will man mehr?

P5 ist dagegen nicht so erfreulich. Die Kosten sind deutlich überschritten (AC > PV). Zwar ist das Ergebnis auch etwas über Plan, aber das kann das Kostenproblem nicht kompensieren (EV < AC). Schlechter sieht nur noch P6 aus: Kosten über Plan, Ergebnis darunter. Das sieht nach viel Ärger aus.

Wenn es so weiter geht wie bisher, werden alle Projekte, bei denen AC über PV liegt, die Kosten überschreiten, also P4, P5 und P6. Den Endtermin wird P3 eventuell und P2 und P6 höchstwahrscheinlich nicht halten können. Wie man sieht, ist das Problemkind P6 in beiden Problemgruppen dabei.

▶ **Lösung 9.10 Earned Value Analyse** Die Aufstellung in Abb. 9.16 enthält die aus dem Projektplan übernommenen Werte für die geplante Arbeit (Arb.), die Kosten, die aktuelle Arbeit (Aktu.) und die verbleibende Arbeit (Verb.).

Bei der Berechnung des Fertigstellungsgrades anhand der geleisteten Arbeit (a) wird für jedes Arbeitspaket die geleistete Arbeit in Relation zur geplanten Arbeit gesetzt und auf maximal 100 % begrenzt. Die mit den so erhaltenen Prozentwerten gewichtete geplante Arbeit ergibt den Fertigstellungsgrad des Projekts zu 53,3 %. Bei der Methode 0/50/100 werden fertige Pakete zu 100 %, angefangene zu 50 % und alle anderen zu 0 % gezählt. Hier erhält man einen Fertigstellungsgrad von 51,9 %. Bei der Berechnung anhand der Restaufwandsschätzung wird der Restaufwand für jedes Paket in Relation zur Summe von Restaufwand und aktueller Arbeit gesetzt. Hier ergeben sich 48,7 %. Für die Berechnung der EVA-Kennzahlen wird der niedrigste Wert des Fertigstellungsgrad verwendet.

Der BAC sind die geplanten Kosten des Projekts und TAC die geplante Laufzeit (90 Tage). Aus dem Budget BAC und dem gesamten Arbeitsaufwand lässt sich der Tagessatz zu 480 €/Tag ermitteln. Zur Berechnung des Earned Value (EV) wird der Fertigstellungswert (65,8 Tage zum Tagessatz von 480 €) verwendet. Für Actual Cost (AC) wird der geleistete Aufwand (75 Tage) mit dem Tagessatz multipliziert. Die Berechnung des Planned Value (PV) wird AP1 und AP3 komplett, AP2 mit 27 Tagen und AP4 mit 2 Tagen berücksichtigt. Die übrigen Kennwerte ergeben sich, wie in Abb. 9.17 dargestellt.

Das Projekt liegt hinsichtlich Kosten und Fortschritt im Minus. Der Fortschritt (EV = 31.580) liegt unter dem Planwert (PV = 34.560), die Kosten (AC = 36.000) liegen darüber. Dies zeigen auch die Differenzwerte (CV = - 4420, SV = - 2980) und die Indizes (CPI = 0,877, SPI = 0,914). Nach dem aktuellen Stand wird das Projekt den avisierten Zieltermin (90 Tage) um 8,5 Tage überschreiten.

	Arb.	Kosten	Aktu.	Verb.	a		b		c	
Projekt	135	64.800	75	72	53,3%	72,0	51,9%	70,0	48,7%	65,8
AP1	20	9.600	23	0	100%	20,0	100%	20,0	100%	20,0
AP2	45	21.600	25	24	56%	25,0	50%	22,5	51%	23,0
AP3	25	12.000	25	5	100%	25,0	50%	12,5	83%	20,8
AP4	30	14.400	2	28	7%	2,0	50%	15,0	7%	2,0
AP5	15	7.200	0	15	0%	0,0	0%	0,0	0%	0,0

Abb. 9.16 Berechnung des Fertigstellungsgrads

BAC	EV	AC	PV	CV	CPI	SV	SPI	EAC	VAC	ETC	TAC	PAC	DAC
				EV-AC	EV/AC	EV-PV	EV/PV	BAC/CPI	EAC-BAC	EAC-AC		TAC/SPI	PAC-TAC
64.800	31.580	36.000	34.560	-4420	0,877	-2.980	0,914	73.869	9.069	37.869	90	98,5	8,5

Abb. 9.17 Ergebnisse der Earned Value Analyse

▶ **Lösung 9.11 Earned Value Analyse**

a) Das geplante Gesamt-Budget BAC ergibt sich aus dem geplanten Zeitaufwand (500 Tage) multipliziert mit dem Stundensatz (65 € bei 8 Stunden pro Tag ergibt 520 € pro Tag):

BAC=500 Tage * 520 €/Tag = 260 Tsd. €.

b) Die aktuellen Kosten ergeben sich aus dem Ist-Aufwand:

AC= 408 Tage * 520 €/Tag = 212.600 €.

c) Der Fertigstellungswert kann aus dem Planwert der abgeschlossenen Pakete und für die laufenden Pakete mit Hilfe der Restaufwandsschätzung bestimmt werden:

EV= (285 Tage + 85/142*125 Tage) * 520 €/Tag = 187.108 €.

Qualitätsmanagement 10

Zusammenfassung

Qualitätsmanagement hat seinen Ursprung bei der Herstellung von Serienprodukten, aber durch die stetige Ausweitung der Bedeutung des Begriffs ist der Qualitätsaspekt heute in praktisch allen Bereichen zu finden. Dies gilt auch für die Ausführung von Projekten.

Die Qualität eines Projekts wird gemessen an der Erreichung der Anforderungen und Ziele. Sie bilden daher den Input für die Qualitätsplanung (siehe Abb. 10.1). Sie legt fest, wie die Qualität des Projektergebnisses erfasst werden kann und welche Maßnahmen im Laufe des Projekts für die Zielerreichung notwendig sind. Für die richtige Umsetzung dieser Maßnahmen sorgt die Qualitätslenkung. Sie überwacht den Fortschritt aus Qualitätssicht und reagiert auf neue Erkenntnisse und auf Änderungen der Anforderungen.

10.1 Qualität

Die Qualität eines Produkts ist der Grad, in dem seine Beschaffenheit die gestellten Anforderungen erfüllt. Produkte können dabei materielle Objekte, immaterielle Objekte oder Dienstleistungen sein. Bei den Anforderungen, die an die Qualitätsmerkmale eines Produkts gestellt werden, kann zwischen Muss- und Soll-Anforderungen unterschieden werden. Eine weiter gehende Unterteilung der Anforderungen liefert das Kano-Modell, das zwischen Basis-, Leistungs- und Begeisterungsmerkmalen unterscheidet .

Die Bewertung der Qualität von Produkten durch Kunden ist meist subjektiv geprägt. Die Hersteller der Produkte sind bestrebt, die Bestimmung der Qualität durch messbare Kriterien zu objektivieren. Außerdem muss bei der Bewertung der Qualitätsanforderungen

© Springer Fachmedien Wiesbaden GmbH, ein Teil von Springer Nature 2021   153
W. Jakoby, *Intensivtraining Projektmanagement*,
https://doi.org/10.1007/978-3-658-32836-8_10

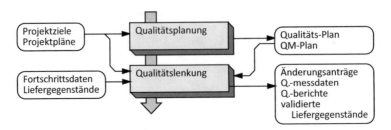

Abb. 10.1 Prozesse des Qualitätsmanagements

und der Einführung von Maßnahmen zur Steigerung der Qualität auch die Relation zu den Kosten berücksichtigt werden.

Die institutionalisierte Handhabung des Qualitätsmanagements (QM) in Unternehmen hat mittlerweile eine lange Entwicklungsgeschichte. Diese beginnt vor rund 100 Jahren mit Maßnahmen zur Qualitätsprüfung für die Ergebnisse einer Produktionslinie. Die nächste Entwicklungsstufe stellen qualitätsverbessernde Maßnahmen für die Produktionsprozesse dar. Die Notwendigkeit, die einzelnen Maßnahmen zu einer zusammenwirkenden, durchgängigen Einheit zu formen, kommt in der Schaffung von Qualitätsmanagementsystemen (QMS) zum Ausdruck. Ihr Aufbau wird in der Normenreihe ISO 9000 geregelt, deren Einsatz in vielen Unternehmen heute selbstverständlich ist. Total Quality Management (TQM) schließlich definiert QM in einer sehr umfassenden Weise, die die Qualität des gesamten Unternehmens zum Ziel hat.

▶ **Aufgabe 10.1 Produktqualität und Kundenzufriedenheit** Im Allgemeinen gibt es für jedes Produkt bzw. jede Dienstleistung eine bunte Mischung von Basis-, Leistungs- und Begeisterungsanforderungen. Manchmal dominiert aber auch ein Kategorie. Suchen Sie jeweils ein typisches Beispiel für ein Produkt oder eine Dienstleistung, bei dem Basisanforderungen, Leistungsanforderungen und Begeisterungsanforderungen dominieren.

Woran erkennen sie am einfachsten, dass die eine oder andere Kategorie überwiegt? Was wäre für Sie ein Grund, den Anbieter bei den drei Kategorien zu wechseln? Welche Schlussfolgerungen würden Sie als Anbieter dieser drei Produkte ziehen?

▶ **Aufgabe 10.2 Qualitätsmerkmale bei einem Auto** Benennen Sie die für Sie wichtigsten acht bis zehn Qualitätsmerkmale für die Anschaffung eines Autos. Welche Muss- und Soll-Anforderungen würden Sie hier definieren? Welche Merkmale würde Sie als Basis-, Leistungs- und Begeisterungsmerkmale ansehen?

10.2   Qualitätsmanagementsysteme

Ein Qualitätsmanagementsystem (QMS) fasst die zahlreichen Methoden zur Planung und Steuerung der Qualität in einem Unternehmen zu einer durchgängigen Einheit zusammen. Als Folge der über viele Jahrzehnte andauernden Entwicklung der QM-Aktivitäten in den Unternehmen, ist der Aufbau eines durchgängigen Qualitätsmanagementsystems heute faktisch zur Pflicht geworden. Die entsprechenden Merkmale und Anforderungen sind in der Normenreihe ISO 9000 verbindlich festgelegt. Dies gibt den Unternehmen Anhaltspunkte für den Aufbau eines QMS und erlaubt eine verbindliche Zertifizierung.

Die verwendeten Begriffe und die acht Grundsätze, die dem Aufbau eines QMS zugrunde gelegt werden sollen, sind in der ISO 9000 definiert. Diese Grundsätze beziehen sich auf die im Qualitätsprozess handelnden und die davon betroffenen Personen, auf die Prozess- und Managementsicht im Unternehmen sowie auf die kontinuierliche Verbesserung durch systematische Problemlösung als unternehmerische Aufgabe.

Die ISO 9001 gliedert den QM-Prozess in vier Teilprozesse und legt die Anforderungen an diese Prozesse verbindlich fest (Abb. 10.2). Die Prozesse „Verantwortung der Leitung", „Management der Ressourcen", „Produktrealisierung" und „Messung, Analyse und Verbesserung" bilden einen rückgekoppelten Wirkungskreis und sorgen so für die ständige Verbesserung des QMS im Unternehmen.

▶   **Aufgabe 10.3 QM-Grundsätze der ISO 9000** Einer Ihrer Bekannten möchte eine Imbissbude eröffnen. Da er weiß, dass Sie sich im QM auskennen, würde er gerne wissen, was die Anwendung der Normenreihe ISO 9000 für seinen „Produktionsbe-

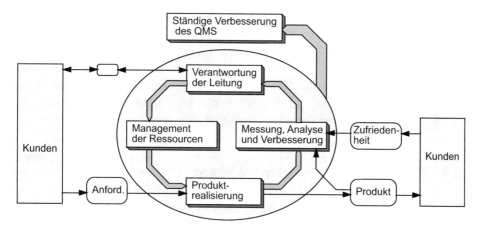

Abb. 10.2 Das QM-Prozessmodell

trieb" bedeuten würde. Erläutern Sie ihm an einfachen Beispielen, wie sich die acht Grundsätze der ISO 9000 in seinem Falle äußern.

10.3   Qualitätsorientierte Managementkonzepte (QoM)

Im Laufe seiner Entwicklung hat sich das Augenmerk des QM vom Produkt über die Herstell- und Entstehungsprozesse auf fast alle im Unternehmen ablaufenden Prozesse ausgedehnt. Mehrere neue Management-Ansätze gehen noch weiter und betrachten die Qualität der Produkte als das dominierende Unternehmensziel, aus dem sich alle anderen ableiten. Sie können als qualitätsorientierte Managementkonzepte bezeichnet werden.

Die umfassendste Sichtweise auf das Thema QM vertritt heute das Konzept des Total Quality Management. Der „totale" Ansatz von TQM setzt sich zusammen aus der Einbeziehung aller am Herstellen und Nutzen von Produkten beteiligten Personen, aus der Berücksichtigung der Qualitätsmerkmale der Produkte, der Prozesse, der Arbeiten und des gesamten Unternehmens sowie einem Management, das die Teamfähigkeit, Lernfähigkeit und Verantwortlichkeit zum Ziel hat. TQM ist daher nicht mehr nur als ein QM-Konzept zu sehen, sondern eher als ein qualitätsorientiertes Konzept zur Führung eines Unternehmens.

Die Vereinbarkeit von Qualität und Wirtschaftlichkeit ist das Ziel des Lean Management. Die Arbeitsabläufe in den Prozessen werden so organisiert, dass die vielfältigen Formen von Verschwendung vermieden werden. Zudem wird die kontinuierliche Verbesserung als aktiver und systematischer Prozess etabliert.

Reifegradmodelle ermitteln die Kompetenzniveaus von Unternehmen für die Erfüllung ihrer Aufgaben auf der Basis ihrer Fähigkeit zur Ausführung der benötigten Prozesse. Das Capabilty Maturity Model Integration (CMMI) benennt hierzu eine ganze Reihe von Prozessgebieten, die für die Entwicklung, für die Beschaffung oder die Dienstleistungserbringung benötigt werden. Für jedes Prozessgebiet kann dann der Fähigkeitsgrad mit Hilfe spezifischer und generischer Ziele und Praktiken ermittelt werden.

▶   **Aufgabe 10.4 Geänderter Qualitätsbegriff in TQM**   Beschreiben Sie in eigenen Worten die geänderte Bedeutung des Qualitätsbegriffs im Rahmen des Total Quality Management und erläutern Sie ihn an einem einfachen Beispiel.

10.4   Qualitätsmanagement in Projekten

Durch die immer weiter gehende Ausdehnung des Qualitätsbegriffs ist es verständlich, dass auch die Qualität von Projekten und der darin erzeugten Produkte durch QM-Methoden verbessert werden kann. Dazu werden die allgemeingültigen Methoden auf die besonderen Bedingungen der Projekte angepasst.

Abb. 10.3 Unvollständiges House of Quality

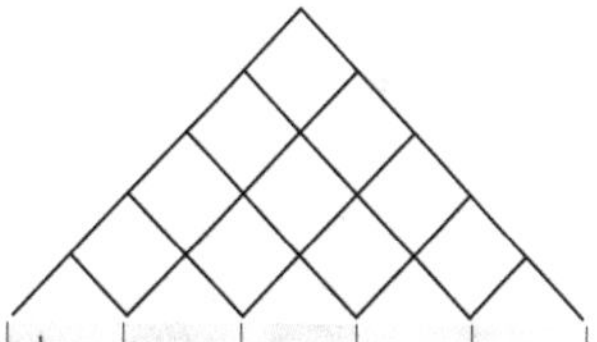

		100,0%	Leichtmetall-guss	Klebe-verbindung	Spezial-Lackierung	Folien-tastatur	Kompakt-Bauweise
1	Hohe Robustheit	30,0%			1	1	
2	Geringes Gewicht	30,0%	5			1	2
3	Gute Dichtigkeit	25,0%		3			2
4	Ergonomisches Design	15,0%			2	4	

Bei der Qualitätsplanung liegt der Schwerpunkt auf der vollständigen und systematischen Erfassung der Anforderungen an das Projektergebnis und in der Spezifikation der Maßnahmen für den Test und die Prüfung. Die Qualitätslenkung überwacht während der Projektdurchführung die korrekte Anwendung der geplanten Maßnahmen sowie den Umgang mit unvermeidbaren Anforderungsänderungen.

Eine komplexere Methode, die vor allem für Entwicklungsvorhaben eingesetzt wird, ist das Quality Function Deployment (QFD). Die Qualität soll hier effizient erreicht werden, indem genau die Produkt-Funktionen entwickelt werden, die den größten Beitrag zur Erfüllung der Anforderungen leisten. Im House of Quality (HoQ) werden dazu die Anforderungsmerkmale und die möglichen Lösungsmaßnahmen zueinander in Beziehung gesetzt. Mit Hilfe der Gewichtung der Anforderungen und der Ermittlung des Beitrags der verschiedenen Lösungsmaßnahmen werden dann die Maßnahmen ausgewählt, die verwirklicht werden sollen.

Die Festlegungen der Anforderungen an die im Projekt ablaufenden Prozesse ist Gegenstand der ISO 10006, die die Forderungen der ISO 9001 auf Projekte überträgt. Diese Norm definiert für ein Projekt insgesamt 37 Prozesse, die in 13 Prozessgruppen gegliedert sind. Für jeden Prozess werden Anforderungen festgelegt und Gestaltungshinweise gegeben.

▶ **Aufgabe 10.5 House of Quality** Das Diagramm in Abb. 10.3 zeigt ein unvollständig ausgefülltes House of Quality.

Was stellen die Merkmale in der linken Spalte („Hohe Robustheit" bis „Ergonomisches Design") dar? Was stellen die Merkmale in der oberen Zeile dar („Leichtmetallguss" usw.)? Welche Bedeutung haben die Zahlenwerte? Wozu dient das

„Dach" des House of Quality? Berechnen Sie nun die absoluten und die relativen Teilnutzen. Was sagen die Ergebnisse dieser Berechnung aus?

▶ **Aufgabe 10.6 House of Quality für den Urlaub** Erstellen Sie für die Gestaltung eines „schönen" Urlaubs ein „House of Quality". Formulieren Sie zunächst die Anforderungen, die Sie und Ihre Begleitpersonen an einen „schönen" Urlaub stellen. Legen Sie dann Prioritäten für die Anforderungen fest. Durch welche Einzelmaßnahmen können Sie die Anforderungen erfüllen? Welche gegenseitigen Beeinflussungen bestehen zwischen diesen Maßnahmen? Beurteilen Sie die Korrelation, die zwischen den Anforderungen und den Maßnahmen bestehen. Berechnen Sie nun die Einflussstärke der verschiedenen Maßnahmen.

▶ **Aufgabe 10.7 Qualitätsanforderungen für ein Projekt** Im Projekt zur Einführung einer neuen CAD-Software in der Konstruktionsabteilung (siehe Aufgabe 1.7) gibt es verschiedene Stakeholder, die auch unterschiedliche Anforderungen an die Qualität des Projekts und des Ergebnisses haben. Welche betroffenen, beteiligten oder interessierten Personen bzw. Personengruppen können Sie erkennen? Nennen Sie für die verschiedenen Beteiligten jeweils zwei Anforderungen.

▶ **Aufgabe 10.8 Normenvergleich ISO 10006, ISO 9011, PMBOK** Die Normen ISO 9001 und ISO 10006 haben sehr viele Gemeinsamkeiten. Dies gilt auch für die beiden Prozessmodelle für Projekte, die in der ISO 10006 und im PMBOK-Standard beschrieben werden. Im Internet finden Sie (kostenlos) Gliederungen der ISO 9001 (Beuth9001) und der ISO 10006 (Beuth10006). Ein kurze Beschreibung des PMBOK-Inhalts finden Sie z. B. in Wikipedia (PMBOK2014)

Vergleichen Sie zunächst die Gliederung der ISO 9001 und der ISO 10006. Was fällt Ihnen dabei auf? Versuchen Sie nun für die jeweiligen Projektmodelle die Prozessgruppen der ISO 10006 und die Wissensgebiete des PMBOK einander zuzuordnen. Wo gibt es Gemeinsamkeiten und wo sind Unterschiede?

10.5   Lösungen

▶ **Lösung 10.1 Produktqualität und Kundenzufriedenheit** Die Basisanforderungen dominieren bei Produkten des täglichen Lebens, die im besten Fall gar nicht wahrgenommen werden, wie dem Strom-, Telefon-, Gas- oder Internetanschluss. Auch die Versorgung mit Leitungswasser oder das Funktionieren der Kanalisation gehören hierzu. Die Verfügbarkeit dieser Produkte bzw. Leistungen wird als selbstverständlich angesehen. Falls es konkurrierende Lieferanten gibt, entscheidet nur der Preis.

Verbesserungen des Produkts sind praktisch nicht möglich bzw. sie werden weder erkannt noch honoriert. Als Lieferant eines solchen Produkts kann man nur durch strikte Kostenreduzierung Marktanteile gewinnen und Geld verdienen.

Bei Produkten oder Dienstleistungen mit überwiegenden Leistungsanforderungen ist man bereit, für verbesserte Qualitätsmerkmale proportional mehr zu zahlen. Ein typische Beispiel wäre ein Transportservice, bei dem umso mehr bezahlt wird, je schneller die Lieferung erfolgt. Ein kleiner Lieferant für eine solche Dienstleistung sollte versuchen sich auf ein Ende des Leistungsspektrum zu konzentrieren, also entweder sehr schnell oder sehr preiswert zu sein. Ein großer Lieferant dagegen könnte in allen Leistungsbereichen die Dienstleistung anzubieten und dem Kunden z. B. die Auswahl geben zwischen preiswerter und langsamer oder schneller und teurer Lieferung.

Bei Produkten mit Begeisterungscharakteristik wird weniger auf den Preis geschaut. Luxusartikel oder besondere Events fallen in diese Kategorie. Bei Uhren z. B. gibt es Preisunterschied von etlichen Zehnerpotenzen. Alle Uhren zeigen die Zeit an. Das ist selbstverständlich. Begeistern können das Design, die verwendeten Materialien und die Exklusivität, die letztlich am Preis festgemacht wird. Als Hersteller solcher Produkte wäre es abwegig auf den Preis zu schauen. Hier gilt es begeisterungsfähige Faktoren zu erkennen und diese zu perfektionieren.

▶ **Lösung 10.2 Qualitätsmerkmale bei einem Auto** Meine (persönlichen) wichtigsten acht bis zehn Qualitätsmerkmale für die Anschaffung eines Autos sind in Tab. 10.1

Tab. 10.1 Qualitätsmerkmale für die Anschaffung eines Autos

Qualitätsmerkmal	Soll/Muss	Kano-Typ
Niedriger Verbrauch (max. 6 l auf 100 km)	Soll	Leistung
Zuverlässigkeit: möglichst keine Pannen	Soll	Basis
Ansprechendes Design	Muss	Begeisterung
Mindestens 4 Sitzplätze	Muss	Basis
Kofferraum für mindestens 6 Getränkekisten	Soll	Basis
Beschleunigung 0–100 km/h in max. 12 Sek.	Soll	Begeisterung
Gute Verarbeitung	Muss	Leistung
Neuste Sicherheitsstandards	Muss	Basis
Niedrige Anschaffungskosten	Soll	Leistung
Hoher Wiederverkaufswert	Soll	Leistung

aufgelistet. In Spalte 2 sind Soll- und Muss-Anforderungen gekennzeichnet und in Spalte 3 die Merkmale gemäß Kano-Modell.

▶ **Lösung 10.3 QM-Grundsätze der ISO 9000** Einbeziehung von Personen: „Ganz wichtig ist es, wer in der Imbissbude kocht und die Gäste bedient. Wenn du selbst keine Zeit hast, musst du hier auf das richtige Personal achten."

Kundenorientierung: „Wer sollen deine Kunden sein? Denkst du da an zufällige Laufkundschaft oder willst du Stammkunden haben? Was wollen die am liebsten essen? Wollen die schnell im Stehen essen oder sich lieber hinsetzen?"

Führung: „Du musst das Speisenangebot und die Arbeitsabläufe festlegen. Du musst Vorgaben für die Zubereitung der Speisen und den Umgang mit den Kunden machen. Diese Vorgaben musst du auch selbst einhalten und vorleben."

Lieferantenbeziehung „Überlege dir von welchem Lieferanten du das Essen beziehst. Schaue nicht nur auf den Preis! Probiere die Sachen selbst aus und lasse Familie, Freunde, Bekannte das Essen testen."

Prozessorientierter Ansatz: „Lege die Arbeitsabläufe fest. Das betrifft die Zubereitung der Speisen, den Umgang mit den Kunden, den Umgang mit dem Geld sowie das Sauberhalten der Bude und der unmittelbaren Umgebung."

Systemorientierter Managementansatz: „Berücksichtige wie die Dinge zusammenhängen. Der Umgang mit den Kunden bestimmt, ob sie wiederkommen. Der beste Koch kann nur mit guten Rohstoffen gutes Essen machen."

Sachbezogene Entscheidungsfindung: „Erfasse deine Kosten, den Umsatz und den Gewinn. Mit welchen Speisen wird der meiste Umsatz gemacht? Was tragen sie zum Gewinn bei? Zu welchen Tageszeiten, Wochentagen und bei welchen Mitarbeitern wird der meiste Umsatz gemacht? Kunden, die sich beklagen, würden gerne wiederkommen, wenn ihre Beschwerden ernst genommen werden. Unzufriedene Kunden, die nichts sagen, kommen nicht wieder."

Ständige Verbesserung: „Schau dir die Arbeitsabläufe immer wieder an. Was kann man besser machen? Höre zu, was die Kunden oder die Mitarbeiter sagen. Komme als Kunde zur eigenen Imbissbude. Schau dir den Wettbewerb an."

▶ **Lösung 10.4 Geänderter Qualitätsbegriff in TQM**   Im „klassischen" QM deckt der Qualitätsbegriff nur die Anforderungen der Kunden an das Produkt ab. In TQM werden die Anforderungen aller Beteiligten berücksichtigt. Die Mitarbeiter des produzierenden Unternehmens, dessen Anteilseigner, die Lieferanten und auch alle anderen, die mit der Produktion im weitesten Sinne zu tun haben oder davon betroffen sind, werden also als Anforderungssteller einbezogen. Der Qualitätsbegriff dehnt sich deshalb vom Produkt über dessen Produktionsprozess bis hin zum ganzen Unternehmen aus.

Das Ziel der Qualitätsmaßnahmen ist also z. B. nicht erreicht, wenn das Produkt zwar alle Anforderungen erfüllt, aber die Mitarbeiter des Unternehmens unter fragwürdigen Bedingungen arbeiten müssen, das Unternehmen dauerhaft Verluste einfährt oder bei der Produktion unzulässige Schadstoffe an die Umwelt abgegeben werden.

▶ **Lösung 10.5 House of Quality** Die Merkmale der linken Spalte des House of Quality stellen die Anforderungen an das zu entwickelnde Produkt dar. In der oberen Zeile sind mögliche Maßnahmen zur Erfüllung der Anforderungen eingetragen. Die Prozentwerte der zweiten Spalte beschreiben die Gewichtung der Kundenanforderungen. Die Summe der Prozentwerte beträgt 100 %, so dass also hohe Robustheit z. B. einen Anteil von 30 % an den Gesamtanforderungen hat. Die Zahlenwerte in der Matrix beschreiben den Beitrag einer Lösungsmaßnahme zur entsprechenden Anforderung. Im Dach des HoQ kann die gegenseitige Beeinflussung der Maßnahmen dargestellt werden.

Den absoluten Teilnutzen für jede Lösungsmaßnahme erhält man durch Multiplikation der Zahlenwerte in der zugehörigen Spalte mit der Gewichtung. Dividiert man jeden Teilnutzen durch die Summe aller Teilnutzen ergibt sich der relative Teilnutzen. Er zeigt, welchem Anteil jede Maßnahme am Nutzen der Gesamtlösung hat (siehe Abb. 10.4). Der Leichtmetallguss trägt also mit 29 % am meisten zur Lösung bei, die Spezial-Lackierung mit 12 % am wenigsten.

Abb. 10.4 Vollständiges House of Quality

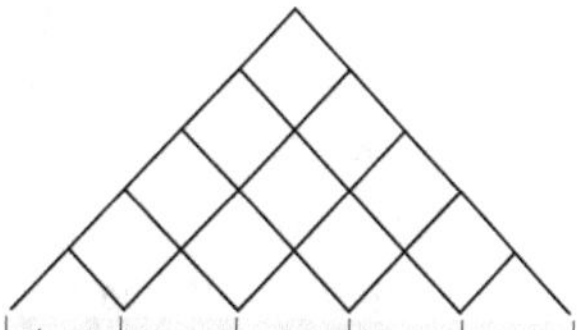

	100,0%	Leichtmetall-guss	Klebe-verbindung	Spezial-Lackierung	Folien-tastatur	Kompakt-Bauweise
1 Hohe Robustheit	30,0%				1	1
2 Geringes Gewicht	30,0%	5			1	2
3 Gute Dichtigkeit	25,0%		3			2
4 Ergonomisches Design	15,0%			2	4	
Bedeutung (Absolut)		1,50	0,75	0,60	1,20	1,10
Bedeutung (Relativ)		29%	15%	12%	23%	21%

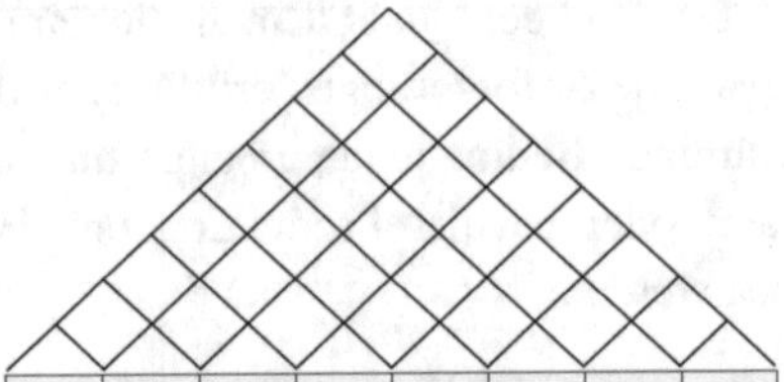

	100,0%	Hotel	Campen	All-inclusive	nur Frühstück	Flug	Auto	Badeurlaub	Städtereise
1 Entspannung/Wellness	15,0%	3						3	
2 Kulinarische Erlebnisse	15,0%	1			3			2	2
3 Schöne Landschaft	15,0%					3	2		
4 Interessante Unternehmungen	15,0%						2		1
5 Sehenswürdigkeiten	10,0%						2		2
6 Kulturelle Aktivitäten	15,0%								2
7 Niedriger Preis	15,0%		2	2		1		1	
Bedeutung (absolut)		0,60	0,30	0,30	0,45	0,60	0,80	0,90	0,95
Bedeutung (relativ)		12%	6%	6%	9%	12%	16%	18%	19%

Abb. 10.5 House of Quality für die Urlaubsplanung

▶ **Lösung 10.6 House of Quality für den Urlaub** Zunächst werden die Anforderungen, Erwartungen, Wünsche gesammelt. Die Prioritäten werden durch Gewichtungsfaktoren (angegeben in Prozent) ausgedrückt (siehe Abb. 10.5).

Als nächstes werden mögliche Maßnahmen gesucht, mit denen einzelne oder mehrere der Anforderungen erfüllt werden können. Dabei kommt es darauf an, möglichst Maßnahmen zu finden, die miteinander kombiniert werden können. Nur dadurch können am Ende viele Ziele erreicht werden. Es geht hier nicht darum, aus mehreren Alternativen genau eine auszuwählen! Natürlich ist es nicht vermeidbar, dass sich manche Maßnahmen gegenseitig hemmen oder gar blockieren. Im Beispiel sind gegenseitige Blockaden im oberen Teil des House of Quality durch ein „–" gekennzeichnet.

Dann wird geprüft, wie gut jede einzelne Maßnahme zur Erfüllung der Anforderung beitragen kann. Wo ein Beitrag möglich ist, wird dieser auf einer Skala von Eins bis Drei ausgedrückt. An vielen Stellen ergibt sich kein Einfluss und die entsprechende Zelle bleibt leer.

Die gewichtete Summation der Einflussstärken liefert für jede Maßnahme einen Zahlenwert, der auch als relativer Beitrag zur Anforderungserfüllung ausgedrückt wird. Daraus ergeben sich Aussagen, wie stark jede mögliche Maßnahme zur Erfüllung des gesamten Anforderungsportfolios beiträgt. Zur endgültigen Gestaltung des Urlaubs können dann Maßnahmen ausgewählt werden, die einen starken Einfluss besitzen und sich gegenseitig nicht ausschließen. Im vorliegenden Fall wird eine Städtereise mit Badeurlaub in einem Hotel mit Frühstück kombiniert. Die Anreise erfolgt mit dem Auto.

▶ **Lösung 10.7 Qualitätsanforderungen für ein Projekt** An der Einführung der CAD-Software ist natürlich das Projektteam beteiligt. Als Auftraggeber muss die Geschäftsleitung oder die Abteilungsleitung berücksichtigt werden. Als dritte beteiligte Personengruppe muss der Lieferant berücksichtigt werden. Von der Einführung sind die Personen unmittelbar betroffen, die mit dem CAD-System arbeiten. Weitere Betroffene können die Abteilungen sein, die Daten vom CAD-System bekommen oder in anderer Weise damit interagieren. Folgende Anforderungen können von diesen Stakeholdern kommen:

Projektteam:
- gute Arbeitsbedingungen für die Projektdurchführung,
- Honorierung überdurchschnittlicher Leistungen.

Auftraggeber:
- Einhaltung des Projektterminplans und des Budgets,
- Erzielung der erhofften Verbesserungen.

Lieferant
- Pünktliche Bezahlung,
- Positive Referenz bei Zufriedenheit mit der Software und dem Service.

Nutzer:
- Vereinfachung des Umgangs,
- Verbesserung der Funktionalität.

Externe:
- Kompatibilität mit Daten- und Dateistandards,
- Bereitstellung aller benötigten Daten.

Tab. 10.2 Gegenüberstellung der Normengliederungen

ISO 9001 Kap. 7	ISO 10006, Kap. 7	PMBOK-Wissensgebiete
7.1 Planung der Produktreal.	7.1 Allgemeines	
7.2 Kunden-Prozesse	7.2 Abhängigkeitsbezog. Prozesse	4 Integration
7.3 Entwicklung	7.3 Umfangsbezogene Prozesse	5 Inhalt und Umfang
7.4 Beschaffung	7.4 Zeitbezogene Prozesse	6 Termine
7.5 Produktion & Dienstleistung	7.5 Kostenbezogene Prozesse	7 Kosten
7.6 Lenkung der Überwachung	7.6 Kommunikationsbez. Prozesse	10 Kommunikation
	7.7 Risikobezogene Prozesse	11 Risiko
	7.8 Beschaffungsprozesse	12 Beschaffung
		8 Qualität
		9 Personal

▶ **Lösung 10.8 Normenvergleich ISO 10006, ISO 9011, PMBOK** Die ISO 9001 und die ISO 10006 sind auf der höchsten Gliederungsebene exakt gleich. Lediglich der Titel von Kap. 4 („QMS" in der ISO 9001) trägt in der ISO 10006 dem Bezug auf Projekte Rechnung („QMS in Projekten").

Zu den insgesamt 34 Seiten Inhalt bei der ISO 9001 (ohne Einleitung und Anhang) trägt Kap. 7 (Produktrealisierung) den größten Teil bei, nämlich 14 Seiten. Bei ISO 10006 sind es 16 von 36 Seiten. Die Untergliederung dieses Kapitels unterscheidet sich zwischen der ISO 9001 und der ISO 10006 deutlich. Dies rührt daher, dass die ISO 9001 Qualitätsmanagementsysteme sehr umfassend für alle Arten von Produkten normiert, während die ISO 10006 speziell auf QMS für Projekte zugeschnitten ist.

Große Übereinstimmung findet man beim Vergleich der Untergliederung von Kap. 7 der ISO 10006 und die Wissensgebiete des PMBOK, wie die Gegenüberstellung in Tab. 10.2 zeigt. PMBOK-Wissensgebiete, die in der ISO 10006 nicht auftauchen, sind Qualität und Personal.

Literatur

Beuth10006 http://www.beuth.de/de/technische-regel/din-fachbericht-iso-10006/71196185. Abgerufen am 18.8.2014
Beuth9001 http://www.beuth.de/de/norm/din-en-iso-9001/110767367. Abgerufen am 18.8.2014
PMBOK2014 http://de.wikipedia.org/wiki/PMBOK. Abgerufen am 18.8.2014

Projektsteuerung

11

Zusammenfassung

Die Projektsteuerung dient zur Überwachung und Lenkung der Arbeiten während der Durchführung eines Projekts (siehe Abb. 11.1). Dies ist in der Regel die längste aller Projektphasen. Sie endet mit einem expliziten Projektabschluss, der ein Projekt erst zu einem Erfolg werden lässt.

Zur Projektsteuerung gehört die Überwachung des tatsächlichen Fortschritts. Aus dessen Vergleich mit den Planungen ergeben sich steuernde Eingriffe, um auf ungeplante Ereignisse reagieren und Abweichungen ausgleichen zu können. Sind die bei der Durchführung auftretenden Probleme zu massiv, muss die Planung angepasst werden. Damit dies in kontrollierter Form passiert, wird ein eigenständiges Änderungsmanagement benötigt.

11.1 Projektkontrolle

Der in der Projektplanung erstellte Ablauf- und Terminplan stellt den Soll-Verlauf für die Projektdurchführung dar. Der im Verlauf eines Projekts erzielte Fortschritt weicht praktisch immer von den Planungen ab. Dies muss erfasst und durch geeignete steuernde Eingriffe korrigiert werden.

Die Feststellung des jeweiligen Ist-Zustandes eines Projekts ist angesichts vieler beteiligter Personen und auszuführender Arbeiten kein leichtes Unterfangen. Um keine wesentlichen Informationen zu verpassen, ist eine systematische und regelmäßige Erfassung notwendig. Hierzu dient das Projektberichtswesen. Die Regeln für die Erstellung, Verteilung und Ablage der Berichte sollten im Rahmen der Informationsorganisation festgelegt und

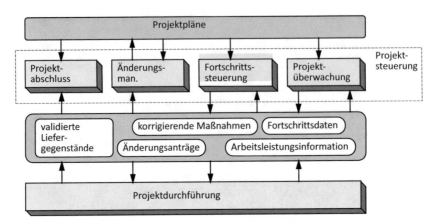

Abb. 11.1   Prozesse der Projektsteuerung

im PM-Handbuch dokumentiert sein. Als weiteres Werkzeug zur Erfassung wichtiger Projektinformationen dienen informelle Abfragen, bei denen die Projektleitung in persönlichen Gesprächen die Meinungen und Einschätzungen der beteiligten Personen aufnimmt.

Aus den vielen erfassten Detail-Informationen müssen Aussagen über den Fortschritt des Projekts gewonnen werden. Als besonders aussagekräftig hat sich die Bestimmung des Fertigstellungsgrades auf der Ebene der Arbeitspakete herausgestellt. Hierfür stehen verschiedene Methoden zur Verfügung, wie z. B. Zeit- oder Mengenproportionalität, fixe Statusschritte sowie das Schätzen des Fortschritts oder des Restaufwands.

Damit der Fertigstellungsgrad des Projekts als komprimierte Aussage über den aktuellen Istzustand richtig bewertet werden kann, wird für jeden Zeitpunkt ein Soll-Fortschrittswert benötigt. Der Fortschritt verläuft bei vielen Projekten in einer nicht linearen, S-förmigen Kurve. Zunächst ist der Fortschritt gering, dann steigt er stark an um gegen Projektende wieder abzuflachen. Diese starke Nichtlinearität muss für den Vergleich mit den Istwerten und für die Festlegung der Meilensteintermine berücksichtigt werden. Auch der Verlauf der akkumulierten Kosten über der Projektzeit besitzt einen charakteristischen nicht linearen Verlauf. Seine Kenntnis ist für die Festlegung der freizugebenden Budgets notwendig.

Die zeitliche Entwicklung der verschiedenen Planungszustände im Verlauf eines Projekts kann anhand eines Meilenstein-Trenddiagramms visualisiert werden. In ihm werden in regelmäßigen Zeitabständen die geplanten Meilensteintermine eingetragen, so dass sich Trendlinien ergeben. Deren Auswertung ermöglicht mit geringem Aufwand Rückschlüsse über den bisherigen und den erwarteten zukünftigen Verlauf eines Projekts.

▶ **Aufgabe 11.1 Fertigstellungsgrad ermitteln** Tab. 11.1 zeigt den geplanten und den bisher geleisteten Arbeitsaufwand sowie den geschätzten Restaufwand für die Arbeitspakete eines kleinen Projekts.

In der Spalte „Geschätzt" ist der von den Mitarbeitern geschätzte Fertigstellungsgrad der einzelnen Arbeitspakete angegeben. Wie können Sie daraus den FGR des

Tab. 11.1 Plan-, Ist- und Restaufwand

	Aufwand			Fertigstellungsgrad (FGR)					
	Plan	Ist	Rest	Geschätzt		0/100	0/50/100	Zeitprop.	Rest
AP1	25	27	0	100 %					
AP2	36	30	10	85 %					
AP3	40	10	30	25 %					
AP4	30	15	25	45 %					
AP5	20	0	25	0 %					
Projekt	151	82	90		a:	b:	c:	d:	e:

Tab. 11.2 Meilensteintermine

t =	0	10	20	30	40	50	60	70	80	90	100
t_z	100	107	100	90							
t_4	80	85	80	75							
t_3	55	60	55	50							
t_2	45	48	48	40							
t_1	20	30	25								
t_0	0										

Gesamtprojekts ermitteln (a)? Bestimmen Sie nun für jedes Arbeitspaket und für das Gesamtprojekt den Fertigstellungsgrad nach den Methode 0/100 (b), nach der Methode 0/50/100 (c), nach der Zeitproportionalität (d) und mit Hilfe der Restaufwandsschätzung (e). Vergleichen und kommentieren Sie die Ergebnisse.

▶ **Aufgabe 11.2 Terminprobleme beheben** Bei einem Projekt mit einer geplanten Laufzeit von zwölf Monaten wird nach sieben Monaten ein Fertigstellungsgrad von 45 % ermittelt. Dieser hätte eigentlich nach fünf Monaten erreicht sein sollen. Das Kostenbudget ist fast zur Hälfte aufgebraucht. Was ist nicht das Problem? Was kann grundsätzlich getan werden, um den geplanten Zieltermin einzuhalten?

▶ **Aufgabe 11.3 Projektfortschritt und Personaleinsatz** Erläutern Sie in eigenen Worten das Zustandekommen des S-förmigen Verlaufs des Projektfortschritts. Skizzieren Sie in einem gemeinsamen Diagramm den Verlauf des Fortschritts und des Personalaufwands für ein typisches Projekt. Wie hängen beide Kurven miteinander zusammen?

▶ **Aufgabe 11.4 Meilenstein-Trenddiagramm und -Analyse (1)** Tab. 11.2 zeigt den Verlauf von sechs Meilensteinterminen (t_0 bis t_z).

Übertragen Sie die Werte für die dargestellten Überwachungszeitpunkte in ein Meilenstein-Trenddiagramm. Wie weit ist das Projekt zeitlich und inhaltlich fortgeschritten? Welcher Fehler wurde bei der anfänglichen (t = 0) Festlegung der Meilensteine gemacht? Was ist zu tun, um diese in künftigen Projekten zu vermeiden? Wurden bei der weiteren Fortschrittsplanung Fehler gemacht? Begründen Sie Ihre Antwort. Skizzieren Sie im Diagramm den weiteren Verlauf des Zieltermins t_z, wenn dieser bei der nächsten Überprüfung auf 105 angehoben werden muss und im weiteren Verlauf bis zum Projektende auf 95 sinkt. Welchen Verlauf halten sie für diesen Fall für die übrigen Meilensteine als realistisch. Stellen Sie diese Verläufe ebenfalls dar.

▶ **Aufgabe 11.5 Meilenstein-Trenddiagramm und -Analyse (2)** Das Diagramm in Abb. 11.2 zeigt den Verlauf von vier Meilensteinterminen (t_1 bis t_z). Übertragen Sie die Werte aus dem Diagramm für t = 0, t = 10, t = 20 und t = 30 in eine geeignete Tabelle.

Wie weit ist das Projekt zeitlich und inhaltlich fortgeschritten?

Welche Fehler wurden bisher bei der Fortschrittsplanung gemacht?

Was ist zu tun, um diese im weiteren Projektverlauf zu vermeiden?

Tragen Sie in der Tabelle mögliche Werte für den weiteren Verlauf des Zieltermins t_z ein, wenn dieser zum aktuellen Zeitpunkt auf $t_z = 130$ angehoben werden muss und dann im weiteren Verlauf des Projekts gleichmäßig bis auf $t_z = 110$ wieder reduziert werden kann. Welchen Verlauf würden Sie für die beiden Meilensteine t_2 und t_3 für diesen geplanten Zielterminverlauf als realistisch ansehen. Stellen Sie diese beiden Verläufe ebenfalls dar.

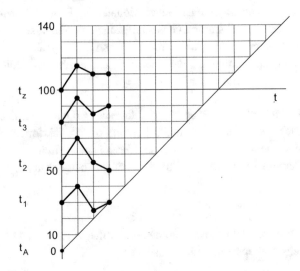

Abb. 11.2 Meilensteintrenddiagramm

Projekt:	Solaranlage für Maschinenhalle		
Projektleiter:	Thomas T.	Projekt-Nr.:	

Thema: Statusbericht für den Zeitraum 3.6.-12.7.2013			
Status:	Qualität: ☺	Termin: 5.8.2013	Kosten: im Budget
Verfasser:	Stefan S.	Datum:	5.8.2013
Verteiler:	Thomas T. + alle Projektmitarbeiter		

Erledigte Arbeiten im Berichtszeitraum

Die Konstruktionszeichnungen für die Befestigung der Kollektoren wurde erstellt und im DMS abgelegt (Arbeitspaket AP3.5)

Der elektrische Schaltplan wurde überprüft. Die Frage der Stromversorgung ist noch nicht geklärt (AP2.2).

Die thermische Berechnung für den Wassertank wurde ausgeführt und auf Normtauglichkeit überprüft. (AP3.7)

Ein Teil der Angebote für die Solarmodule wurde ausgewertet. Dies bisherigen Angebote liegen über dem kalkulierten Einkaufspreis. Daher sollten aber noch weitere Angebote eingeholt werden.

Aufgetretene Probleme / Mögliche Maßnahmen

AP2.2: Die projektierte Stromversorgung für die Steuerung ist zu schwach. => Neue Versorgungsbaugruppe aussuchen.

Geplante Arbeiten im folgenden Zeitraum

Die nächsten Arbeiten laut Projektplan werden ausgeführt. Es wird versucht, den Zeitverlust durch die Einholung zusätzlicher Angebote durch Überstunden wieder aufzuholen.

Abb. 11.3 Statusbericht aus einem Projekt

▶ **Aufgabe 11.6 Projekt-Statusbericht** Sie sind Leiter des Projekts „Solaranlage für Maschinenhalle". Der Screenshot in Abb. 11.3 zeigt einen Teil eines Statusberichts, den ein Mitarbeiter des Projektteams erstellt hat.

Welche formalen Fehler enthält der Statusbericht?

Welche inhaltlichen Probleme fallen Ihnen im Statusbericht auf?

11.2 Fortschrittssteuerung

Der Vergleich von tatsächlichem und geplantem Fortschritt im Projekt ist eine notwendige Maßnahme, um Fehlentwicklungen zu erkennen. Neben dem Idealfall eines plangemäßen Verlaufs liegen die Istwerte oft hinter dem Plan zurück. Für die Reaktion auf Abweichungen gibt es ein ganzes Repertoire an geeigneten Maßnahmen, die in der Regel sehr projekt- und fallspezifisch sind. Trotzdem gibt es einige allgemeingültige Verhaltensregeln.

Kleinere Planabweichungen, in der Größenordnung von wenigen Prozent, sollte ein Projektleiter zunächst auffangen. Verzögerungen können mit Hilfe eines zu Beginn eingeplanten Puffers ausgeglichen werden. Zeitgewinne können dem Puffer zugeschlagen werden. Oft sind derartige Abweichungen zufällig schwankend, so dass sich Zeitgewinne und -verluste über einen mittleren Zeitraum kompensieren.

Treten Abweichungen in der Größenordnung von etwa 10 % auf, sollten diese im Projektteam besprochen und geeignete Maßnahmen beschlossen werden. Oft ist dies für eine Korrektur der aufgetretenen Abweichungen ausreichend. Falls dies nicht gelingt und noch größere Abweichungen auftreten, ist eine Information der Auftraggeber und anderer externer Beteiligter unumgänglich. Hier sind meist umfassendere Maßnahmen nötig, wie z. B. Verschiebung der Termine, Reduktion des Lieferumfangs oder erhöhter Personaleinsatz.

▶ **Aufgabe 11.7 Status eines Software-Projekts analysieren** Abb. 11.4 zeigt den Status eines Software-Projekts am Montag, dem 10.5.2010. Die Analyse- und Entwurfsarbeiten sind vollständig abgeschlossen. Derzeit laufen die Programmier- und Testarbeiten.

In der Projektbesprechung, die alle zwei Wochen stattfindet, meldet Mitarbeiterin C gute Fortschritte. Sier ist mit der Programmierung der Benutzerschnittstelle eine Woche früher als geplant fertig und kann bereits heute mit den Tests beginnen. Allerdings möchte sie in der nächsten Woche 3 Tage Urlaub machen.

Mitarbeiter B liegt etwa eine Woche hinter dem Zeitplan. Er hat 80 % der benötigten Verarbeitungsfunktionen fertig. Er geht aber davon aus, dass er die restlichen

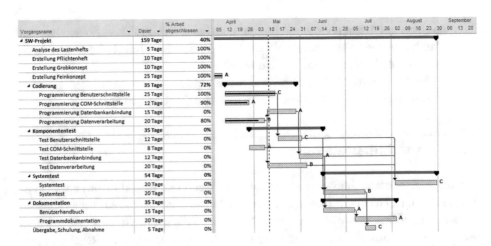

Abb. 11.4 Projektplan mit Statusanzeige

Funktionen bis Donnerstag programmiert hat und dann mit den Tests beginnen kann. Den Mehraufwand bei der Programmierung begründet der Mitarbeiter mit vorgezogenen Testdurchläufen. Da diese gute Ergebnisse gezeigt haben, ist er sicher, dass er die vorgesehene Testdauer von 20 Tagen nicht vollständig benötigen wird und so die momentane Verspätung wieder aufholen kann.

Mitarbeiter A liegt etwa zwei Wochen hinter dem Zeitplan. Die Programmierung der COM-Schnittstelle ist nach seinen Aussagen trotz technischer Probleme zu 90 % fertig. Mit den Tests hat er noch nicht begonnen. Er begründet die Verzögerung damit, dass er vor der Programmierung noch Änderungen am Feinkonzept vorgenommen habe, um so Programmierarbeit einsparen zu können. Dies habe sich aber nicht verwirklichen lassen, da auch Änderungen bei der Datenverarbeitung notwendig gewesen wären, mit denen Programmierer B aber nicht einverstanden war. Auf die Frage des Projektleiters, wie der Rückstand wieder aufgeholt werden kann, weicht A zunächst aus. Als der Projektleiter energischer nachfragt, schlägt A schließlich vor, dass er die Erstellung des Benutzerhandbuchs, die für die zweite Juni-Hälfte vorgesehen ist, an C abgibt und die gewonnene Zeit für die Fertigstellung seiner Programmteile und die Tests nutzt.

Analysieren Sie den Projektstatus. Gehen Sie dabei vor allem auf folgende Fragen ein: Kann das Projekt noch termingerecht am 4.9.2010 abgeschlossen werden? Was sollte der Projektleiter nach Ihrer Einschätzung tun? Welche Maßnahmen sind möglich? Welche sind realistisch? Welche Fehler wurden gemacht? Wie lassen sich diese in Zukunft vermeiden?

11.3 Projektabschluss

Die klare zeitliche Begrenzung macht einen terminierten Abschluss eines Projekts genauso wichtig, wie den formalen Start. Nicht selten finden Projekte, obwohl bereits ein Ergebnis geliefert wurde, kein Ende und werden alleine dadurch als Misserfolg wahrgenommen.

Die Abnahme des Ergebnisses am Ende eines Projekts bildet das Gegenstück zur Auftragserteilung am Projektbeginn. Auch der Abschluss hat fachliche, kaufmännische und juristische Aspekte. Bei der Abnahme übergibt ein Auftragnehmer als Lieferant das vereinbarte Projektergebnis an den Auftraggeber und hält Umfang und Form der Lieferung in einem Übergabeprotokoll fest. Der Auftraggeber überprüft, ob alle im Pflichtenheft zugesagten Lieferungen in der festgelegten Qualität vorhanden sind und ob alle Leistungen erbracht wurden. Das Ergebnis der Abnahme wird in einem Bericht schriftlich festgehalten. Kleinere Mängel, die keine Abnahmeverweigerung rechtfertigen, können in dem Bericht ebenfalls dokumentiert werden.

Die erfolgreiche Abnahme löst verschiedene Aktivitäten aus. Insbesondere sind hier die Fälligkeit der Zahlungen, der Beginn der Gewährleistungsfrist und der Verjährungsfrist für später festgestellte Mängel zu nennen. Gravierende Mängel können zu einer Verweigerung der Abnahme führen. Der Auftragnehmer muss dann die Möglichkeit der Nachbesserung erhalten, deren Erfüllung dann in einem neuen Versuch der Abnahme überprüft wird.

Nach der Abnahme fallen noch Rest-Arbeiten im Projekt an. Deren vollständige Erledigung ist der richtige Zeitpunkt für den Abschluss eines Projektes. Ziehen sich die Arbeiten allerdings noch länger hin, können z. B. Gewährleistungs- oder Service-Aktivitäten auf eine Linienabteilung übertragen und das Projekt damit beendet werden.

Die in einem Projekt gemachten Erfahrungen enthalten wichtige Erkenntnisse für das Durchführen zukünftiger Projekte. Neben der Projektdokumentation finden sich die wichtigsten Informationen nur in den Köpfen der Projektbeteiligten. Diese Informationen zu erfassen und zu dokumentieren, ist Aufgabe der Erkenntnissicherung. Der beste Weg hierfür ist die Befragung der beteiligten Personen. Sie kann in freier Form, z. B. als Interview oder aber mit Hilfe einheitlicher Fragebögen erfolgen. Die Auswertung der Ergebnisse sollte dokumentiert, archiviert und an die Beteiligten kommuniziert werden.

Der letzte Schritt zum Abschluss eines Projekts ist dessen Auflösung. Hier werden die zu Beginn geschaffenen Organisationseinheiten, insbesondere das Projektteam offiziell aufgelöst, die noch laufenden Prozesse werden beendet, die verbliebenen Ressourcen zurück gegeben und die Folgeaktivitäten initiiert. Als offizieller Schlusspunkt kann eine Abschlussbesprechung dienen.

▶   **Aufgabe 11.8 Projekt-Benchmarking** Erstellen Sie einen Kriterienkatalog zur Feststellung des Projekterfolgs. Geben Sie für jedes Kriterium an, wie es bewertet werden kann. Für ein Benchmarking sollen alle Einzelkriterien zu einem einzigen Ergebnis zusammengefasst werden, das eine Gesamtprojekt-Bewertung darstellt. Legen Sie dazu einen geeigneten Maßstab fest und bestimmen Sie die Gewichtungsfaktoren, mit denen die Einzelkriterien in das Gesamtergebnis einfließen.

▶   **Aufgabe 11.9 Checkliste der Projektauflösung** Erstellen Sie eine Checkliste, die wichtige Aufgaben enthält, die bei einer Projektauflösung zu erfüllen sind.

11.4   Lösungen

▶   **Lösung 11.1 Fertigstellungsgrad ermitteln** Zur Berechnung des Fertigstellungsgrads (FGR) des Gesamtprojekts muss der geschätzte FGR der Arbeitspakete mit dem geplanten Arbeitsaufwand (Plan) multipliziert werden. Die Summe dieser gewichteten Ergebnisse (79,1) wird dann durch den Gesamtaufwand (151) dividiert. Man erhält einen FGR von 52,4 % (siehe Abb. 11.5).

Bei der Methode 0/100 wird der Plan-Aufwand fertiger Arbeitspakete mit 100 % und alle anderen mit 0 % berücksichtigt. Dies ergibt einen FGR von 16,6 %. Man sieht, dass diese Methode sehr vorsichtig – man kann durchaus sagen: übervorsichtig – rechnet. Realitätsnäher ist die Methode 0/50/100. Angefangene Pakete werden

	Plan	Ist	Rest	FGR Geschätzt	FGR Erg.	FGR 0/100	FGR 0/50/100	FGR Zeitprop.	FGR Rest
AP1	25	27	0	100%	25	25	25	25	25,0
AP2	36	30	10	85%	30,6	0	18	30	27,0
AP3	40	10	30	25%	10	0	20	10	10,0
AP4	30	15	25	45%	13,5	0	15	15	11,3
AP5	20	0	25	0%	0	0	0	0	0,0
Projekt	151	82	90		79,1	25	78	80	73,3
					52,4%	16,6%	51,7%	53,0%	48,5%

Abb. 11.5 Berechnung des Fertigstellungsgrads

hier zu 50 % berücksichtigt. Das Ergebnis beträgt nun 51,7 %. Bei der zeitproportionalen Berechnung wird für jedes Paket der Ist-Aufwand in Relation zum Planaufwand als Indikator für den Fortschritt verwendet. Liegt der Ist-Aufwand bereits über Plan, wird natürlich auf den Planaufwand gedeckelt. Der FGR nach dieser Methode beträgt 53 %.

Die Ermittlung des Fertigstellungsgrads erfolgt bei jedem Arbeitspaket nach folgender Beziehung:

$$FGR = \frac{Plan \cdot Ist}{Rest + Ist}. \tag{11.1}$$

Man erhält hier 48,5 % für das Gesamtprojekt. Es ist zu erkennen, dass die meisten Methoden relativ dicht beieinander liegen. Lediglich die übervorsichtige Methode 0/100 liegt deutlich niedriger.

▶ **Lösung 11.2 Terminprobleme beheben** Der bisherige Fortschritt (50 %) und die verausgabten Kosten (50 %) passen zueinander. Sofern die Kosten auch den Personalaufwand beinhalten, verläuft die Leistung im Projekt wie geplant. Da der Projektfortschritt aber hinter dem Zeitplan liegt, wurde offensichtlich zu wenig Personal im Projekt eingesetzt. Der Rückstand ist aber noch nicht so groß, dass er in der verbleibenden Zeit nicht mehr aufgeholt werden könnte. Durch einen verstärkten Personaleinsatz lässt sich die verlorene Zeit möglicherweise ohne erhöhte Kosten wieder gutmachen.

▶ **Lösung 11.3 Projektfortschritt und Personaleinsatz** Auch wenn eine bestimmte Zahl von Personen für die Mitarbeit in einem Projektteam zur Verfügung steht, können diese nicht gleichmäßig über die gesamte Projektlaufzeit eingesetzt werden. Hierfür sind logische Abhängigkeiten zwischen den Arbeitspaketen, Verzögerungszeiten in Folge notwendiger Vorbereitungen, Lieferzeiten etc. und begrenzte Parallelisierbarkeit der Arbeiten verantwortlich.

Zu Projektbeginn können in der Regel zunächst nur einige, wenige Arbeiten ausgeführt werden. Im weiteren Verlauf nimmt die Zahl der Arbeiten zu, die parallel
ausgeführt werden können und erreicht dann in der heißen Projektphase den Höhe-
punkt. Am Ende nimmt die Zahl der Arbeiten wieder ab.

Aus diesem Verlauf ergibt sich ein typisches Kapazitätsgebirge, dessen Verlauf
manchmal als Walfischkurve bezeichnet wird (A). Die Fläche unter dieser Kurve
entspricht der geleisteten Arbeit und damit in etwa auch dem erreichten Projektfortschritt (P). Mathematisch entspricht der Fortschritt also (ungefähr) dem Integral
über die Aufwandskurve (siehe Abb. 11.6).

▶ **Lösung 11.4 Meilenstein-Trenddiagramm und -Analyse (1)** Das Diagramm in
Abb. 11.7 enthält die bisherigen Verläufe der Meilensteintermine.

30 % der Projektlaufzeit sind vergangen. Der erste Meilenstein ist erreicht. Damit
sind 20 % Ergebnisfortschritt sicher, wahrscheinlich ist der Fortschritt sogar etwas
größer (ca. 25–30 %).

Bei fünf Projektphasen und etwa gleich großen Abständen der Meilensteintermine liegen der erste (20 %) und der vorletzte (80 %) genau richtig. Die beiden

Abb. 11.6 Verlauf von
Aufwand A und
Projektfortschritt P

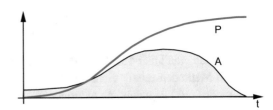

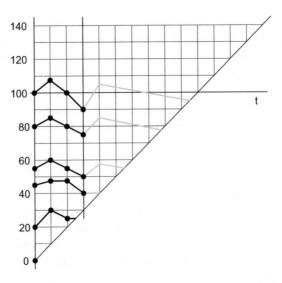

Abb. 11.7   Meilensteintrenddiagramm

mittleren Meilensteine (45 % und 55 %) liegen zu dicht beieinander. Ihre Aussage-kraft ist daher gering. Entweder sollten die beiden auseinandergezogen werden (40 %, 60 %) oder zu einem einzigen bei 50 % zusammengefasst werden.

Die bisherigen Verläufe machen einen etwas hektischen Eindruck. Beim ersten Überprüfungstermin (bei $t = 10$ %) wurden alle Meilensteine kräftig nach oben ge-setzt. Bei $t = 20$ % wurde diese Änderung wieder weitgehend rückgängig gemacht. Bei $t = 30$ % ist der erste Meilenstein erreicht und die Freude darüber scheint zu ei-ner gewissen Euphorie zu führen und die neuen Termine werden sogar unter die ursprüngliche Planung gesetzt. Wahrscheinlich wird bis $t = 40$ % wieder etwas schief gehen, so dass dann wieder nach oben korrigiert wird. Als Projektleiter sollte man in dieser Situation mehr Ruhe in die Terminschätzung des Teams bringen.

Wenn der Zieltermin zunächst angehoben werden muss und dann gleichmäßig sinkt, wird dies, da keine anderen Informationen verfügbar sind, in proportionalem Maß auch bei den anderen Meilensteinen so aussehen.

▶ **Lösung 11.5 Meilenstein-Trenddiagramm und -Analyse (2)** Die Werte der geplanten Meilensteintermine für $t = 0$ bis $t = 30$ zeigt Tab. 11.3.

Es sind 30 % der Projektlaufzeit erreicht und der erste, zu Beginn bei 30 % ge-plante Meilenstein ist erreicht. Das Projekt liegt also bisher genau im Plan. Bei $t = 10$ wurden alle Meilensteine um 10–15 % angehoben. Möglicherweise waren mehrere Arbeitspakete vergessen oder aber mit zu geringem Aufwand geschätzt worden. Bei $t = 20$ werden die angehobenen Meilensteine zum großen Teil wieder nach unten korrigiert. Bei $t = 30$ wird der erste Meilenstein wie geplant erreicht. Offensichtlich läuft das Projekt weitgehend zufriedenstellend, allerdings wird die Schätzung bei auftauchenden Problemen recht stark verändert. Die Schätzung sollte nicht so heftig auf auftauchende Probleme reagieren und insgesamt etwas ruhiger verlaufen.

Der Verlauf des Zieltermins ist in Tab. 11.3 eingetragen. Es wird angenommen, dass der Meilensteintermin von 130 über die verbleibende Zeit stetig auf 110 zurück gefahren werden kann. Die beiden Meilensteine werden zum aktuellen Zeitpunkt ebenfalls, aber weniger stark als der Zieltermin angehoben. Die verbleibende Zeit für t_2 ist zu gering, um dort noch eine Reduzierung zu erreichen. Hier sollte es be-reits genügen, den geringfügig angehobenen Termin zu halten. t_3 wird zunächst um ca. 15 % angehoben und dann über die restliche Laufzeit wieder stetig abgesenkt.

Tab. 11.3 Meilensteintermine

t =	0	10	20	30	40	50	60	70	80	90	100
t_Z	100	115	110	110	130	127	123	120	117	113	110
t_3	80	95	85	90	105	102	100	98	96	94	
t_2	55	70	55	50	60	58					
t_1	30	40	25								
t_A	0										

▶ **Lösung 11.6 Projekt-Statusbericht**

a) Folgende formalen Fehler sind im Statusbericht enthalten:

1. Die Projekt-Nummer fehlt.
2. Für die Statusinformationen werden unterschiedliche Bewertungskennzeichen verwendet (Smiley bei der Qualität, ein Datum (?) beim Termin und ein Text beim Budget). Hier sollten einheitliche Kennzeichen verwendet werden (z. B. überall Smileys, oder überall Ampel etc.).
3. Der Berichtszeitraum ist zu lang (6 Wochen).
4. Der Bericht wird viel zu spät (5.8., 3 Wochen nach Ablauf des Berichtszeitraums) erstellt.
5. Statt alle Projektmitarbeiter (nicht immer nach dem Prinzip „alles an alle"), sollten nur die Betroffenen auf den Verteiler und dann namentlich aufgelistet werden.

b) Darüber hinaus sind auch inhaltliche Fehler zu finden:

1. Nur erledigte Arbeiten angeben (Beispiel Schaltplan: „… noch nicht geklärt". Beispiel Angebote: „Ein Teil … ausgewertet").
2. Bei erledigten Arbeiten keine Probleme aufzählen („zu teure Module"). Dies gehört zum Punkt „aufgetretene Probleme".
3. Bei allen Arbeitspaketen die AP-Nummer angeben.
4. Bei „Geplante Arbeiten" die Arbeitspakete explizit benennen. Nicht auf den Strukturplan verweisen, der kann sich ändern oder sogar schon geändert sein.
5. Zu versuchen „… den Zeitverzug … durch Überstunden aufzuholen" ist keine geplante Arbeit. Zudem sollten Überstunden nur durch den Projektleiter angeordnet und nicht durch die Erwähnung im Statusbericht als genehmigt hingestellt werden.
6. Beim Termin-Status geht es um die Frage, ob der bisherige Projektverlauf terminlich im Plan liegt oder nicht. Hierhin gehört kein Datumswert, der zudem mit dem Erstellungsdatum des Berichts identisch, also vollkommen nichtssagend ist.

▶ **Lösung 11.7 Status eines Software-Projekts analysieren** Zum aktuellen Datum (10.5.) sind seit dem 12.4., dem Termin der vorletzten Besprechung 20 Arbeitstage vergangen. Mitarbeiterin C hat in dieser Zeit ihr Arbeitspaket im Umfang von 25 Tagen abgeschlossen, war also schneller als geplant. Mitarbeiter B hat sein Paket im Umfang von 20 Tagen zu 80 % abgeschlossen. Stimmt diese Angabe, fehlen ihm noch vier Tage. Rechnet man hier mit der gleichen Erfolgsquote, wird er eher fünf Tage zum Abschluss des Pakets brauchen.

Schlimmer sieht es bei Mitarbeiter A aus. Er hat in den 20 Arbeitstagen ein Paket im Umfang von 12 Tagen zu 90 % fertig. Angesichts dieser Diskrepanz sind auch die 90 % Fertigstellung der Codierung fragwürdig! Die enorme Verzögerung bei Mitarbeiter A stellt ein massives Problem dar. Es drängt sich die Frage auf, warum diese nicht bei der letzten Besprechung am 26.4. aufgefallen ist bzw. nicht darauf reagiert wurde. Ab sofort sollten die Besprechungen im Wochenrhythmus stattfinden.

Mitarbeiter A scheint bei der Programmierung größere Probleme zu haben. Um weiteren Zeitverlust zu vermeiden, sollte er die vorgesehene Programmierung der Datenbankanbindung nicht durchführen, sondern die von ihm angefangene Programmierung der COM-Schnittstelle durchziehen. Dass er die ungeliebte, aber zeitunkritische, Dokumentationsarbeit abgeben will, ist verständlich, aber inakzeptabel.

Mitarbeiterin C, die zielstrebig gearbeitet hat, sollte der Urlaub zugebilligt werden. Nach ihrem Urlaub sollte sie von Mitarbeiter A die Programmierung und den Test der Datenbankanbindung übernehmen. Zwar verschiebt sich dadurch der Systemtest für Mitarbeiter B. Allerdings sollte dies nicht zu Verzögerungen im Projekt führen. Alles in allem ist eine termingerechte Fertigstellung noch möglich. Sie setzt aber eine striktere und engere Projektsteuerung voraus!

▶ **Lösung 11.8 Projekt-Benchmarking** Die Beurteilung, ob und wie erfolgreich ein Projekt war, hängt natürlich vom Projekttyp ab. Außerdem werden verschiedene Beteiligte hier zu einem unterschiedlichen Ergebnis kommen.

Um trotzdem zu einem allgemein anwendbaren und für Vergleiche unterschiedlicher Projekte nutzbaren Kriterienkatalog zu kommen, müssen diese Kriterien relativ abstrakt gehalten werden. Projektspezifische Unterschiede können deshalb durch die Art der Erfassung der Bewertungsergebnisse zum Ausdruck kommen (siehe Tab. 11.4).

Als Maßstab zur Bewertung jedes Kriteriums kann z. B. eine Punkteskala (0 bis 10 Punkte) verwendet werden. Bei der Festlegung der Gewichte wurde dem Projektergebnis die größte Bedeutung beigemessen. Die Qualität des Projektmanagements

Tab. 11.4 Kriterien für das Projekt-Benchmarking

Kriterium	Ergebniserfassung	Gewicht
Projektdurchführung		15 %
Aufgabenklärung	Umfang nachträglicher Änderungen	10 %
Personalauswahl	Fluktuation	5 %
Projektmanagement		25 %
Projektleitung	Befragte Mitarbeiter & Auftraggeber	10 %
PM-Prozesse	Mitarbeiter-Befragung	10 %
PM-Handbuch	Nutzungsgrad (Zugriffe)	5 %
Projektergebnis		60 %
Kundenzufriedenheit	Kunden-Befragung	25 %
Mitarbeiterzufriedenheit	Mitarbeiter-Befragung	15 %
Ergebnisqualität	Umfang der Nacharbeit	10 %
Termintreue	Nachkalkulation	5 %
Kostentreue	Nachkalkulation	5 %

Tab. 11.5 Checkliste Projektauflösung

1.	Rückführung nicht benötigter Ressourcen (Maschinen, Räume, Werkzeuge etc.)
2.	Claim Management: Ansprüche aus Mehr- oder Minderleistung überprüfen
3.	Mitarbeiter auf Rückkehr in die Linienabteilung vorbereiten
4.	Offene Rechnungen überprüfen, evtl. begleichen
5.	Konten und Kostenstellen des Projekts schließen
6.	Auflösung der Projektgremien
7.	Abschlussbesprechung als Erfahrungsaustausch

und der Projektdurchführung fließen auch in das Gesamtergebnis mit ein, haben aber ein deutlich geringeres Gewicht.

Zur Ergebniserfassung überwiegen Befragungen, also subjektive Methoden. Dies ist zum Teil gewollt, da Projekte von Menschen gemacht werden, die Ergebnisse von Menschen genutzt werden und sich daher der Erfolg auch aus der Bewertung durch die Beteiligten ergibt. Zum Teil ist der subjektive Anteil aber auch deswegen hoch, weil nicht genügend Methoden zur Verfügung stehen, die zugleich objektiv und aussagekräftig sind.

▶ **Lösung 11.9 Checkliste Projektauflösung** Tab. 11.5 listet die typischen Aufgaben auf, die bei einer Projektauflösung zu erfüllen sind.

Der Mensch im Projekt

12

Zusammenfassung

Projekte werden von Menschen gemacht und Menschen sind für den Erfolg von ausschlaggebender Bedeutung. In fast allen hier behandelten Phasen und Teilaufgaben des Projektmanagements wurde daher auf die Bedeutung des Menschen Bezug genommen, wie z. B. bei der Definition der Anforderungen, bei der Berücksichtigung der Stakeholder, bei der Feinplanung des Ablaufs und der Termine sowie bei der Steuerung der Arbeiten in der Projektdurchführung.

Menschen übernehmen in Projekten verschiedene Rollen, sie prägen mit ihren persönlichen Eigenschaften und Fähigkeiten den Ablauf und die Ergebnisse und sie arbeiten in unterschiedlichen Konstellationen zusammen. Eine erfolgreiche Projektdurchführung berücksichtigt psychologische und soziologische Erkenntnisse. Dies beginnt bei den einzelnen Akteuren, die in Form des Selbstmanagements ihre eigenen Ziele, Bedingungen und Aktivitäten planen und steuern. Herausragende Akteure in Projekten sind natürlich die Projektleiter. Sie tragen die Verantwortung für ihr Projekt, dürfen aber nicht alles selbst machen wollen. Von ihnen werden daher besondere Fähigkeiten zur Führung, eine übergeordnete Sichtweise, die Bereitschaft zum Delegieren und Durchsetzungsvermögen verlangt. Das von ihnen geführte Projektteam ist zunächst lediglich eine Gruppe von Fachleuten mit unterschiedlichen fachlichen und persönlichen Profilen. Daraus eine zusammenwirkende, leistungsfähige Einheit zu formen ist daher eine ebenso anspruchsvolle wie reizvolle Aufgabe.

© Springer Fachmedien Wiesbaden GmbH, ein Teil von Springer Nature 2021
W. Jakoby, *Intensivtraining Projektmanagement*,
https://doi.org/10.1007/978-3-658-32836-8_12

12.1   Selbstmanagement

Jede an einem Projekt beteiligte Person hat eine Fülle von Aufgaben zu erledigen. Neben den vielfältigen Aktivitäten innerhalb der Arbeitspakete eines Projekts sind Routine-arbeiten und oft zusätzlich auch noch Anforderungen der Linienabteilung zu erfüllen. Alle von einer Person zu erledigenden Aufgaben müssen in eine zeitliche Reihenfolge gebracht und koordiniert werden. Dies gilt natürlich auch für den Ausgleich zwischen beruflichen und privaten Aktivitäten.

Für die Planung und Koordinierung aller Aktivitäten einer Person – das Selbst-management – gibt es eine Vielzahl verschiedener Methoden. Im Wesentlichen sind fol-gende Arbeitsschritte zu finden:

1. Eigene Ziele formulieren.
2. Notwendige Aktivitäten analysieren.
3. Erforderlichen Arbeitsaufwand schätzen.
4. Prioritäten setzen und entscheiden, was wichtig ist und was nicht.
5. Reihenfolge der Aktivitäten planen.
6. Arbeiten ausführen.
7. Abgeschlossene Arbeiten und Zeiträume analysieren.

Auch bei perfekter Planung lassen sich Überlastungen und Stress nicht immer ver-meiden. Die Ursachen hierfür sind vielfältig und können grob in physische, kognitive, soziale und emotionale Stressoren eingeteilt werden. Nicht immer sind diese Einfluss-faktoren offensichtlich. Deshalb sollten deren somatische und physischen Wirkungen be-kannt sein und im konkreten Fall erkannt werden. Zur vorbeugenden Vermeidung von Stress und zum Umgang mit akutem Stress steht ein Repertoire an Maßnahmen zur Ver-fügung. Hierzu gehören die Schaffung geistiger Freiräume bei der Festlegung der eigenen Arbeitsabläufe, körperliche Betätigung als Ausgleich zur überwiegend geistigen Arbeit und sozialer Ausgleich. Die Stressresistenz kann durch einen Wechsel der Perspektive, durch das Führen eines Stress-Tagebuchs und durch sorgfältige Planung der Aktivitäten gefördert werden.

▶   **Aufgabe 12.1 Aufgabenprioritäten** Sie leiten ein Projekt. Auf Ihrer To-do-Liste sind folgende Arbeiten und der ungefähre Zeitaufwand für den morgigen Tag vorgesehen.

1. Das PM-Handbuch wurde überarbeitet. Für die Freigabe wollen Sie die Ände-rungen überprüfen (4 Stunden).
2. Die Vorsitzende des Lenkungskreises hat um Rückruf gebeten, um über den ak-tuellen Status des Projekts unterrichtet zu werden (30 Minuten).
3. Die Beschaffungsabteilung hat Sie gebeten, zu einem Gespräch mit einem Lie-feranten dazu zu kommen (1 Stunde).

4. Zur Vorbereitung einer Veröffentlichung wollen Sie noch eine Literaturrecherche durchführen (2 Stunden).
5. Sie möchten heute mit drei Projektmitarbeitern in einem kurzen informellen Gespräch über den Fortgang der Arbeitspakete unterrichtet werden (je 30 Minuten).
6. Für die neue Version des PM-Handbuchs haben Sie zugesagt, die PM-Formulare zu überarbeiten und an das neue Corporate Design anzupassen (3 Stunden).
7. Mit dem Auftraggeber müssen die Modalitäten für die Abnahme des Projektergebnisses geklärt werden (2 Stunden).
8. Anhand der vorliegenden Statusberichte möchten Sie eine neue Meilenstein-Trendanalyse erstellen (1 Stunde).

Wie gehen Sie vor, um zu entscheiden, welche dieser Aufgaben Sie tatsächlich morgen angehen? Wie sieht das Ergebnis Ihrer Analyse aus?

▶ **Aufgabe 12.2 Analyse zeitraubender Faktoren für die Projektarbeit** Immer wieder beklagen sich Mitglieder des Projektteams, dass zu viel Zeit für unproduktive Tätigkeiten verloren geht und sich dadurch die wichtigen Arbeiten verzögern. Zur Behebung des Problems führen Sie zunächst eine Befragung durch, in der die Teammitglieder Ursachen für unproduktive Zeiten nennen können. Die folgenden Faktoren tauchen dabei am häufigsten auf:

- zu viele Telefonate und E-Mails,
- zu lange ziellose Besprechungen,
- zu viele gleichzeitig anstehende Aufgaben,
- mangelnde Zielklarheit und Zielorientierung,
- nicht „nein" sagen können,
- viele Wartezeiten durch verspätete Teilnehmer bei Terminen,
- zu viele Akten-, Besprechungs- und Telefonnotizen,
- zu lange Suche nach benötigten Informationen.

Greifen Sie die nach Ihrer Einschätzung wichtigsten Faktoren heraus und untersuchen Sie, wie die dadurch verursachten Probleme vermieden bzw. behoben werden können. Bedenken Sie dabei, dass jeder Faktor auch eine sinnvolle Seite hat. (Also keine Lösung der Art: „Nachmittags keine Telefonate annehmen.") Versuchen Sie außerdem, möglichst konkrete und praktikable Lösungen zu finden. (Also nicht einfach: „Weniger telefonieren.")

▶ **Aufgabe 12.3 Zeitbilanz** Erstellen Sie eine Zeitbilanz für einen normalen Arbeitstag, indem Sie alle Tätigkeiten, die mehr als 5 Minuten in Anspruch nehmen, mit Uhrzeit und Dauer notieren. Für die Auswertung können Sie ähnliche Arbeiten, z. B. alle Telefonate, zusammenfassen. Ermitteln Sie, welcher Anteil der Zeit für geplante Arbeiten und welcher Anteil für Unvorhergesehenes verwendet wurden. Überlegen Sie, welche Arbeiten Zeitdiebe sind und wie Sie diese in Zukunft fernhalten können.

12.2 Projektleiter

Der Umgang mit den anstehenden Aufgaben und dem dabei unvermeidbaren Stress ist für jeden Beteiligten im Projekt eine Herausforderung. Dies gilt vor allem für die Person des Projektleiters. Zu den eigenen Aktivitäten kommt hier die fachliche und personelle Verantwortung für das Gesamtprojekt. Die Kernaufgaben der Projektleitung sind:

- die Zusammenstellung und Formierung des Projektteams,
- das Zuweisen der Aufgaben und das Delegieren der dazu gehörenden Verantwortung,
- das Kontrollieren der vollständigen und richtigen Bearbeitung,
- das Rückmelden der Zufriedenheit oder Unzufriedenheit mit der Arbeitsausführung.

Gerade der letztgenannte Punkt erfordert oft Kritikgespräche. Sie bilden ein sehr wichtiges Element der Personalführung und Projektsteuerung. Damit diese nicht unnötig unangenehm verlaufen oder wirkungslos bleiben, ist auf eine gute Vorbereitung, eine sachliche Atmosphäre und eine strukturierte Gesprächsführung zu achten.

Die Anforderungskataloge für die Aufgaben der Projektleitung sind sehr umfangreich und scheinen oft unerfüllbar. Zu den wichtigen Kompetenzen von Projektleitern zählen ein ausgereiftes Selbstmanagement, ausgeprägte soziale Fähigkeiten, fachübergreifendes Verständnis und der sichere, strukturierte Umgang mit Problemen und Prozessen.

Das Führen des Projektteams zählt natürlich zu den zentralen Aufgaben. Hier genügt es nicht, einen einzigen Führungsstil zu praktizieren. Zwischen einem autoritären und einem demokratischen Führungsstil gibt es beliebig viele Abstufungen. Zudem hängt der richtige Führungsstil von der jeweiligen Fragestellung und vom fachlichen und sozialen Entwicklungsstand der zu führenden Person ab. Mit zunehmender Reife kann dabei der Führungsstil vom Anweisen über das Argumentieren und das Partizipieren bis hin zum Delegieren mitwachsen.

▶ **Aufgabe 12.4 Formulierung von Kritik** Überprüfen Sie, ob und gegebenenfalls warum die folgenden Aussagen die Regeln eines konstruktiven Kritikgesprächs verletzen:

„Wegen Ihnen haben wir schon wieder 3 Wochen verloren."

„Ich werde es nicht länger hinnehmen, dass Sie ständig vereinbarte Termine überziehen."

„Der Statusbericht, den Sie mir vorige Woche geschickt haben, ist vollkommen oberflächlich. Was soll ich damit anfangen?"

„Sie sind zu lasch gegen unsere Lieferanten. Wenn Sie denen nicht die Leine anziehen, tanzen die uns auf der Nase herum."

„Wenn es in Ihrem Kopf so aussieht, wie auf Ihrem Schreibtisch, wundert es mich nicht, dass Sie ständig alles Mögliche vergessen."

Wie würden Sie die angesprochenen Probleme als Projektleiter formulieren?

▶ **Aufgabe 12.5 Kritikgespräch analysieren** Paul ist Mitarbeiter in einem Projekt. Er bearbeitet ein Arbeitspaket im Umfang von zehn Tagen, das er eigentlich übermorgen fertig stellen soll. Das Paket hat sich aber als viel schwieriger als ursprünglich gedacht heraus gestellt, so dass er noch etwa fünf bis sechs Tage länger brauchen wird als geplant. Bis jetzt hat er mit dem Projektleiter noch nicht über die Probleme gesprochen, weil er hoffte, doch noch eine Lösung zu finden, um termingerecht fertig zu werden. Als er den Projektleiter zufällig am Kaffeeautomaten trifft und dieser sich nach dem Fortschritt der Arbeiten erkundigt, deutet Paul an, dass er den Termin wohl nicht ganz einhalten kann. Der Projektleiter ist nicht allzu erfreut und fragt, warum Paul ihn nicht früher informiert habe. Als dieser dann antwortet, dass der Projektleiter ja meistens keine Zeit habe, wird dieser ungehalten und weist das entrüstet von sich. Er wirft Paul vor, dass er nie die zugesagten Termine einhalte. Er habe das jetzt endgültig satt und verlange, dass Paul übermorgen liefere und er sich andernfalls auf etwas gefasst machen könne.

Wie beurteilen Sie den Verlauf dieses Gesprächs. Was hat Paul falsch gemacht, was hat der Projektleiter falsch gemacht? Was hat er richtig gemacht? Wie würden Sie in der Rolle des Projektleiters mit dieser Situation umgehen?

▶ **Aufgabe 12.6 Aufgabenzuständigkeiten festlegen** Die folgende Liste enthält eine Reihe von Aufgaben, die in verschiedenen Phasen eines Projekts anfallen. Entscheiden Sie, welche dieser Aufgaben vom Projektleiter und welche von Mitgliedern des Projektteams auszuführen sind. Falls weder Projektleiter noch Projektteam zuständig sind, bestimmen Sie einen sonstigen zuständigen Stakeholder.

* Anforderungen für das Projekt festlegen.
* Aufwand für die Elemente des Projektstrukturplan schätzen.
* Die Qualität der Arbeitspaket-Ergebnisse sicherstellen.
* Ein auszuführendes Projekt aus mehreren geplanten auswählen.
* Eine Person für das Projekt aus der Linienabteilung abstellen.
* Erforderliche Ressourcen bereitstellen.
* Konflikte im Projekt handhaben und lösen.
* Das Projekt abschließen.
* Das Projektergebnis abnehmen.
* Den Projektstatus an den Steuerungskreis kommunizieren.
* Den Restaufwand der Arbeitspakete bestimmen.
* Überwachung des Projektfortschritts.
* Verhandlung über Inhalt und Umfang des Projekts.

▶ **Aufgabe 12.7 Projektleiter-Kompetenzen bewerten** Tab. 12.1 listet verschiedene Kompetenzen auf, die in einem Projekt gebraucht werden. Legen Sie für jede Kompetenz fest, ob sie für eine Projektleitung eher wichtig oder nicht so wichtig ist. Verwenden Sie dabei folgende Skala:

Tab. 12.1 Projektleiterkompetenzen

Kompetenz	Punkte
Sehr hohe fachliche Kompetenz	
Konfliktfähigkeit (Konflikte ertragen und beseitigen können)	
Kreativität und Spontaneität	
Belastbarkeit (Stressresistenz)	
Flexibilität (auf ungewohnte Situationen reagieren können)	
Verantwortungsbewusstsein	
Perfektionismus	
Durchsetzungsfähigkeit (nach innen und nach außen)	
Starkes Selbstbewusstsein (Wissen, was man kann)	
Ausdauer (Durchhaltevermögen)	
Planungs- und Ordnungsorientierung	
Gefühlsorientierung	
Frustrationstoleranz	
Summe	

+2: Für die Projektleitung sehr wichtig

+1: Für die Projektleitung wichtig

0: Für die Projektleitung nicht so wichtig

−1: Für die Projektleitung eher wichtig

Nicht alle Kompetenzen sind sehr wichtig für die Projektleitung! Um zu einem differenzierten Bild zu kommen, sollte Ihre Gesamtsumme zwischen 5 und 10 Punkten liegen.

12.3   Projektteams

Ein Team von Mitarbeitern zu führen, die auftretenden Probleme zu lösen sowie Konflikte auszuhalten und zu bewältigen, ist keine einfache Aufgabe. Bei einem Projektteam wird diese Situation durch die Einmaligkeit der Aufgabe, durch die neuartige Zusammensetzung des Teams, durch das noch aufzubauende gegenseitige Verständnis und den temporären, von vornherein zeitlich limitierten Charakter der Zusammenarbeit zusätzlich erschwert.

Bei der Auswahl der richtigen Mitglieder für das Team müssen deshalb neben dem Abgleich zwischen dem fachlichen Anforderungsprofil der Aufgabe und den Fachkompetenzen der Beteiligten auch deren persönliche Eigenschaften berücksichtigt werden. Zur Orientierung können hier anerkannte Kategorien von Persönlichkeitseigenschaften helfen:

- Interaktion eher extrovertiert oder introvertiert geprägt,
- der Grad der emotionalen Stabilität,

- vorhandene oder fehlende Offenheit für neue Einflüsse,
- bevorzugt intuitive oder sensitive Wahrnehmung der Umgebung,
- Entscheidungsverhalten emotional oder rational,
- Festhalten an Entscheidungen oder gerne schwankend,
- Verträglichkeit im Umgang mit anderen,
- Gewissenhaftigkeit der Arbeitsausführung.

Nach der Auswahl der Mitglieder müssen diese zu einem Team geformt und zur vollen Leistungsfähigkeit geführt werden. Dabei werden verschiedene Phasen durchlaufen. Die anfänglichen Unsicherheiten und Unklarheiten werden in der Orientierungsphase (Forming) beseitigt. Darauf folgt eine Konfliktphase (Storming), in der die Teammitglieder ihre Rolle und ihren Rang im Team herausfinden wollen. Die gemeinsamen Ziele und die Regeln für das Zusammenwirken rücken in der Normierungsphase (Norming) in den Mittelpunkt. Anschließend wird in der Leistungsphase (Performing) die volle Leistungsfähigkeit erreicht. Hier dominieren Offenheit, Kooperation und Verständnis für die anderen. Aufgabe eines Projektleiters ist es, zu wissen, in welcher Phase sich das Team befindet, um es zielgerichtet zur Leistungsphase zu führen.

▶ **Aufgabe 12.8 Maßnahmen zur Vermeidung bzw. Behebung von Konflikten** Die folgende Liste benennt verschiedene Faktoren, die in Projekten immer wieder zu Konflikten führen:

- Engpässe bei mehrfach benötigten Ressourcen,
- Uneinigkeit über die zu erreichenden Ziele oder zu erfüllenden Anforderungen,
- Uneinigkeit über den geeigneten Weg zur Erreichung eines Ziels,
- Unklarheit über die Zuständigkeit und Verantwortung für bestimmte Arbeiten,
- Spannungen in den zwischenmenschlichen Beziehungen.

Welche Methoden oder Werkzeuge halten Sie für geeignet, um das Entstehen von Konflikten durch diese Faktoren zu vermeiden oder entstandene Konflikte zu lösen?

▶ **Aufgabe 12.9 Problemfälle bei der Teambildung** Beschreiben Sie ca. vier bis fünf typische Problemfälle, die bei der Integration von Personen in ein Projektteam auftreten können.

▶ **Aufgabe 12.10 Teamphasen** Die folgenden Merkmale beschreiben den Zustand eines Projektteams:

Das Team für die Entwicklung einer neuen Software wurde vor 6 Wochen gebildet. Der Projektplan wurde erstellt. Verschiedene Arbeitspakete sind derzeit in Bearbeitung. Bei Projektbesprechungen, die jeden Dienstag stattfinden, kommt es zwischen den beiden Entwicklern A und B immer wieder zu fachlichen Diskussionen über das richtige Konzept. Während dieser Diskussionen verlassen andere Teilnehmer aus verschiedenen Gründen, z. B. um ein wichtiges Telefonat zu führen, um zur Toilette zu gehen oder um sich einen Kaffee zu holen, immer wieder den Besprechungsraum. Mitarbeiterin C, die sich ebenfalls Hoffnungen auf die Projektleitung gemacht hatte, quittiert die Diskussionen ständig mit Missfallen, das sie z. B. durch Kopfschütteln oder unverständliche, halblaut geäußerte Kommentare kund tut.

In welcher Entwicklungsphase befindet sich das Team? Welches ist die darauf folgende Entwicklungsphase? Was können Sie tun, damit sich das Team möglichst bald in die nächste Phase weiter entwickelt?

12.4   Lösungen

▶   **Lösung 12.1 Aufgabenprioritäten** Der Gesamtumfang der anstehenden Aufgaben erfordert einen Zeitaufwand von 15 Stunden. Diese Arbeitsmenge kann auch bei überdurchschnittlicher Leistungsfähigkeit in acht Stunden nicht bewältigt werden. Um für die vielen Routineaufgaben, wie z. B. Telefonanrufe, E-Mails und kleinere Verwaltungsaufgaben, die in der To-do-Liste gar nicht enthalten sind, genügend Puffer zu haben, werden nur etwa 60 % der Zeit, also 5 Stunden verplant.

Für die anstehenden Aufgaben wird die Wichtigkeit mit Hilfe einer ABC-Analyse festgelegt. In der Kategorie A werden nur so viele Arbeiten zugelassen, wie das Zeitbudget von 5 Stunden zulässt. Neben der Wichtigkeit einer Arbeit wird auch die Dringlichkeit berücksichtigt (siehe Tab. 12.2).

Die Gespräche mit dem Lenkungskreis und der Projektmitarbeitern sowie die Trendanalyse werden als besonders wichtig und dringlich eingestuft. Dies ergibt einen Zeitbedarf von drei Stunden. Die verbleibenden zwei Stunden werden für die Arbeiten zur Freigabe des PM-Handbuchs eingeplant. Der Rest dieser Arbeiten und die Klärung der Abnahmemodalitäten (wichtig, aber nicht dringlich) erhalten Priorität B. Die Teilnahme am Lieferantengespräch wird abgesagt. Es läuft unter der Regie der Beschaffungsabteilung. Ohne klare Fragestellung gibt es hier keinen Be-

Tab. 12.2 ABC-Analyse für anstehende Aktivitäten

Aktivität	Zeitbedarf	A	B	C
Freigabe PM-Handbuch	4,0	2,0	2,0	
Rückruf Lenkungskreis	0,5	0,5		
Lieferantengespräch	1,0			1,0
Literaturrecherche	2,0			2,0
Projektmitarbeiter	1,5	1,5		
PM-Formulare	3,0			3,0
Abnahmemodalitäten	2,0		2,0	
Meilensteintrendanalyse	1,0	1,0		
Summe	**15,0**	**5,0**	**4,0**	**6,0**

darf. Die Literaturrecherche ist nicht dringend und die Überarbeitung der PM-Formulare schreit förmlich danach, delegiert zu werden.

▶ **Lösung 12.2 Analyse zeitraubender Faktoren für die Projektarbeit** Mehrere der zeitraubenden Faktoren hängen mit dem Thema Kommunikation und Information zusammen. Die Faktoren sind dabei teilweise widersprüchlich. So wird einerseits zu viel kommuniziert (Telefonate, E-Mails, Besprechungen) und zu viel dokumentiert (Akten-, Besprechungs- und Telefonnotizen) und andererseits ist die Suche nach benötigten Informationen zeitaufwändig. Beide Arten von Problemen hängen eng miteinander zusammen. Damit jeder alle benötigten Informationen erhält, wird viel kommuniziert und dokumentiert. Dadurch entsteht eine Informationsflut, deren Sichtung viel Zeit kostet und die gezielte Suche nach bestimmten Informationen erschwert.

Die Lösung des Problems liegt in einer umfassenden Organisation der Informationsflüsse. Es darf nicht mehr jede Information an alle verschickt werden, sondern aus den Aufgabenzuordnungen und den Rollenprofilen muss hervorgehen, wer welche Informationen braucht und wer sie nicht braucht! Zudem soll die Ablage von Informationen, z. B. unter Verwendung eines Dokumentenmanagementsystems geregelt werden.

Ein weiteres Problem könnte die mangelnde Organisation der Besprechungen sein. Zu lange und vor allem ziellose Besprechungen lassen sich durch die Festlegung einer Tagesordnung verringern. Wenn die Leitung der Besprechung sich dann an den angestrebten Ergebnissen orientiert, die durch die Tagesordnung beschrieben sind, dürfte die Ziellosigkeit der Vergangenheit angehören. Zu den verbesserungswürdigen Punkten zählt auch das Warten auf verspätete Teilnehmer.

Das Gefühl, dass viele Aufgaben gleichzeitig anstehen, deutet auf mangelnde Aufgabenplanung hin. Wurden Arbeitspakete verantwortlichen Personen zugeteilt und wurde bei der Terminplanung ein Kapazitätsausgleich ausgeführt, kann es keine parallel anstehenden Arbeiten geben. Sind aber gleichzeitig Linienaufgaben und Routineaufgaben zu erledigen, sind Konflikte möglich. Da derartige Arbeiten oft nicht en detail planbar sind, ist eine Berücksichtigung des anfallenden Aufwands durch eine Absenkung der im Projekt verfügbaren Kapazität unter 100 % nötig.

▶ **Lösung 12.3 Zeitbilanz** Die Liste in Tab. 12.3 zeigt die Erfassung der Tätigkeiten eines Arbeitstages mit der Gegenüberstellung des geplanten und des tatsächlichen Zeitaufwands.

Statt der geplanten 7 Stunden und 45 Minuten wurden 8 Stunden 20 Minuten (= 500 Minuten) gearbeitet. Davon entfallen 145 Minuten auf ungeplante Arbeiten. Dies entspricht 29 %. Fast ein Drittel der Zeit entfällt also auf ungeplante Arbeiten. Obwohl länger gearbeitet wurde, als geplant, konnten bei weitem nicht alle geplanten Arbeiten ausgeführt werden.

Tab. 12.3 Zeitprotokoll eines Arbeitstages

Plan	Ist	Tätigkeit
0:30	0:50	Frühbesprechung
2:30	2:00	Korrekturlesen der Bedienungsanleitung
0:30	0:30	Bestellungen vorbereiten
0:45	1:15	Qualitäts-Meeting
2:30	1:30	Tabellenauswertung in VBA programmieren
1:00		Programmtest
	1:00	E-Mails lesen und beantworten
	0:40	Telefonate
	0:45	Fragen von Mitarbeitern/Kollegen
7:45	8:20	Summe

Folgende Besonderheiten fallen auf:

- Die Besprechungen dauern länger als geplant.
- Die E-Mails, die Telefonate und Gespräche mit Kollegen und Mitarbeitern waren zwar nicht geplant und sind oft auch nicht planbar, aber sie sind sicherlich notwendig.

Als Zeitfresser wurden identifiziert:

- Fehlendes Zeitmanagement in Besprechungen.
- Verzögerungen durch zu spät kommende Besprechungsteilnehmer.
- Zu oft und zu lange nach E-Mails geschaut.

Als weiteres Ergebnis werden in Zukunft nur 70 % der Zeit verplant. Die restlichen 30 % verbleiben als Puffer für unplanbare Aktivitäten

▶ **Lösung 12.4 Formulierung von Kritik** Die zitierten Aussagen enthalten immer wieder „Sie"-Botschaften, d. h. sie machen Aussagen über die Adressaten. Dies sollte man vermeiden. Dann sind viele Aussagen sehr vage, ungenau und unspezifisch. Die angesprochene Person kann daraus keine konkrete Problemlösung bzw. Verhaltensänderung ableiten. Auch die emotionalen, die Person betreffenden Aussagen führen das Gespräch von der Sachebene weg, so dass die Problemlösung erschwert wird. Teilweise sind die Aussagen persönlich verletzend und enthalten sogar Drohungen. Dies ist sehr problematisch, da sie beim Gegenüber eine Abwehrhaltung erzeugt, die für die Problemlösung kontraproduktiv ist.

Für eine sachgerechtere Formulierung der Kritik ist es notwendig, das Problem zunächst als „Ich"-Botschaft zu beschreiben. Die Kausalkette in „Wegen Ihnen haben wir schon wieder 3 Wochen verloren" sollte daher zunächst getrennt werden. Das Problem ist, „dass wir 3 Wochen verloren haben". Die Ursachenanalyse sollte zunächst der angesprochenen Person als Frage gestellt werden. („Was ist aus Ihrer

Sicht der Grund hierfür?"). Die in der Analyse genannten Ursachen können dann gemeinsam diskutiert und durch die eigene Ursachenanalyse ergänzt werden. Auch die Suche nach einer Lösung kann als Frage formuliert werden. Auch hier schließt sich ein Gespräch zur Erarbeitung der Lösung an. Die so gefundene Lösung wird dann als gemeinsame Zielsetzung (als „Wir"-Botschaft) vereinbart.

Generell sollten also die in den Aussagen enthaltenen Bestandteile (Problembeschreibung, Ursachenanalyse, Lösungssuche und Zielvereinbarung) zunächst getrennt und gemeinsam erarbeitet werden.

Vollkommen inakzeptabel ist die letzte Aussage (,,Wenn es in Ihrem Kopf so aussieht, wie auf Ihrem Schreibtisch, wundert es mich nicht, dass Sie ständig alles Mögliche vergessen.") Sie ist persönlich verletzend, sie ist vollkommen vage und sie beschreibt kein konkretes Problem. Derartige Aussagen sollten komplett unterlassen werden.

▶ **Lösung 12.5 Kritikgespräch analysieren** Alleine der unschöne Verlauf des Gesprächs zeigt, dass hier einiges schief läuft. Der Mitarbeiter Paul weiß seit mehreren Tagen, dass er den bevorstehenden Termin deutlich überschreiten wird. Trotzdem hat er nicht frühzeitig darauf hingewiesen. Ein zufälliges Treffen mit der Projektleiter nutzt er, um das unangenehme Thema anzusprechen. Dabei wird aber die Wahrheit (,,5–6 Tage länger") nicht ausgesprochen, sondern verklausuliert und beschönigend (,,Termin wohl nicht ganz einzuhalten").

Dass der Projektleiter hier nachfragt und auch eine frühere Rückmeldung reklamiert, ist vollkommen in Ordnung, Der Vorwurf des Mitarbeiters (Projektleiter hat meistens keine Zeit) ist unangemessen und dient wohl nur als Entlastungsangriff.

Die Reaktion des Projektleiters auf diesen Vorwurf, egal ob er zutreffend ist oder nicht, ist überzogen. Den Mitarbeiter mit Gegenvorwürfen zu konfrontieren ist falsch und führt zu weiterer Eskalation. Falls der Mitarbeiter tatsächlich öfter oder gar immer Termine überzieht, ist es Aufgabe des Projektleiters, sich bei diesem Mitarbeiter früher nach dem Arbeitsfortschritt zu erkundigen. Die Eskalation des Gesprächs ist auf jeden Fall zu vermeiden. Eine knappe aber deutliche Zurückweisung des Vorwurfs des Mitarbeiters wäre angebracht. Außerdem wäre eine Nachfrage nach den Gründen für die Terminüberschreitung und eine gemeinsame Suche nach Alternativen hilfreich, um die Überschreitung zu verringern. Darüber hinaus wäre es sicherlich notwendig, dem Mitarbeiter in einem extra anberaumten persönlichen Gespräch, nochmals die Regeln der Zusammenarbeit zu erläutern, wie z. B. frühzeitiges, aktives Hinweisen auf Probleme und deren klare Benennung.

▶ **Lösung 12.6 Aufgabenzuständigkeiten festlegen** Die übergeordneten, das Gesamtprojekt betreffenden Aufgaben fallen in die Zuständigkeit der Projektleitung. Einzelne Arbeitspakete dagegen, sollten in der Regel einem Projektmitarbeiter zugeordnet werden. Die übrigen Aufgaben können, wie in Tab. 12.4 dargestellt, anderen Stakeholdern zugeordnet werden.

▶   **Lösung 12.7 Projektleiter-Kompetenzen**   Auch wenn jede Gewichtung der benötigten
    Kompetenzen nie ganz eindeutig ist und teilweise auch von der Charakteristik des
    konkreten Projekts abhängt, kann man näherungsweise die Bedeutungen wie in
    Tab. 12.5 festlegen.

Tab. 12.4 Zuständigkeiten für Projektaufgaben

Aufgabe	Zuständig
Verhandlung über Inhalt und Umfang des Projekts	Projektleiter
Überwachung des Projektfortschritts	Projektleiter
Projektstatus an Steuerungskreis kommunizieren	Projektleiter
Konflikte im Projekt handhaben und lösen	Projektleiter
Projekt abschließen	Projektleiter
Aufwand für die Elemente des ProjSP schätzen	Projektmitarbeiter
Restaufwand der Arbeitspakete bestimmen	Projektmitarbeiter
Die Qualität der Arbeitspaket-Ergebnisse sicherstellen	Projektmitarbeiter
Erforderliche Ressourcen bereitstellen	Sponsor
Projektergebnis abnehmen	Auftraggeber
Anforderungen für das Projekt festlegen	Auftraggeber
Ein auszuführendes Projekt aus mehreren geplanten auswählen	Steuerungskreis
Eine Person für das Projekt aus der Linienabteilung abstellen	Abteilungsleiter

Tab. 12.5 Wichtigkeit der Projektleiterkompetenzen

Kompetenz	Punkte
Sehr hohe fachliche Kompetenz	−1
Konfliktfähigkeit (Konflikte ertragen und beseitigen können)	+2
Kreativität und Spontaneität	0
Belastbarkeit (Stressresistenz)	+2
Flexibilität (auf ungewohnte Situationen reagieren können)	+1
Verantwortungsbewusstsein	+1
Perfektionismus	−1
Durchsetzungsfähigkeit (nach innen und nach außen)	+2
Starkes Selbstbewusstsein (Wissen, was man kann)	0
Ausdauer (Durchhaltevermögen)	+1
Planungs- und Ordnungsorientierung	0
Gefühlsorientierung	−1
Frustrationstoleranz	+2
Summe	**+8**

▶ **Lösung 12.8 Maßnahmen zur Vermeidung bzw. Behebung von Konflik ten** In jedem Projekt gibt es Ressourcen, die von verschiedenen Personen benötigt werden. Daher sollten knappe Ressourcen, z. B. spezielle Räume, Maschinen etc. genauso wie die Arbeiten und der Personaleinsatz in der Projektplanung berücksichtigt werden. Sobald die Ressourcen den Arbeitspaketen zugeordnet sind, fallen Überlastungen auf. Sie können im Rahmen des Kapazitätsausgleichs behoben werden. Streit um die Ressourcen wird dadurch vermieden.

Globale Anforderungen des Projekts werden im Lastenheft durch den Auftraggeber benannt und im Pflichtenheft als Ziele präzisiert. Durch diese Dokumentation werden Unklarheiten vermieden. Aus den globalen Projektzielen können Detailziele für die einzelnen Arbeitspakete abgeleitet werden. Sie sollten in der Arbeitspakt-beschreibung neben den auszuführenden Arbeiten dokumentiert werden. Treten an anderen Stellen im Detail Unklarheiten über die Ziele zu Tage, sollten die dokumentierten Ziele zur Klärung heran gezogen werden.

Der grundsätzliche Weg für das Projekt sollte zu Beginn diskutiert, entschieden und dokumentiert werden. Sofern dieser Weg nicht einfach vorgegeben, sondern tatsächlich im Team erarbeitet wurde, sollte an dieser Stelle das Konfliktpotenzial gering sein. Der Lösungsweg zur Ausführung eines Arbeitspakets (AP) sollte dem AP-Verantwortlichen überlassen werden. Für jedes AP liegt ein abzulieferndes Ergebnis und ein organisatorischer Rahmen fest, so dass es keinen Grund gibt, dem AP-Verantwortlichen im Detail Vorschriften zu machen.

Jedes AP wird einer verantwortlichen Person zugeordnet. Diese Zuordnung erfolgt am besten zu Beginn im Rahmen der Projektplanung. Natürlich kann es aufgrund von Planabweichungen Änderungsbedarf geben, aber zu jedem Zeitpunkt sollte für jedes AP klar sein, wer dafür zuständig ist. Für alle sonstigen Arbeiten, die nicht als AP definiert sind, sollte eine To-do-Liste geführt werden, aus der Aufgabe, Termin und Zuständigkeit hervor geht. Auch dies senkt das Konfliktpotenzial deutlich ab.

Zwischenmenschliche Spannungen zählen sicherlich zu den schwierigeren Konfliktpotenzialen. Sie lassen sich nie ganz ausschalten. Hilfreich ist das wörtlich zu nehmende persönliche Kennlernen. Es sollte sich also nicht nur auf die Rolle der Beteiligten im Projekt und deren fachliche Seite beschränken, sondern auch die menschliche Seite mit einbeziehen. Eine Kennenlern-Veranstaltung außerhalb des offiziellen Rahmens kann hier die Funktion des Türöffners übernehmen. Eine wichtige Funktion nimmt auch die Storming-Phase in der Teamentwicklung ein. Hier finden die Beteiligten ihre Einordnung im Team, Konflikte werden ausgetragen und Widersprüche geklärt. Auch wenn man bestrebt ist, diese Phase möglichst schnell zu durchlaufen, sollte sie auf keinen Fall unterdrückt werden.

▶ **Lösung 12.9 Problemfälle bei der Teambildung** Ein „Maulwurf" ist gegen seinen Willen im Projektteam. Er fühlt sich seinem Linienvorgesetzten verpflichtet und agiert verdeckt gegen die Ziele des Projekts. Ein „Angsthase" fürchtet die ungewohnte Projektsituation. Er hat keine fertigen Handlungsmuster und möchte möglichst nicht unangenehm auffallen. Der verhinderte „Leithammel" wäre selbst gerne Projektleiter geworden, fühlt sich daher übergangen. Er ist möglicherweise nicht daran interessiert, das Projekt zum Erfolg zu führen und neigt dazu, bei jeder Gelegenheit zu zeigen, dass er der bessere Projektleiter gewesen wäre.

Problematisch sind auch Mitarbeiter, die sofort „Feuer und Flamme" sind. Die anfängliche Begeisterung entpuppt sich oft als Strohfeuer. Das Interesse derartiger Mitarbeiter lässt bei den ersten Misserfolgen schnell nach. Probleme können auch die nicht im Projekt beteiligten Linien-Vorgesetzten (z. B. Abteilungsleiter) bereiten. Sie mussten möglicherweise Mitarbeiter für das Projekt abstellen, die in der Abteilung fehlen. Ein Leiter eines gut gelaufenen Projekts kann außerdem zur Konkurrenz eines Linien-Vorgesetzten werden.

▶ **Lösung 12.10 Teamphasen** Das Team befindet sich ganz offensichtlich in der Konfliktphase. Es kommt zu Diskussionen zwischen zwei Beteiligten. Die Disziplin im Team lässt zu wünschen übrig. Es wird offen oder versteckt Missfallen geäußert. Die folgende Team-Entwicklungsphase ist die Normierungsphase. Hier ist das Team zusammen gerückt. Es gibt gemeinsame Ziele und Regeln. Um möglichst bald dorthin zu kommen sind verschiedene Maßnahmen möglich bzw. Notwendig, wie z. B.:

- die Besprechungen in einer disziplinierten Form durchzuführen (pünktliches Erscheinen, bis zum Schluss dabei bleiben, nicht durcheinander reden, beim Thema bleiben),
- Regeln für den Umgang miteinander zu vereinbaren und deren Einhaltung zu sichern,
- Beteiligte, die sich nicht an die Regeln halten, im Einzelgespräch darauf hinweisen.

Möglich wäre es,

- die eventuell vorhandenen Konflikte zwischen A und B offen anzusprechen und zu klären,
- zwischen Projektleitung und Mitarbeiter C ein klärendes 4-Augen-Gespräch herbei zu führen,
- sich einmal außerhalb des Projektrahmens zu treffen („abends" beim Bier, beim Sport etc.),
- dauerhaft renitente Beteiligte zu disziplinieren oder gar aus dem Team entfernen.

Software-Werkzeuge

13

Zusammenfassung

In Projekten werden von mehreren Personen, zahlreiche Arbeiten ausgeführt und dabei Ressourcen genutzt. Zwischen den Personen, Arbeiten und Ressourcen bestehen scheinbar unendlich viele Wechselwirkungen. Die Handhabung der damit verbundenen Daten, deren gegenseitige Verknüpfung und die Verarbeitung in aufeinander aufbauenden Schritten ist in manueller Form praktisch nicht zu leisten. Daher ist es notwendig, hierfür rechnerbasierte Werkzeuge einzusetzen.

13.1 Software-Werkzeuge im Projektmanagement

Aufgrund der Komplexität der Verarbeitungsfunktionen hat sich das Angebot an Tools, Programmen und Software-Systemen für die Aufgaben des Projektmanagements zunächst nur langsam entwickelt. Mittlerweile ist aber eine sehr breites Spektrum an Software-Werkzeugen verfügbar. Dieses reicht von speziellen Tools für kleinere Detailaufgaben über eigenständige Programme, die den Projektmanagementlebenszyklus weitgehend abdecken, bis hin zu sehr umfangreichen Systemen, die vollständig in die unternehmensweite Planung und Steuerung aller Ressourcen und Arbeitsabläufe eingebettet sind.

▶ **Aufgabe 13.1 Begriffe aus der Beschreibung von PM-Software** Versuchen Sie einen ersten Einblick in das Angebot an Software-Werkzeugen für das Projektmanagement zu finden. Führen Sie eine kleine Recherche durch. Schauen Sie sich Marktübersichten, Produkttests und Produktbeschreibungen der Hersteller an. Sie werden viele Beschreibungen von Produkten finden, die Ihnen das Projektleben erleichtern.

© Springer Fachmedien Wiesbaden GmbH, ein Teil von Springer Nature 2021
W. Jakoby, *Intensivtraining Projektmanagement*,
https://doi.org/10.1007/978-3-658-32836-8_13

Viele Funktionen, werden Sie aufgrund Ihrer Kenntnisse des Projektmanagementlebenszyklus von einer Projektmanagement-Software erwarten, wie z. B. die Eingabe eines Projektstrukturplans, die automatisierte Ablauf- und Terminplanung, das Ressourcenmanagement, die Fortschrittserfassung oder die Erstellung von Berichten. Sie werden aber auch mit vielen neuen Begriffen konfrontiert, die Sie nicht sofort einordnen können. Darunter befinden sich Schlagworte wie Single-Projektmanagement, Multi-Projektmanagement, Software as a Service (SaaS) oder Kollaboratives Projektmanagement.

Diese Begriffe beschreiben verschiedene Kategorien von PM-Software. Versuchen sie anhand der gefundenen Beschreibungen die Bedeutung dieser Begriffe und die Besonderheiten der Kategorien in eigenen Worten in zwei bis drei Sätzen zu erklären.

13.2   Office-Werkzeuge im Projektmanagement

Das Erstellen von Dokumenten in vorwiegend textlicher Form, von Tabellen zur Ausführung größerer Berechnungen, von Datenbanken mit umfangreichen Datensätzen und Merkmalen, sowie von grafischen Skizzen und Plänen, ist ein wesentlicher Bestandteile vieler Arbeitsabläufe in Büros. Die Arbeiten werden durch ausgereifte Software-Werkzeuge unterstützt. Da auch in Projekten an vielen Stellen derartige Arbeiten anfallen, kommen selbstverständlich auch hier die passenden Office-Werkzeuge zum Einsatz.

Der umfangreiche Funktionsumfang der Tools kann darüber hinaus auch für spezielle Aufgaben des Projektmanagements genutzt werden. In kleinen Projekten mit überschaubarem Personal- und Ressourceneinsatz kann dadurch die Anschaffung und das Erlernen von Spezialsoftware umgangen werden. Wegen der großen Zahl von Tabellen, Listen und Katalogen sind Programme zur Tabellenkalkulation im Projektmanagement weit verbreitet. Sie stellen Funktionen zur Verarbeitung einzelner Daten innerhalb einer Tabelle zur Verfügung, aber auch zur tabellenübergreifenden Verknüpfung. Spezifische Verarbeitungsaufgaben können durch kleinere Programme – die Makros – in die vorhandene Anwendung eingebettet werden.

▶   **Aufgabe 13.2 Produktstrukturplan als Tabelle**   Im Projektmanagement werden an vielen Stellen hierarchisch strukturierte Liste benötigt. Beispiele hierfür sind der Produkt- und der Projektstrukturplan. In den verschiedenen Office-Werkzeugen, werden im Normalfall unstrukturierte Listen verwendet. Oft gibt es aber Möglichkeiten hierarchische Strukturen aufzubauen.

Untersuchen Sie, wie Sie in einem Tabellenkalkulationsprogramm eine Liste hierarchisch strukturieren können. Erstellen Sie dann einen Produktstrukturplan, der drei Gliederungsebenen enthält.

13.3 MS-Project[1]

Das Gros der spezifischen PM-Software deckt die im Laufe eines Projekts benötigten Verarbeitungsfunktionen weitgehend ab. Diese Programme sind in der Regel für einzelne oder mehrere parallele Projekte in einem Unternehmen geeignet. Einen gewissen Referenzpunkt für den Vergleich der verschiedenen Programme stellt MS-Project dar.

Den Kern eines Projekts bilden in MS-Project zwei Tabellen: die Ressourcenliste und die Vorgangsliste. In der Vorgangsliste werden alle Arbeiten mit ihren Merkmalen, wie Arbeitsaufwand, Dauer, Anfangs- und Endtermin eingegeben. Das gleiche erfolgt in der Ressourcenliste für alle Personen mit Merkmalen, wie Name, Arbeitszeit oder Stundensatz sowie für alle sächlichen Ressourcen. Die Abhängigkeiten zwischen den einzelnen Vorgängen und auch deren Zuordnung zu den Ressourcen wird ebenfalls in den Tabellen eingetragen.

Die Verknüpfungen und Berechnungen können entweder manuell oder automatisiert erfolgen. Zur Darstellung der Ergebnisse stehen die gängigen grafischen Darstellungen, wie Netzplan oder Balkendiagramm, hierarchisch strukturierte Listen und verschiedene Berichtsformate zur Verfügung.

▶ **Aufgabe 13.3 Benutzeroberfläche und Projekteinstellungen** Installieren Sie MS Project oder ein vergleichbares Programm auf Ihrem Rechner. Starten Sie das Programm und machen Sie sich mit der Oberfläche vertraut. Welches sind die wesentlichen Bereiche der Oberfläche, die Sie im Fenster sehen?

Stellen Sie die wichtigsten Informationen für ein Projekt ein. Setzen Sie z. B. das aktuelle Datum auf den 15. September und den Projekt-Anfangstermin auf den ersten Montag im Oktober.

Legen Sie nun die Arbeitsweise des Programms fest, in dem Sie z. B. neu eingegebene Vorgänge automatisch planen lassen und die Arbeit und die Dauer von Vorgängen in Tagen ausgeben. Stellen Sie ein Verzeichnis ein, das als Standardordner für Ihre Projektdateien verwendet werden soll. Legen Sie dort auch fest, dass ihr Projekt automatisch alle 15 Minuten gespeichert werden soll.

▶ **Aufgabe 13.4 Projekt anlegen und Vorgänge eingeben** Anne hat den Auftrag, die Dokumentation für ein neues Produkt zu erstellen. Sie hat ähnliche Projekte bereits

---

[1] Microsoft® Project wird im Folgenden als MS-Project bezeichnet. Die Lösungen wurden mit MS-Project 2013 erstellt.

ausgeführt und weiß daher, dass zunächst ein Konzept erstellt werden muss. Dann kann sie eine Rohfassung schreiben, die überarbeitet und anschließend Korrektur gelesen werden muss. Nach der Erstellung der Bilder können diese zusammen mit dem Text formatiert werden. Nach der Endkontrolle dauert es drei Tage, bis die Dokumentation in gebundener Form vorliegt.

Tab. 13.1 zeigt alle Arbeiten. Da im Unternehmen Erfahrungen mit der Erstellung von Dokumentationen vorliegen, können Kennwerte zur Abschätzung des Aufwands verwendet werden. An einem Tag können drei Textseiten Rohentwurf geschrieben bzw. vier Bilder erstellt werden. Die Überarbeitung eines Textes erfordert 60 % des Rohentwurfsaufwands und die Korrektur weitere 20 %. Damit kommt man für die Arbeitspakete zwei bis fünf auf 23 Personentage. Für die Konzepterstellung und die Endkontrolle muss mit 5–10 % und für die Formatierung mit 10–15 % des Erstellungsaufwands gerechnet werden. Gerundet werden daher zwei bzw. drei Tage angesetzt.

Geben Sie die Arbeiten als Vorgänge und den Arbeitsaufwand als Arbeit ein. Welche Bedingungen (Anordnungsbeziehungen) müssen im Ablauf eingehalten werden? Welche Laufzeit ergibt sich, wenn Anne alle Arbeiten alleine ausführen muss?

▶ **Aufgabe 13.5 Feinplanung durchführen** Das Projekt soll nun möglichst schnell durchgeführt werden. Dazu kann Anne auf Bert und Conny zurück greifen. Beide werden für das Projekt von ihren normalen Aufgaben freigestellt, allerdings besitzt Conny lediglich eine Halbtagsstelle.

Das gesamte Dokument wird in drei Kapitel unterteilt, die nach der Konzepterstellung unabhängig voneinander in einer Rohfassung erstellt und dann überarbeitet werden können. Die Erstellung des Konzepts und die Endkontrolle können nur von Anne bearbeitet werden und Conny kennt sich mit dem Tool zur Erstellung der Bil-

Tab. 13.1 Arbeitsaufwand für die Arbeitspakete

Nr.	Arbeitspaket		Arbeitsaufwand	
1	Konzept erstellen	(5 %–10 %) * C		2
2	Rohentwurf schreiben	30 Seiten	A = 10	
3	Text überarbeiten	60 % * A	6	
4	Korrektur lesen	20 % * A	2	
5	Bilder erstellen	20 Bilder	B = 5	
6	Text und Bilder formatieren	(10 %–15 %) * C		3
7	Endkontrolle	(5 %–10 %) * C		2
	Summen		C = 23	S = 30

der nicht aus. Ansonsten können alle drei alle Arbeiten ausführen. Annes Stundensatz beträgt 65 €. Für die beiden anderen werden die Stunden mit 45 € kalkuliert.

Legen Sie die drei Personen als Ressourcen an. Ordnen Sie nun den Vorgängen die Bearbeiter als Ressourcen zu, so dass das Projekt möglichst schnell durchlaufen werden kann. Welche Laufzeit erreichen Sie? Was ist die kürzeste Laufzeit, die bei idealer Kapazitätsverteilung erreicht werden könnte?

▶ **Aufgabe 13.6 Projektsteuerung** Legen Sie den erreichten Planungsstand als Basisplan für das gesamte Projekt fest. Blenden Sie die Spalten ein, die Sie brauchen um die Planwerte, die Istwerte und die geschätzte noch zu erledigende Arbeit darzustellen.

Gehen Sie nun davon aus, dass sich das Projekt am Anfang der dritten Projektwoche befindet. Geben Sie die Istwerte der Arbeiten für die Vorgänge so ein, dass alle Vorgänge wie geplant bearbeitet wurden.

Sie erhalten nun die Rückmeldung von den Beteiligten, dass sich der Aufwand für den Rohentwurf von Kap. 3 von 5 auf 7 Tage und für dessen Überarbeitung von 2 auf 3 Tage erhöht hat. Außerdem ist der Aufwand für die Erstellung der Bilder von 5 auf 7 Tage gestiegen. Geben sie diese Änderungen im Projekt ein. Wie haben sich nun die Laufzeit, das Fertigstellungsdatum und die Kosten verändert? Welche Steuerungsmöglichkeiten finden Sie, um die eingetretenen Verzögerungen zu verringern?

13.4 Lösungen

▶ **Lösung 13.1 Begriffe aus der Beschreibung von PM-Software** Single-PM-Software: Eine PM-Software, die für das Management eines einzelnen Projekts ausgelegt ist. In der Regel wird diese auf einem Arbeitsplatz installiert und von einer Person genutzt. Informationen von anderen Personen, anderen Projekten oder anderen Systemen werden über eine Schnittstelle importiert.

Multi-PM-Software: Eine PM-Software, die das parallele Management mehrerer Projekte unterstützt, die gemeinsame Ressourcen verwenden. Die Daten aus den unterschiedlichen Projekten werden zentral gehalten, sind daher immer aktuell und müssen nicht aktiv ausgetauscht werden.

Software as a Service: Die Software wird wie eine Dienstleistung von einem Anbieter auf einem Server-Rechner zur Verfügung gestellt. Der Zugriff des Anwenders erfolgt mit Hilfe eines Web-Browsers. Die Vorteile sind die entfallende Installation und Wartung der Software sowie Nutzungsentgelte statt Anschaffungskosten.

Kollaboratives PM: Derartige PM-Programme sind auf die Zusammenarbeit mehrerer Personen für das Management eines oder mehrerer Projekte ausgelegt.

Abb. 13.1 Strukturierung
von Listen

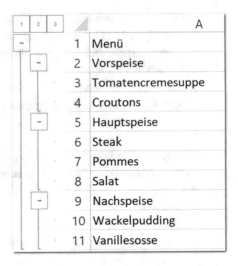

Änderungen in der Planung erfolgen nicht automatisch, sondern werden zwischen den Personen in festgelegten Arbeitsabläufen koordiniert.

► **Lösung 13.2 Produktstrukturplan als Tabelle** Als Produkt soll ein Menü aus drei Gängen eingegeben werden. Zunächst können die benötigten Elemente in einer Tabelle unstrukturiert eingebeben werden (Abb. 13.1, rechts). Mit Hilfe der Funktion Daten → Gruppieren können dann hierarchische Beziehungen zwischen den Elementen eingegeben werden.

Zunächst wird mittels Daten → Gliederung eingestellt, dass die Hauptzeilen oberhalb der Unterzeilen liegen sollen und nicht unterhalb, wie es i. a. voreingestellt ist. Dann können Zeilen als Bereich markiert und gruppiert werden. Dies lässt sich auf mehrere Ebenen vornehmen, so dass sich die in Abb. 13.1 links dargestellte Struktur für das dreigängige Menü ergibt.

Am linken Rand der Tabelle sind Klammern eingeblendet, die die Baumstruktur sichtbar machen. Über die ebenfalls dargestellten Schalter lassen sich einzelne Ebenen ein- oder ausblenden. In der gleiche Weise können auch Spalten der Tabelle gruppiert werden, wodurch sich sehr einfach bestimmte Informationen ein- oder ausblenden lassen.

► **Lösung 13.3 Benutzeroberfläche und Projekteinstellungen** Am oberen Rand der Benutzeroberfläche befindet sich eine Kopfleiste mit dem Hauptmenü in Textform. Darunter liegt das Menüband, bei dem die wichtigen Funktionen in verschiedenen Registerkarten eingeordnet sind. Den größten Teil des Fensters nimmt der Arbeitsbereich ein, in dem im Standardfall die Vorgangsliste mit den wichtigsten Eigenschaften in Tabellenform dargestellt wird und daneben als Grafik das Gantt-Diagramm.

Unter `Projekt` → `Projektinformationen` findet man die wichtigen Einstellungen für ein Projekt. In dem Fenster können der Anfangstermin, das aktuelle Datum, ein Statusdatum und die Berechnungsrichtung vorgegeben werden.

Die Arbeitsweise des Programms kann über `Datei` → `Optionen` beeinflusst werden. Unter dem Menüpunkt `Terminplanung` findet man z. B. die Felder für die Anzeigeeinheiten von Dauer und Arbeit sowie für den Berechnungsmodus. Im gleichen Optionenmenü findet man den Menüpunkt `Speichern`, in dem der Standardordner für die Speicherung und die Intervalle für die automatische Speicherung festgelegt werden können.

▶ **Lösung 13.4 Projekt anlegen und Vorgänge eingeben** Zunächst wird eingestellt, dass alle Vorgänge im Modus „Feste Arbeit" berechnet werden:

```
Datei → Optionen → Terminplanung → Standardvorgangs-
art: feste Arbeit.
```

Die Arbeiten werden als Vorgänge und für jeden Vorgang der Arbeitsaufwand (Arbeit) eingegeben (Abb. 13.2). Durch die Zuweisung der Ressource Anne (mit dem Kürzel A) zu den Vorgängen wird die Dauer automatisch aus der Arbeit berechnet. Bei einer einzigen Ressource mit 100 % Leistung sind Dauer und Arbeit identisch.

Dann werden die Abhängigkeiten der Arbeitspakete festgelegt. Die Konzepterstellung muss vor allem anderen erfolgen. Rohentwurf, Überarbeiten und Korrektur müssen nacheinander ablaufen. Ist der Text Korrektur gelesen und sind die Bilder fertig, kann die Formatierung und darauf die Endkontrolle erfolgen. Wegen des Dru-

Vorgangsname ▼	Arbeit ▼	Dauer ▼	Anfang ▼	Ende ▼	Vorgänger ▼	Ressource
◢ **Doku-Projekt**	**30 Tage**	**33 Tage**	**06.10**	**19.11**		
Start	0 Tage	0 Tage	06.10	06.10		
Konzept erstellen	2 Tage	2 Tage	06.10	07.10		Anne
Rohentwurf schreiben	10 Tage	10 Tage	08.10	21.10	3	Anne
Überarbeiten	6 Tage	6 Tage	22.10	29.10	4	Anne
Korrektur lesen	2 Tage	2 Tage	30.10	31.10	5	Anne
Bilder erstellen	5 Tage	5 Tage	03.11	07.11	4	Anne
Formatierung	3 Tage	3 Tage	10.11	12.11	6;7	Anne
Endkontrolle	2 Tage	2 Tage	13.11	14.11	8	Anne
Abgabe	0 Tage	0 Tage	19.11	19.11	9EA+3 Tage	

Abb. 13.2 Die Vorgänge des Projekts

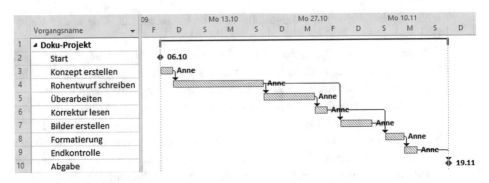

Abb. 13.3 Der Zeitablauf

Ressourcenname ▼	Art ▼	Kürzel ▼	Max. ▼	Standardsatz ▼
Anne	Arbeit	A	100%	65,00 €/Std.
Bert	Arbeit	B	100%	45,00 €/Std.
Conny	Arbeit	C	50%	45,00 €/Std.

Abb. 13.4 Ressourcentabelle

ckens und Bindens steht die Dokumentation 3 Tage nach der Endkontrolle zur
Verfügung.

Bei eingeschalteter automatischer Planung erfolgt ein Kapazitätsausgleich und
die Arbeitspakete werden so verschoben, dass die einzige Ressource nicht überlastet
ist. Damit erhält man den Zeitablauf in Abb. 13.3. Der gesamte Arbeitsaufwand
beträgt 30 Personentage. Dies führt wegen der zusätzlichen Verzugszeit von drei
Tagen zu einer Gesamtlaufzeit von 33 Tagen.

▶ **Lösung 13.5 Feinplanung durchführen** Das Anlegen der Ressourcen erfolgt unter
`Ansicht → Ressource:Tabelle`. Dort kann der Name, die Ressourcenart
(Arbeit), ein Namenskürzel, die Verfügbarkeit (max. Einheit) und der Stundensatz
eingetragen werden (siehe Abb. 13.4).

Für die Optimierung der Projektlaufzeit geht es an die Feinplanung. Bei einem
Arbeitsvolumen von 30 Tagen und 2,5 Vollzeitäquivalenten könnte die Arbeit im
Idealfall innerhalb von 12 Tagen geleistet werden. Zusammen mit den nicht zu ver-
kürzenden Verzugszeit von drei Tagen wäre die kürzeste Laufzeit 15 Tage.

Um mehr Spielraum für die Parallelisierung von Arbeitspaketen zu erhalten, werden der Rohentwurf und die Überarbeitung, die bislang je ein Arbeitspaket waren,
aufgeteilt in die Arbeiten für Kap. 1, 2 und 3. Die so entstehenden kleineren Arbeitspakete können den drei Personen zugeordnet und parallel ausgeführt werden.
Anne und Conny werden gemeinsam an die Formatierung gesetzt, so dass hier auch
noch ein Tag gewonnen wird. Nicht aufteilbar sind Konzeption und Endkontrolle, da

diese nur von Anne bearbeitet werden können. Dadurch kann auch nicht der ideale Fall erreicht werden, aber es ergibt sich immerhin eine Laufzeit von 21 Tagen (siehe Abb. 13.5).

Die wechselseitigen Abhängigkeiten, die parallel laufenden Vorgänge und die dadurch erreichbare kürzere Laufzeit sind in der grafischen Darstellung in Abb. 13.6 noch besser zu erkennen.

▶ **Lösung 13.6 Projektsteuerung** Mit `Projekt → Basisplan festlegen` kann der Planungsstand als Basisplan festgeschrieben werden. Dadurch werden die Werte in separate Felder geschrieben, die als Spalten eingeblendet werden können, wie z. B. Geplante Arbeit, Geplante Dauer, Geplantes Ende.

Zur Eingabe und Anzeige tatsächlicher Werte werden die Spalten Ist-Arbeit und Restarbeit eingeblendet. Das aktuelle Datum und das Statusdatum werden auf den Anfang der dritten Projektwoche gesetzt. Dann werden die Istwerte der Arbeit so eingegeben, dass alles plangemäß verlaufen ist. Die Restarbeit wird automatisch berechnet und in die entsprechende Spalte eingetragen. Die Arbeit als Summe von Ist-Arbeit und Restarbeit stimmt mit der geplanten Arbeit überein. Abb. 13.7 zeigt das zugehörige Ergebnis.

Nun werden die Rückmeldungen der Beteiligten berücksichtigt. Die Arbeit für den Rohentwurf von Kap. 2 wird von 5 auf 7 Tage gesetzt. Dadurch steigt zunächst die Restarbeit auf 2 Tage. Da der Vorgang komplett in der Vergangenheit liegt, wird die Ist-Arbeit von 5 auf 7 gesetzt und die Restarbeit verschwindet. Durch Mehrarbeit bei der Überarbeitung von Kap. 3 steigt dort die Restarbeit von 2 auf 3 Tage. Der

	Vorgangsname	Arbeit	Dauer	Anfar	Ende	Vorgäng	Ressourcennamen
1	◢ **Doku-Projekt**	**30 Tage**	**21 Tage**	**06.10**	**03.11**		
2	Start	0 Tage	0 Tage	06.10	06.10		
3	Konzept erstellen	2 Tage	2 Tage	06.10	07.10		Anne
4	◢ **Rohentwurf schreiben**	**10 Tage**	**6 Tage**	**08.10**	**15.10**	3	
5	Kap1	2 Tage	2 Tage	08.10	09.10		Bert
6	Kap2	5 Tage	5 Tage	08.10	14.10		Anne
7	Kap3	3 Tage	6 Tage	08.10	15.10		Conny[50%]
8	◢ **Überarbeiten**	**6 Tage**	**8 Tage**	**10.10**	**21.10**		
9	Kap1	1 Tag	1 Tag	10.10	10.10	5	Bert
10	Kap2	3 Tage	3 Tage	15.10	17.10	6	Anne
11	Kap3	2 Tage	4 Tage	16.10	21.10	7	Conny[50%]
12	Korrektur lesen	2 Tage	2 Tage	22.10	23.10	13;8	Bert
13	Bilder erstellen	5 Tage	5 Tage	13.10	17.10	9	Bert
14	Formatierung	3 Tage	2 Tage	24.10	27.10	12;13	Anne;Conny[50%]
15	Endkontrolle	2 Tage	2 Tage	28.10	29.10	14	Anne
16	Abgabe	0 Tage	0 Tage	03.11	03.11	15EA+3 Ta	

Abb. 13.5 Parallelisierte Vorgänge

Mehraufwand bei der Erstellung der Bilder führt dazu, dass dieses Kapitel nicht mehr abgeschlossen ist, sondern eine Restarbeit von 2 Tagen aufweist. Der erhöhte Aufwand führt zu einer Verschiebung der Laufzeit. Sie steigt von 21 auf 23 Tage und der Endtermin rückt vom 3.11. auf den 5.11. (siehe Abb. 13.8).

Je weiter ein Projekt fortgeschritten ist, desto geringer wird der Spielraum um Rückstände aufzuholen. Im vorliegenden Fall könnte Anne, die in dieser Zeit nicht verplant ist, zusätzlich bei der Überarbeitung von Kap. 3 (2 Tage) und für das Korrekturlesen (2 Tage) mitwirken. Dadurch kann der Rückstand vollständig wettgemacht werden.

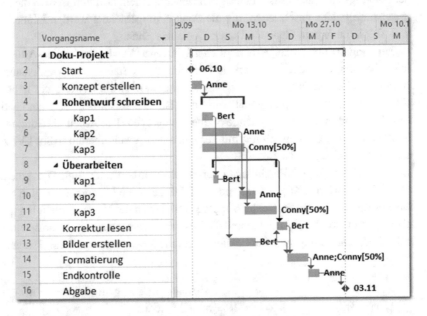

Abb. 13.6   Gantt-Diagramm des parallelisierten Projektablaufs

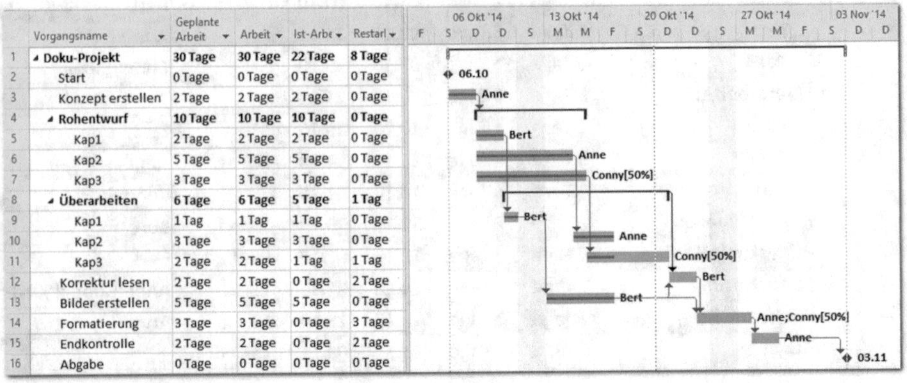

Abb. 13.7   Projektstatus bei plangemäßer Bearbeitung

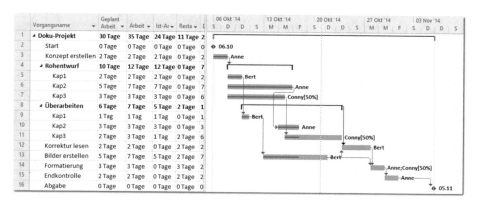

	Vorgangsname	Geplant Arbeit	Arbeit	Ist-Ar	Resta	
1	▲ Doku-Projekt	30 Tage	35 Tage	24 Tage	11 Tage	2
2	Start	0 Tage	0 Tage	0 Tage	0 Tage	0
3	Konzept erstellen	2 Tage	2 Tage	2 Tage	0 Tage	2
4	▲ Rohentwurf	10 Tage	12 Tage	12 Tage	0 Tage	7
5	Kap1	2 Tage	2 Tage	2 Tage	0 Tage	2
6	Kap2	5 Tage	7 Tage	7 Tage	0 Tage	7
7	Kap3	3 Tage	3 Tage	3 Tage	0 Tage	6
8	▲ Überarbeiten	6 Tage	7 Tage	5 Tage	2 Tage	1
9	Kap1	1 Tag	1 Tag	1 Tag	0 Tage	1
10	Kap2	3 Tage	3 Tage	3 Tage	0 Tage	3
11	Kap3	2 Tage	3 Tage	1 Tag	2 Tage	6
12	Korrektur lesen	2 Tage	2 Tage	0 Tage	2 Tage	2
13	Bilder erstellen	5 Tage	7 Tage	5 Tage	2 Tage	7
14	Formatierung	3 Tage	3 Tage	0 Tage	3 Tage	2
15	Endkontrolle	2 Tage	2 Tage	0 Tage	2 Tage	2
16	Abgabe	0 Tage	0 Tage	0 Tage	0 Tage	0

Abb. 13.8 Tatsächlicher Projektstatus

Verständnisfragen

14

Zusammenfassung

Die Verständnisfragen in diesem Kapitel sind nach Sachgebieten, in Übereinstimmung mit der Gliederung dieses Übungsbuches und damit auch des Lehrbuchs geordnet. Die Fragen dienen zur Überprüfung des Verständnisses der Inhalte, die in den einzelnen Kapiteln vermittelt werden. Bei der Beantwortung kommt es nicht darauf an, Formulierungen oder Definitionen auswendig zu lernen. Im Gegenteil. Erst wenn ein Sachverhalt in eigenen Worten erklärt wird, kann man sicher sein, dass man ihn verstanden hat. Im Zweifelsfall ist eine in eigenen Worten formulierte Erklärung immer besser, als eine vorgestanzte, geschliffene Formulierung von irgendjemand zu übernehmen. Die hier gegebenen Antworten sollen daher auch keine Definitionen darstellen, sondern sollen als Beispiele angesehen werden, in denen die wichtigen Merkmale angesprochen werden.

14.1 Projekte

1. **Worin unterscheiden sich Projekte von Nicht-Projekten?**
   Damit ein Vorhaben als Projekt bezeichnet wird, muss es verschiedene Merkmale aufweisen: Zielklarheit, Einmaligkeit, Schwierigkeit und Prozesscharakter. Weitere Merkmale, die auf ein Projekt hinweisen sind begrenzte Ressourcen und ein Zieltermin. Außerdem werden Projekte in der Regel von mehreren Personen bearbeitet. Sind diese Kriterien nicht gegeben, so kann man die Vorhaben als Nicht-Projekte bezeichnen.

© Springer Fachmedien Wiesbaden GmbH, ein Teil von Springer Nature 2021
W. Jakoby, *Intensivtraining Projektmanagement*,
https://doi.org/10.1007/978-3-658-32836-8_14

2. **Nach welchen Kriterien würden Sie Projekte unterteilen?**

Projekte können nach sehr unterschiedlichen Kriterien unterteilt werden. Von besonderer Bedeutung ist die Projektgröße, die an den Kosten, am Arbeitsaufwand oder an der Zahl betroffener Personen festgemacht werden kann. Auch der Projektgegenstand bzw. -inhalt ist ein wichtiges Unterscheidungsmerkmal. Außerdem kann zwischen verschiedenen Projektarten unterschieden werden, wie z. B. F&E-, Investitions- und Organisationsprojekten.

3. **Beschreiben Sie die externe und die interne Sicht eines Systems!**

Die externe Sichtweise grenzt ein System von seiner Umgebung ab und benennt die Wechselwirkungen zwischen System und Umgebung. Die interne Sicht eines Systems betrachtet dessen Bestandteile und die zwischen diesen bestehenden Beziehungen. Bei komplexen Systemen kann die innere Sicht über mehrere Ebenen hierarchisch gegliedert werden.

4. **Worin unterscheiden sich Systeme und Nicht-Systeme?**

Je enger die Beziehungen zwischen den internen Bestandteilen eines Sachverhalts sind im Vergleich zu den externen Wechselwirkungen mit der Umgebung, desto stärker ist der Systemcharakter gegeben. Bei Sachverhalten, die dagegen nur eine lose innere Kopplung aufweisen, ist der Systemcharakter nicht gegeben.

5. **Nennen Sie Beispiele für Systeme, die in Projekten auftreten können.**

In Projekten können Systeme in sehr unterschiedlicher Form auftreten. Das Ergebnis eines Projekts kann in der Regel als System gesehen werden. Auch das gesamte Projekt mit seinen beteiligten Personen, den Arbeiten und Ressourcen stellt ein System dar. Auch komplexe Werkzeuge, die im Projekt eingesetzt werden, wie z. B. Software-Werkzeuge, können Systeme sein.

6. **Aus welchen Komponenten setzt sich ein Projekt aus systemischer Sicht zusammen?**

Ein Projekt als Ganzes setzt sich aus vielen Bestandteilen zusammen. In grober Einteilung können hierbei die beteiligten Personen, die auszuführenden Arbeiten und die verwendeten Ressourcen unterschieden werden. Zwischen allen treten Wechselwirkungen auf: zwischen den Personen bestehen z. B. Weisungsbeziehungen, zwischen den Arbeiten bestehen Abhängigkeiten und die Arbeiten werden den Personen zugeordnet.

7. **Was ist ein Prozess?**

Die zeitabhängige Ausführung von Arbeiten durch Personen, mit dem Ziel eine Aufgabe zu erfüllen wird als Prozess bezeichnet. Ein Prozess benötigt Eingaben und er liefert Ergebnisse.

8. **Worin unterscheiden sich Aufgaben, Probleme, Problemlösungsprozesse und Projekte?**

Die Überführung eines Sachverhalts aus einem Anfangs- in einen Zielzustand stellt eine Aufgabe dar. Ist die Lösung der Aufgabe durch ein Hindernis erschwert, so wird sie zum Problem . Bei einem Problemlösungsprozess besteht die Lösung des Problems aus mehreren Aktivitäten mit wechselseitigen Abhängigkeiten. Zu einem Projekt wird das Ganze, wenn die Begrenzung der Zeit und der Ressourcen hinzukommt und die Arbeiten von mehreren Personen ausgeführt werden.

9. **Wie würden Sie Management definieren?**

Die Ausführung von Prozessen erfordert die Berücksichtigung der Abhängigkeiten, die zwischen den Arbeiten und den Personen bestehen. Dies gilt umso mehr, je komplexer die Prozesse sind. Daher ist vor der Ausführung eine Planung und während der Ausführung eine Steuerung der Prozesse notwendig. Alle Aktivitäten der Planung und Steuerung von Prozessen wird als Management bezeichnet.

10. **Was versteht man unter Projektmanagement?**

Das Projektmanagement umfasst alle planenden und steuernden Aktivitäten, die für die Durchführung der Prozesse eines Projekts benötigt werden.

11. **Was unterscheidet gemanagte Projekte von nicht gemanagten Projekten?**

Jedes Projekt ist ein Problemlösungsprozess, der durch die Einmaligkeit und Schwierigkeit des Problems und durch die Zielklarheit gekennzeichnet ist. Die zeitliche Begrenzung, die Teambildung und die Ressourcenbegrenzung machen die Lösung zu einem Projekt. Werden die Aktivitäten des Lösungsprozesses explizit geplant und gesteuert, so handelt es sich um ein gemanagtes Projekt.

12. **In welche acht Gruppen kann man die Tätigkeiten in einem Projekt einteilen?**

Die Durchführung des Projekts, also der Problemlösungsprozess besteht aus der Analyse des Problems, dem Entwurf der Lösung sowie deren Realisierung und Validierung. Das Projektmanagement beginnt mit der Definition des Projekts. Es folgen Planung und Steuerung der Aktivitäten und der Projektabschluss.

13. **Machen Sie eine grobe Aussage über den Aufwandsanteil des Projektmanagements in einem Projekt!**

Das Projektmanagement nimmt ca. 10 % des Gesamtaufwands in Anspruch. Dieser Anteil wiederum kann zu jeweils 10 % für Projektbeginn und -abschluss, sowie je 40 % für Planung und Steuerung unterteilt werden. Bei der Projektdurchführung kann der Aufwand für die Aufgabenanalyse bei ca. 15 %, für den Lösungsentwurf bei 25 %, für die Realisierung bei ca. 40 % und für die Validierung bei 20 % liegen. Alle diese Werte sind grobe Mittelwerte die im Einzelfall teilweise deutlich variieren können.

14. **Was beschreibt der Projektmanagement-Lebenszyklus?**

Der Projektmanagement-Lebenszyklus beschreibt das organisatorische Zusammenwirken und den zeitlichen Ablauf aller Aktivitäten in einem Projekt als eine zusammenhängende Einheit.

14.2   Problemlösungsprozesse

15. **Was versteht man unter der Vorgehensweise „try&error" zur Problemlösung?**

    Bei der Vorgehensweise „try&error" wird zunächst ein mehr oder weniger zufälliger Lösungsversuch unternommen (try). Wenn er scheitert (error) werden immer wieder andere Versuche unternommen, bis eine Lösung erreicht ist oder die Suche abgebrochen wird.

16. **Was versteht man unter der Vorgehensweise „plan&do" zur Problemlösung?**

    Bei der Vorgehensweise „plan&do" existiert bereits eine Vorstellung über eine mögliche Lösung. Die Lösungsschritte warden geplant (plan) und ausgeführt (do).

17. **Beschreiben Sie das spoc-Modell zur Problemlösung**

    Bei der Problemlösung nach dem spoc-Modell wird das Problem zunächst analysiert (study). Dann werden in grober Form mögliche Lösungen geplant (plan) und eine ausgewählt. Sie wird dann im Detail ausgearbeitet und verwirklicht (operate). Zum Abschluss wird die erreichte Lösung überprüft (check). Erfüllt sie die Anforderungen nicht, ist ein erneuter Durchlauf möglich.

18. **Was versteht man unter iterativen Vorgensmodellen zur Problemlösung?**

    Bei iterativen Vorgehensmodellen, wie z. B. dem Spiralmodell oder agilen Modellen, wird der Ablauf der Problemlösung mehrmals hintereinander durch laufen. Die aufeinander folgenden Durchläufe können dabei z. B. Teilergebnisse liefern oder eine immer konkreter werdende Gesamtlösung.

19. **Erläutern Sie die Grobstruktur eines Problemlösungsprozesses.**

    Der Problemlösungsprozess besteht aus acht Teilprozessen, die in die beiden Phasen Planen der Lösung und Ausführung der Lösung unterteilt werden können. Zunächst wird ein unklares Problem beschrieben und ein Zielsystem erstellt. Dann werden mehrere mögliche Lösungen gesucht. Anhand des Zielsystems wird der am besten passende Lösungsweg ausgewählt. Dieser wird anschließend detailliert ausgearbeitet, realisiert, validiert und optimiert.

20. **Erläutern Sie die typischen Fehlersituationen bei der Problemerkennung.**

    Bei der Problemerkennung geht es darum, sich ein Bild des Problems zu machen. Stimmen das Problem und das Bild nicht exakt überein, liegen Fehler vor. Sehr häufig wird das Problem nicht vollständig erkannt. Oft wird auch ein Problem unter- oder überschätzt. Extrem sind die Fehler, wenn ein existierendes Problem nicht erkannt wird oder ein Problem gesehen wird, wo es gar keins gibt.

21. **Was ist das Ziel der Problemanalyse?**

    Das Ziel der Problemanalyse ist es, das Problem abzugrenzen, seine Bestandteile zu erkennen und die zwischen diesen bestehenden Wechselwirkungen zu verstehen. Als Ergebnis der sollte eine Problembeschreibung vorliegen.

22. **Beschreiben Sie die Bedingungen für die Formulierung von Zielen.**

Ziele beschreiben einen anzustrebenden Zustand. Damit diese Beschreibung ihrem Zweck gerecht wird, muss die Formulierung spezifisch, d. h. konkret sein. Die Erreichung muss messbar und überprüfbar sein. Das Ziel sollte außerdem attraktiv formuliert, erreichbar und mit einem Termin versehen sein.

23. **Worin unterscheiden sich Muss- und Soll-Kriterien bei der Zielformulierung?**
Muss-Kriterien müssen bei der Verwirklichung der Lösung unbedingt eingehalten werden. Sie werden auch als Randbedingungen bezeichnet. Werden sie nicht eingehalten, ist das Ziel nicht erreicht und das Problem nicht gelöst. Soll-Kriterien sind nicht so hart. Je besser sie eingehalten werden, desto höher ist die Güte der Lösung. Sie werden daher auch Gütekriterien genannt. Wird ein Gütekriterium nicht eingehalten, verschlechtert dies zwar die Lösung, macht sie aber nicht unbedingt unbrauchbar.

24. **Durch welche Faktoren wird die Findung kreativer Ideen gehemmt bzw. gefördert?**
Hemmende Faktoren bei der Suche nach kreativen Ideen sind Zeit- und Erfolgsdruck, das voreilige Kritisieren anderer Ideen sowie eine vorschnelle Fixierung auf bestimmte Ideen oder Lösungswege. Fördernd wirken sich eine angenehme Atmosphäre, das Suchen nach Ideen in einer Gruppe und die Bildung von Analogien aus. Von besonderer Bedeutung ist eine breite, vielfältige Wissensbasis.

25. **Erläutern Sie die Ideenfindung durch Brainstorming.**
Beim Brainstorming wird das „Problem durch das Gehirn erstürmt". Ein Gruppe von Personen setzt sich zusammen und produziert in freier Assoziation Ideen. Jeder darf spontane Einfälle mündlich äußern und diese werden dokumentiert. Jeder darf Ideen von anderen aufgreifen, abwandeln aber keinesfalls kritisieren. Am Ende des Brainstorming steht eine möglichst große und möglichst vielfältige Liste von Ideen.

26. **Erläutern Sie die morphologische Methode an einem einfachen Beispiel.**
Die morphologische Methode spannt den Lösungsraum für ein Problem systematisch auf. Um z. B. einen Krimi zu schreiben, braucht man einen Täter, ein Opfer, einen Ermittler, einen Tathergang und ein Motiv. Für jede dieser Größen werden mehrere Ausprägungen gesucht. Der Ermittler kann z. B. ein Polizist, ein Detektiv oder eine Privatperson sein. Als Motiv kommen z. B. Eifersucht, Habgier, Rache in Frage. Jede beliebige Kombination von Merkmalsausprägungen liefert dann eine mögliche Lösung.

27. **Durch welche Methoden kann die Sichtweise eines Sachverhalts systematisch verändert werden?**
Zur systematischen Veränderung der Perspektive eignen sich Rollenspiele. Bei der Disney-Methode sind dies Realist, Träumer und Kritiker. Bei der Denkhüte-Methode werden gezielt analytische, emotionale, kritische, optimistische, kreative und ordnende Rollen eingenommen. Bei PMI werden positive, negative und interessante Aspekte eines Sachverhalts gesucht.

28. **Welche Systematiken kennen Sie, um einen Lösungsraum aufzuspannen?**

Zum systematischen Aufspannen eines Lösungsraums gibt es die morphologische Methode. Auch verschiedene mehr oder weniger umfangreiche Fragenkataloge, wie der Osborn-Katalog oder SCAMPER versuchen gezielt den Lösungsraum zu öffnen.

29. **Was ist eine Argumentenbilanz?**

Bei der Argumentenbilanz werden alle Argumente, die für oder gegen eine Option sprechen benannt und einander gegenübergestellt. Es erfolgt keine Gewichtung der Argumente, sondern allein die Auseinandersetzung und Aufzählung soll so viel Einblick liefern, dass eine Entscheidung auf intuitiver Basis möglich wird.

30. **Skizzieren Sie die wichtigen Schritte einer Nutzwertanalyse.**

Bei der Nutzwertanalyse wird ein Gesamt-Ziel durch mehrere Zielvariablen ausgedrückt. Der Anteil jeder Variablen zum Gesamt-Ziel wird durch einen Gewichtungsfaktor beziffert. Dann wird der Wertebereich jeder Variablen durch eine Nutzenfunktion auf einen einheitlichen Nutzenmaßstab abgebildet. Für jede in Frage kommende Lösungsvariante wird der Nutzen als gewichtete Summe der Einzelnutzen berechnet. Die Lösung mit dem größten Nutzen wird dann ausgewählt.

31. **Worin unterscheiden sich Nutzwertanalyse, Kosten-Wirksamkeitsanalyse und Wirtschaftlichkeitsanalyse?**

Alle Verfahren dienen zur Auswahl einer Alternative. Bei der Nutzwertanalyse wird die Güte einer Alternative als gewichteter Mittelwert des Nutzens aller Kriterien bestimmt. Bei der Kosten-Wirksamkeitsanalyse und bei der Wirtschaftlichkeitsanalyse bilden die Kosten ein separat betrachtetes Kriterium. Die Kosten-Wirksamkeitsanalyse sucht die Alternative mit dem höchsten Quotienten aus gewichtetem Nutzen und den zugehörigen Kosten. Die Wirtschaftlichkeitsanalyse misst den Nutzen aller Kriterien monetär und sucht dann die Alternative mit der höchsten Differenz zwischen dem gewichtetem Nutzen und den zugehörigen Kosten.

14.3 Projektgründung

32. **Was beschreibt das „magische" Projektdreieck?**

Das „magische" Projektdreieck symbolisiert die drei wesentlichen Zieldimensionen eines Projekts, nämlich Qualität bzw. Funktionalität, Kosten und Termine. Die Darstellung als Dreieck bringt die wechselseitige Abhängigkeit zwischen den Zieldimension zum Ausdruck. Verbesserungen bei einer Zieldimension sind bei ansonsten unveränderten Bedingungen nur zu Lasten der anderen Dimensionen erreichbar.

33. **Aus welchen Dokumenten besteht ein Projektauftrag?**

Ein Projektauftrag besteht in der Regel aus mehreren Dokumenten. Zunächst erstellt ein potenzieller Auftraggeber eine Ausschreibung und ein Lastenheft. Hierauf antwortet ein interessierter Auftragnehmer mit einem Angebot und einem Pflichtenheft. Das Zustandekommen eines Auftrags schließlich wird durch eine Bestellung und eine

Auftragsbestätigung festgehalten. In der einfachsten Form, z. B. bei internen Projekten kann ein Auftrag auch auf der Basis einer Projektdefinition erteilt werden.

34. Beschreiben Sie Inhalt und Form einer Projektdefinition.

Eine Projektdefinition fasst die wichtigen Informationen zu einem Projekt zusammen. Sie enthält eine Beschreibung der Ausgangssituation, der Ziele, der Randbedingungen, des geplanten Projektinhalts und nennt kritische Faktoren. Außerdem werden wichtige Meilensteine und ein Kostenrahmen benannt. Wegen ihres Übersichtscharakters sollte eine Projektdefinition möglichst kurz gehalten werden. In vielen Fällen genügt ein Umfang von einer Seite.

35. Was versteht man unter einem Lastenheft?

In einem Lastenheft fasst ein Auftraggeber alle Anforderungen zusammen, die er an die Lieferungen und Leistungen durch einen Auftragnehmer stellt. Das Lastenheft sollte Anforderungen, Ziele und Randbedingungen nennen, aber keine Realisierungsdetails festlegen.

36. Was versteht man unter einem Pflichtenheft?

Ein Pflichtenheft ist die Antwort auf ein Lastenheft. Hier beschreibt ein Auftragnehmer, wie er die dort gestellten Anforderungen erfüllen wird.

37. Welche Qualitätsmerkmale müssen die im Lastenheft beschriebenen Anforderungen erfüllen?

Die in einem Lastenheft beschriebenen Anforderungen sollten verständlich sein, damit Auftragnehmer diese richtig umsetzen können. Weitere wichtige Qualitätsmerkmale sind die Vollständigkeit der Anforderungen, deren Realisierbarkeit und die Relevanz.

38. In welche drei Kategorien können die Inhalte von Lasten- und Pflichtenheften eingeteilt werden?

In den Angebotsdokumenten werden zunächst einmal Aussagen zum fachlichen Teil, d. h. zum Projektergebnis gemacht. Außerdem enthalten die Dokumente Anforderungen und Aussagen für die Organisation des Projekts. Die dritte wichtige Kategorie bilden die juristischen und kaufmännischen Festlegungen im Vertrag.

39. Was ist ein Leistungsverzeichnis?

Ein Leistungsverzeichnis wird bei standardisierten Ausschreibungen, z. B. in der Baubranche verwendet. Ein Auftraggeber listet alle gewünschten Leistungen auf und ein Auftragnehmer nennt die Kosten, die er für die Leistungen kalkuliert.

40. Welche Aussagen sollte ein Angebot enthalten?

Ein Angebot für ein Projekt muss fachliche Angaben zu den angebotenen Lieferungen und Leistungen machen, es muss organisatorische Aussagen machen über die Durchführung des Projekts und es muss die vertraglichen Bedingungen enthalten.

41. Was bedeutet der Zusatz „freibleibend" bei einem Angebot?

Bei einem als „freibleibend" gekennzeichneten Angebot geht der Anbieter noch keine vertraglichen Verpflichtungen ein. Diese kommen nach Auftragserteilung erst durch die Auftragsbestätigung zustande.

42. **Für welchen Projektschritt bildet das Lastenheft die Eingangsgröße?**

Das Lastenheft ist die wichtigste Eingabe für die Prozesse der Projektgründung. Die Initiierung des Projekts leitet aus dem Lastenheft die Projektdefinition ab. Die Entwicklung des Auftrags beantwortet die Anforderungen des Lastenhefts durch Festlegungen im Pflichtenheft.

43. **Wie äußert sich das Aufwands-Auftrags-Dilemma und wie kann es gelöst werden?**

Zur Erstellung eines exakten Angebots muss ein Projekt gründlich analysiert und abgeschätzt werden. Dies erfordert einen hohen Aufwand. Erhält man den Auftrag nicht, sind die Kosten nicht gedeckt. Erstellt man das Angebot mit geringem Aufwand und grober Schätzung, wird es sehr ungenau, so dass man entweder wegen eines zu hoch angesetzten Preises den Auftrag nicht bekommt oder bei zu niedrigem Preis später auf unvorhergesehenen Mehraufwand sitzen bleibt. Diese Situation bildet das Aufwands-Auftrags-Dilemma. Es kann gelöst werden durch den Aufbau von Erfahrungswerten, die eine schnelle und dennoch präzise Abschätzung des erwarteten Aufwands ermöglichen, durch standardisierte Ausschreibungen z. B. mit Hilfe eines Leistungsverzeichnisses oder mit Hilfe einer Projektstudie.

14.4   Projektorganisation

44. **Welche Formen der Aufbauorganisation gibt es für Projekte? Beschreiben Sie deren wichtigste Merkmale. Worin unterscheiden sie sich?**

Eine Projektorganisation (PO) beschreibt, wie das Projekt mit der Linienorganisation eines Unternehmens zusammenwirkt. Bei der reinen PO werden die Mitglieder des Projektteams für die Dauer des Projekts aus den Linienabteilungen gelöst und einem eigenständigen Projektleiter unterstellt. Bei der Matrix-PO bleiben sie in der disziplinarischen Zuständigkeit des Abteilungsleiters, sind aber für die fachlichen und organisatorischen Fragen dem Projektleiter unterstellt. Bei der Auftrags-PO gibt es im Projektteam zum Teil fest zugeordnete Mitglieder und andere, die nur teilweise mitwirken. Die Linien-PO ähnelt der Matrix-PO, wobei aber ein Abteilungsleiter die Projektleitung mit übernimmt. In der Einfluss-PO besitzt der Projektleiter keine Weisungsbefugnisse gegenüber den Mitgliedern des Projektteams.

45. **Erläutern Sie die verschiedenen Projektorganisationsformen in Abhängigkeit der Schnittstellenanzahl und der Projektgröße.**

Umfangreiche Projekte werden in der Regel als reine PO organisiert. Für mittlere Projekte mit wenigen Schnittstellen bietet sich die Auftrags-PO an. Bei vielen Schnittstellen ist die Matrix-PO besser geeignet. Kleinere Projekte mit wenigen Schnittstellen können als PO in der Linie aufgebaut werden und bei kleinen Projekten mit vielen Schnittstellen ist die Einfluss-PO vorteilhaft.

46. **Was versteht man unter einem Arbeitspaket, einem Teilprojekt, einem Meilenstein und einer Projektphase?**

Ein Arbeitspaket besteht aus mehreren zusammengehörenden Arbeiten, die ein gemeinsames Ergebnis liefern. In der Projektplanung ist ein Arbeitspaket die kleinste betrachtete Arbeitseinheit. Mehrere Arbeitspakete können zu einem Teilprojekt zusammengefasst werden. Kleinere zusammenhängende Teilprojekte wiederum können größere Teilprojekte bilden. Eine Projektphase ist ein Zeitraum, in dem ein oder mehrere Teilprojekte vollständig bearbeitet werden. Anfang und Ende einer Projektphase bilden Meilensteine, an denen der Projektfortschritt in Form vorliegender Ergebnisse überprüft wird.

47. **Was ist eine IMV-Matrix?**

Eine IMV-Matrix stellt die Beziehungen zwischen den auszuführenden Arbeiten und den im Projekt beteiligten Personen dar. Dabei werden die Beziehungsaspekte „Interesse", „Mitwirkung" und „Verantwortung" erfasst. An einem Arbeitsgang interessierte Personen werden über wesentliche Fortschritte, z. B. die Fertigstellung, informiert. Mitwirkende Personen sind an der Ausführung beteiligt. Genau eine Person sollte für jedes Arbeitspaket verantwortlich sein.

48. **Welche Ablaufmodelle gibt es?**

Modelle mit rein sequenzieller Ausführung der Arbeiten und Modelle mit sehr stark parallel ablaufenden Arbeiten bilden die beiden Extremwerte auf einer Skala möglicher Modelle. Dazwischen liegen verschiedene iterative Vorgehensweisen, die mehr oder weniger stark parallelisierte Arbeiten beinhalten.

49. **Was beschreibt das „Wasserfallmodell" und das „Spiralmodell"?**

Beim Wasserfallmodell folgen alle Teilprojekte sequenziell aufeinander. Jedes Teilprojekt entspricht einer eigenen Projektphase. Dieses Ablaufmodell ist sehr übersichtlich, allerdings ist die Durchlaufzeit nicht minimal. Beim Spiralmodell wird für jedes Teilprojekt in Grob- und Feinarbeiten unterschieden. In einem ersten Durchlauf werden die Grobarbeiten für alle Teilprojekte bearbeitet. Anschließend folgen die Feinarbeiten. Die Durchlaufzeit wird dadurch zwar nicht verringert, aber grobe Fehler können früher festgestellt und daher mit geringerem Aufwand behoben werden.

50. **Was versteht man unter Simultaneous Engineering?**

Beim Simultaneous Engineering wird versucht, die Teilprojekte und Arbeitspakete so weit wie möglich parallel ablaufen zu lassen, um so die Projektlaufzeit möglichst zu minimieren. Der Vorteil der Phasentrennung geht dabei allerdings verloren. Außerdem steigt der Planungs- und Überwachungsaufwand stark an.

51. **Welche Informationen sollten in jedem Projektdokument enthalten sein?**

In jedem Dokument sollte Projektname, Projektnummer und der Name des Projektleiters enthalten sein. Der Name des Verfassers und das Datum der Dokumentenerstellung sind ebenfalls zwingend. Weitere wichtige Informationen sind der Personenkreis, an den das Dokument verteilt wird, sowie Schlagworte oder Gliederungsmerkmale zur inhaltlichen Einordnung.

52. **Was ist ein Dokument und welche Arten von Dokumenten entstehen in den verschiedenen Projektphasen?**

    In einem Dokument werden verschiedenartige Informationen, wie z. B. Beschreibungen, Tabellen oder Pläne schriftlich festgehalten. In Anlehnung an die verschiedenen Phasen, die in einem Projekt durchlaufen werden, können Auftrags-, Organisations-, Planungs-, Steuerungs- und Abschlussdokumente unterschieden werden. Außerdem gibt es allgemeine, d. h. phasenunabhängige Dokumente.

53. **Welche drei Kategorien können bei den Notizen in einem Besprechungsbericht unterschieden werden?**

    In einem Besprechungsbericht werden Aufträge (A), Beschlüsse (B) und Informationen (I) aus einer Besprechung notiert. Aufträge werden an verantwortliche Personen erteilt und terminiert. Beschlüsse dokumentieren Entscheidungen, die für den weiteren Projektverlauf von Bedeutung sind. Ansonsten werden wichtige Informationen in einem Bericht festgehalten.

54. **Worin unterscheiden sich Bericht, To-do-Liste und Logbuch?**

    Ein Bericht wird immer aus einem bestimmten Anlass z. B. bei einer Besprechung oder zur Dokumentation des Projektstatus zu einem bestimmten Termin erstellt. Eine To-do-Liste enthält in der Regel kleinere, zu erledigende Arbeiten mit Angabe einer Person, eines Termins und eines Erledigungs-Status. Eine To-do-Liste wird stetig fortgeschrieben. Ein Logbuch sammelt chronologisch Ideen, Beobachtungen und Ergebnisse der Arbeit.

55. **Was ist ein Projektmanagement-Handbuch?**

    Ein Projektmanagement-Handbuch enthält alle Regelungen, die in einem Unternehmen für die Planung und Steuerung von Projekten getroffen werden. Es kann z. B. Arbeitsanleitungen, Dokumentenvorlagen oder Checklisten enthalten.

14.5 Strukturplanung

56. **Was ist ein Produktstrukturplan?**

    Der Produktstrukturplan (ProdSP) enthält in einer hierarchisch gegliederten Form alle Ergebnisse, die am Projektende abzuliefern sind oder die im Laufe des Projekts als Zwischenergebnisse benötigt werden. Hierzu gehören z. B. alle Produktbestandteile, alle zu erstellenden Dokumente und alle Dienstleistungen. Der Produktstrukturplan bildet die Vorstufe zur Erstellung des Projektstrukturplans.

57. **Was ist ein Projektstrukturplan?**

    Der Projektstrukturplan (ProjSP) enthält alle in einem Projekt zu leistenden Arbeitspakete. Dies werden hierarchisch zu größeren Arbeitspaketen und diese wiederum über mehrere Ebenen zu Teilprojekten zusammengefasst. Die Arbeitspakete auf der untersten Ebene umfassen in der Regel einen Arbeitsaufwand zwischen 1 und 20 Personentagen.

58. **Worin unterscheiden sich der Top-down-Ansatz und der Bottom-up-Ansatz zur Erstellung strukturierter Listen?**

    Eine strukturierte Liste ist eine über mehrere Ebenen gegliederte Sammlung einzelner Elemente. Wird mit der Erstellung der Liste auf der obersten Ebene, bei den komplexen bzw. abstrakten Elementen begonnen, spricht man von einem Top-down-Ansatz. Wird dagegen auf der untersten Ebene mit elementaren, nicht weiter untergliederten Bestandteilen begonnen, handelt es sich um den Bottom-up-Ansatz.

59. **Worin unterscheiden sich die produktorientierte und die prozessorientierte Vorgehensweise zur Gliederung eines Projektstrukturplans?**

    Der Projektstrukturplan enthält alle auszuführenden Arbeitspakete. Diese ergeben sich aus dem Produktstrukturplan. Wird die Gliederung des ProjSP am ProdSP ausgerichtet, spricht man von einer produktorientierten Vorgehensweise, während eine prozessorientierte Vorgehensweise die Arbeitspakete gemäß den Projektphasen anordnet.

60. **Wozu dient ein Standard-Projektstrukturplan?**

    In einem Standard-Projektstrukturplan fasst ein Unternehmen, in dem öfter ähnliche Projekte ausgeführt werden, eine Obermenge der Arbeiten zusammen, die im Projekt anfallen können. Dies vereinheitlicht und vereinfacht die Erstellung einer Gliederung für ein konkretes Projekt.

14.6 Projektschätzung

61. **Worin unterscheiden sich Wissen, Schätzen und Raten?**

    Wissen, Schätzen und Raten unterscheiden sich in der Breite der Informationsbasis für Erstellung einer Aussage. Beim Wissen basiert die Aussage auf vollständigen Informationen, das Raten erfolgt ohne jegliche Informationen und beim Schätzen liegt die Informationsbasis irgendwo zwischen 0 % und 100 %.

62. **Erläutern Sie das Konzept einer Zufallsvariablen, ihrer Verteilungsfunktion und ihrer Wahrscheinlichkeitsdichtefunktion!**

    Eine Zufallsvariable ordnet jedem Wert einer unbekannten Größe einen Wahrscheinlichkeitswert zwischen 0 und 1 zu. Der Verlauf der Wahrscheinlichkeit über den möglichen Werten der Zufallsvariablen bildet die Wahrscheinlichkeitsdichtefunktion. Deren Aufsummierung bis zu einem bestimmten Wert ergibt die Verteilungsfunktion.

63. **Welche Bedeutung haben Erwartungswert, Median, wahrscheinlichster Wert, Standardabweichung und Varianz einer Zufallsvariablen?**

    Alle Werte sind Kennwerte von Wahrscheinlichkeitsdichtefunktionen. Erwartungswert, Median und wahrscheinlichster Wert ermöglichen eine Aussage über die Mitte der Dichtefunktion, Standardabweichung und Varianz beschreiben deren Breite. Der Erwartungswert stellt den Schwerpunkt der Fläche unter der Dichtefunktion dar. Beim Median ist der linke und der rechte Flächenanteil gleich groß und der wahrscheinlichste Werte ist der Wert mit der größten Wahrscheinlichkeit. Die Varianz wird mathematisch berechnet als der Erwartungswert der quadratischen Abweichung vom Erwartungswert. Die Standardabweichung ist die Wurzel der Varianz.

64. **Was versteht man unter qualitativer, intuitiver und quantitativer Schätzung?**

Bei der intuitiven Schätzung wird ein Wert „nach Gefühl", d. h. ohne nachvollziehbare oder begründbare Argumentation geschätzt. Eine qualitative Schätzung erfolgt ohne mathematischen Hintergrund, z. B. durch Vergleich des zu schätzenden Sachverhalts mit anderen, bekannten Sachverhalten. Eine quantitative Schätzung basiert auf einer mathematischen Vorgehensweise, z. B. durch Zerlegen der Suchgröße oder durch Verwendung von Kennzahlen.

65. **Erläutern Sie die Vorgehensweise bei der Zwei- und der Dreipunktschätzung!**

Beide Methoden dienen zur Bestimmung von Schätzwerten. Bei der Zweipunktschätzung wird ein kleinster und ein größter möglicher Wert benannt. Zwischen diesen beiden Werten wird eine gleichmäßige Verteilung angenommen. Bei der Dreipunktschätzung kommt zu dem kleinsten und größten noch ein wahrscheinlichster Wert hinzu. Die angenommene Dichtefunktion ist hier dreieckförmig.

66. **Was versteht man unter der Delphi-Methode im Zusammenhang mit der Schätzung?**

Die Delphi-Methode dient zur Gewinnung von Schätzwerten durch eine Gruppe von Personen. Zunächst ermittelt jede Person unabhängig von den anderen einen Schätzwert für eine unbekannte Größe. Dann werden diese Schätzwerte bekannt gegeben. In Kenntnis der anderen Schätzungen kann jede Person ihren Schätzwert korrigieren. Der Mittelwert aller Werte dieser zweiten Runde werden dann als (Gesamt-)Schätzwert verwendet.

67. **Welche Möglichkeiten gibt es, um die Güte einer Schätzung zu verbessern?**

Die Güte einer Schätzung lässt sich deutlich verbessern durch das Schätzen in einer Gruppe von Personen. Eine andere Maßnahme zur Verbesserung der Güte ist die Zerlegung der zu schätzenden Größe in viele einzeln zu schätzende Teilkomponenten. Auch die Anwendung verschiedener Schätzmethoden für den gleichen Sachverhalt und die Kombination der Ergebnisse verbessert die Güte.

68. **Wie kann bei der Schätzung eines Wertes eine Aussage über die Schätzgüte bestimmt werden?**

Liegen mehrere Schätzwerte für ein und dieselbe Größe vor, kann deren Standardabweichung berechnet werden. Sie ist ein Maß für die Streuung und kann auch als Maß für die Güte angesehen werden. Eine andere Möglichkeit ist die Verwendung der Zwei- oder Dreipunktschätzung und der daraus resultierenden Standardabweichung.

69. **Welcher Zusammenhang besteht zwischen der Schätzgenauigkeit und dem Schätzaufwand?**

Je höher die angestrebte Schätzgenauigkeit sein soll, desto größer ist der erforderliche Aufwand. Die Verbesserung der Schätzgenauigkeit kann durch Beteiligung von mehreren Personen und durch Zerlegung der zu schätzenden Größe erreicht werden.

70. **Erläutern Sie den Zusammenhang zwischen Zeitdauer und Zahl der Mitarbeiter für ein Arbeitspaket fester Größe.**

Theoretisch müsste die Zeitdauer für ein Arbeitspaket festen Arbeitsumfangs umgekehrt proportional mit der Zahl der Bearbeiter sinken. Praktisch entsteht bei zunehmender Mitarbeiterzahl zusätzlicher Kommunikationsaufwand, so dass die Zeitdauer weniger stark sinkt als eigentlich erwartet und bei noch größer werdender Bearbeiterzahl sogar ansteigt.

71. **Erläutern Sie die Bedeutung des Prinzips der motivationsfreien Schätzung und der schätzungsfreien Motivation.**

Fließen Schätzwerte in die Anreizsysteme zur Steigerung der Arbeitsleistung ein, so ergeben sich negative Rückwirkungen auf die Schätzung. Diese wird so erstellt, dass sich möglichst gute Leistungswerte ergeben. Um eine zutreffende, nicht verfälschte Schätzung zu erhalten, sollte diese nur für sich alleine („motivationsfrei") erfolgen und die Schätzwerte sollten nicht zur Motivation verwendet werden. Eine Schätzung ist motivationsfrei, wenn sie weder zu einer „Bestrafung" noch zu einer „Belohnung" des Schätzenden führt. Die Motivation ist schätzungsfrei, wenn die Leistungsanreize nicht auf eigenen Schätzwerten basieren.

72. **Erläutern Sie das Constructive Cost Model.**

Das CoCoMo dient zur parametrischen Schätzung des Aufwands in Projekten zur Entwicklung von Software-Systemen. Die verwendeten Kennwerte basieren auf Erfahrungen aus vielen ausgewerteten Software-Projekten. Im Wesentlichen dient die Programmlänge zur Abschätzung des Aufwands. Für eine Detaillierung werden drei verschiedene Modelle zur Klassifikation der Software-Aufgabe unterschieden. Für eine noch genauere Berechnung werden bis zu 15 multiplikative Einflussfaktoren berücksichtigt.

14.7 Ablauf- und Terminplanung

73. **Was versteht man bei einem Projektablauf unter einem Vorgang und einem Ereignis?**

Ein Vorgang ist die kleinste zeitliche Ablaufeinheit in einem Projekt und entspricht im Allgemeinen der Ausführung eines Arbeitspakets durch eine Person. Mehrere Vorgänge können zu einem Sammelvorgang zusammengefasst werden. Anfang und Ende eines Vorgangs stellen Ereignisse dar.

74. **Was ist eine Anordnungsbeziehung bei Arbeitspaketen und welche Anordnungsbeziehungen gibt es?**

Eine Anordnungsbeziehung beschreibt die logischen und zeitlichen Abhängigkeiten, die zwischen verschiedenen Arbeitspaketen bestehen. Man unterscheidet die Anfangsfolge (Anfang-Anfang), die Normalfolge (Ende-Anfang), die Sprungfolge (Anfang-Ende) und die Endefolge (Ende-Ende).

75. **Woraus besteht ein Netzplan?**

Ein Netzplan dient zur grafischen Darstellung von Objekten, zwischen denen Beziehungen bestehen. Er besteht aus Knoten (z. B. Kreise, Rechtecke) zur Darstellung der Objekte und Kanten (z. B. Linien, Pfeile) für die Beziehungen. In Netzplänen können z. B. räumliche Beziehungen zwischen Gegenständen oder zeitliche Beziehungen zwischen Prozessen dargestellt werden.

76. **Was ist ein Vorgangs-Knoten-Netz?**

Ein Vorgangs-Knoten-Netz (VKN) dient zur Darstellung der Abläufe in einem Projekt. Vorgänge (also z. B. Arbeitspakete oder Teilprojekte) werden als rechteckige Knoten dargestellt. Die logischen Abhängigkeiten (Anordnungsbeziehungen) zwischen den Vorgängen werden als Pfeile ausgedrückt.

77. **Was ist ein Ereignis-Knoten- bzw. Vorgangs-Pfeil-Netz?**

Ein Ereignis-Knoten-Netz (EKN) bzw. Vorgangs-Pfeil-Netz (VPN) ist ein Netz zur Darstellung der Abläufe in einem Projekt. Die Ereignisse werden als (meist abgerundete) Knoten und die Vorgänge durch Pfeile dargestellt.

78. **Welche Termine und Zeitwerte werden bei der Terminplanung ermittelt?**

Bei der Terminplanung werden die frühest möglichen und spätest möglichen Anfangs- und Endzeitpunkte der Vorgänge sowie die frühesten und spätesten Ereignistermine bestimmt. Außerdem werden Pufferzeiten als Differenz der spätesten und frühesten Zeitpunkte berechnet.

79. **Was ist ein Kritischer Pfad?**

Der kritische Pfad im Netzplan eines Projekts enthält alle Vorgänge und Ereignisse, die keinen Puffer besitzen, also nicht verschoben werden können. Der kritische Pfad legt die minimale Laufzeit eines Projekts fest.

80. **Erläutern Sie die Critical-Path-Method.**

Die Critical-Path-Method (CPM) dient zur Berechnung der Termine für ein Projekt. Sie basiert auf den Ereignis-Knoten-Netzen. Bei der Vorwärtsrechnung werden die frühesten und in der Rückwärtsrechnung die spätesten Ereignistermine berechnet. Ein wichtiges Ergebnis ist der kritische Pfad.

81. **Erläutern Sie die Metra-Potenzial-Methode.**

Die Metra-Potenzial-Methode (MPM) dient wie die CPM zur Berechnung der Termine für ein Projekt. Sie basiert auf den Vorgangs-Knoten-Netzen. Auch hier werden bei der Vorwärtsrechnung die frühesten und in der Rückwärtsrechnung die spätesten Anfangs- und Endtermine für die Vorgänge eines Projekts berechnet.

82. **Erläutern Sie die PERT-Methode.**

Die PERT-Methode dient ebenfalls zur Berechnung der Projekttermine und arbeitet ähnlich wie CPM. Statt einfacher Schätzwerte für den Aufwand bzw. die Dauer eines Vorgangs werden diese mit der Dreipunktschätzung bestimmt. Die PERT-Methode erlaubt daher auch Aussagen über die Wahrscheinlichkeit, mit der bestimmte Aufwände oder Laufzeiten im Projekt eingehalten werden.

83. **Was ist ein Gantt-Diagramm?**

Ein Gantt-Diagramm ist ein Balkendiagramm zur zeitgenauen Darstellung von Abläufen. Die Länge der Balken ist proportional zur Dauer der Vorgänge. Dadurch lassen sich zeitliche Zusammenhänge und Bedingungen sehr anschaulich darstellen.

84. **Was versteht man unter einem Kapazitätsgebirge?**

Ein Kapazitätsgebirge stellt den Bedarf an Ressourcen oder Personen über der Projektlaufzeit dar. Da dieser Bedarf während des Projekts schwankt, entstehen in der Darstellung zu verschiedenen Zeiten unterschiedlich hohe Bedarfssäulen. Es entsteht ein Verlauf, der an einen Gebirgszug erinnert.

14.8 Risikomanagement

85. **Was versteht man unter einem Projektrisiko?**

Ein Projektrisiko beschreibt das Ausmaß der Gefahr, dass die Ziele des Projektes nicht erreicht werden. Das Risiko setzt sich aus der Summe vieler einzelner Risiken zusammen. Jedes dieser Risiken wird berechnet aus der Wahrscheinlichkeit, dass ein schädliches Ereignis eintritt und dem dadurch entstehenden Schadensausmaß.

86. **Was stellt eine „Risk-map" dar?**

Eine Risk-map – auf Deutsch eine Risikolandkarte – stellt ein Risikoportfolio in grafischer Form dar. In dem Diagramm wird auf einer Achse die Eintrittswahrscheinlichkeit der Risikoereignisse und auf der anderen Achse das Schadensausmaß aufgetragen. Jedes Risikoereignis stellt dann einen Punkt in diesem Diagramm dar.

87. **Wie ist eine Risikoklasse definiert?**

Eine Risikoklasse fasst Risiken zusammen, die ungefähr gleich groß sind. Die Klasse wird definiert durch einen bestimmten Wertebereich der Eintrittswahrscheinlichkeit und des Schadensausmaßes. In der Risk-map können Risikoklassen als zusammenhängende Bereiche der Landkarte dargestellt werden.

88. **Was ist ein Risikoportfolio?**

Ein Risikoportfolio ist eine möglichst vollständige Gruppe der Ereignisse, die in einem Vorhaben, z. B. in einem Projekt einen Schaden verursachen können. Das Portfolio kann in textlicher Form, z. B. als Tabelle oder in grafischer Form, z. B. als Risk-map dargestellt werden. In der Regel umfasst das Portfolio eine ganze Reihe unterschiedlich schwerer Risiken. Bei sehr umfangreichen Listen, wird das Portfolio aus praktischen Gründen auf die Risiken begrenzt, die einen bestimmten Mindestwert überschreiten.

89. **Aus welchen Aktivitäten besteht der Risikomanagementprozess?**

Der Risikomanagementprozess besteht aus fünf Teilprozessen. In der Risiko-Identifikation werden die potenziell schädlichen Ereignisse ermittelt. Die Risiko-Bewertung berechnet aus Eintrittswahrscheinlichkeit und Schadensausmaß den Wert der Einzelrisiken und daraus das Gesamtrisiko. In der Risiko-Minderung werden Maßnahmen zur Verringerung des Risikos gesucht und festgelegt. Die Eventualfallplanung legt Indikatoren für die Erkennung des Auftretens eines schädlichen Ereignisses und dann zu ergreifenden Maßnahmen zur Verringerung des Schadens fest. Während der Projektdurchführung ist dann die Risiko-Überwachung aktiv.

90. **Was ist der Zweck einer Eventualfallplanung?**

In der Eventualfallplanung werden Maßnahmen festgelegt, die beim Eintreten eines schädlichen Ereignisses zur Verringerung des Schadens ergriffen werden sollen. Diese Planung sollte zu Projektbeginn erstellt werden und auch die Festlegung von Risikoindikatoren umfassen, die das schädliche Ereignis möglichst früh signalisieren.

91. **Aus welchen Stufen besteht eine „risk reduction stair"?**

Eine risk reduction stair beschreibt eine aus mehreren Stufen bestehende Treppe von Maßnahmen zur Verringerung eines Risikos. Die erste Stufe (Avoid) versucht, Risiken zu vermeiden. Wo dies nicht geht, werden die Risiken vermindert (Mitigate), in ihrer Auswirkung begrenzt (Limit) oder verlagert (Transfer). Die am Ende der Treppe verbleibenden Risiken müssen akzeptiert werden (Accept).

14.9   Kostenmanagement

92. **Was versteht man unter Kosten, Kostenarten, Kostenstellen und Kostenträgern?**

Der in Geldeinheiten berechnete Verbrauch von Gütern sowie die Beanspruchung von Maschinen und Dienstleistungen wird als Kosten bezeichnet. Eine Kostenart unterscheidet die Art entstandener Kosten, also z. B. Personalkosten, Materialkosten oder Zulieferungskosten. Eine Kostenstelle beschreibt, wo (an welcher „Stelle") die Kosten entstanden sind. Hiermit kann ein Arbeitsgang, eine Abteilung oder eine Maschine gemeint sein. Ein Kostenträger verantwortet („trägt") die entsprechenden Kosten und muss daher auch entsprechende Einnahmen generieren, die die Kosten decken. Typische Kostenträger sind ein Projekt oder ein Produkt.

93. **Worin unterscheiden sich direkte und indirekte Kosten?**

Direkte Kosten (Einzelkosten) können einem Kostenträger also z. B. einer Person, direkt zugeordnet werden. Indirekte Kosten (Gemeinkosten) sind zunächst keinem Kostenträger zugeordnet. Sie müssen über entsprechende Kennzahlen auf mehrere Kostenträger verteilt werden.

94. **Wie kann der Stundensatz zur Kalkulation der Kosten für den Arbeitsaufwand in einem Projekt bestimmt werden?**

Der Stundensatz für die Arbeitskosten einer Person kann bestimmt werden, indem alle für diese Stelle im Laufe eines Jahres anfallenden Kosten, wie Bruttogehälter, Zulagen, Arbeitsplatzkosten durch die in einem Jahr geleisteten produktiven Arbeitsstunden dividiert werden.

95. **Benennen Sie die Aufgaben der Kostenplanung!**

Die Kostenplanung umfasst die Aktivitäten, die für die Planung aller in einem Projekt anfallenden Kosten dienen. Dies beginnt mit der Bestimmung der Kosten für die Arbeitspakete und Teilprojekte und das gesamte Projekt auf der Basis der Aufwandsschätzung. Hieraus können dann die Gesamtkosten für die Angebotskalkulation bestimmt werden. Mit Hilfe des Ablauf- und Terminplans kann der zeitliche Verlauf der geplanten Kosten ermittelt werden. Die in einer Projektphase erwarteten Kosten werden dann zur Festlegung von Budgets verwendet, die zu Beginn jeder Phase freizugeben sind.

96. **Erläutern Sie die prinzipielle Vorgehensweise bei der Earned Value Analyse!**
Bei der Earned Value Analyse wird der Aufwand und der Ertrag eines Projekts in Kosten bewertet. Die anfänglich geplanten Werte werden während der Projektdurchführung mit den tatsächlichen Istkosten verglichen. Diese Analyse ermöglicht Aussagen über den aktuellen Status des Projekts und Prognosen für den weiteren Verlauf.

14.10 Qualitätsmanagement

97. **Erläutern Sie die Bedeutung der Begriffe Qualität, Qualitätsmanagement und Qualitätsmanagementsystem.**
Die Qualität eines Produkts ist dadurch bestimmt, wie gut es die gestellten Anforderungen erfüllt. Das Qualitätsmanagement umfasst alle planenden und steuernden Aktivitäten, die zur Qualitätsverbesserung der Prozesse eines Unternehmens dienen. Ein Qualitätsmanagementsystem bildet aus den vielen Aktivitäten, Maßnahmen und Werkzeuge eine zusammenwirkende und durchgängige Einheit.

98. **Wozu dient das Quality Function Deployment?**
Beim Quality Function Deployment (QFD) soll die Qualität einer Problemlösung gesteigert werden, indem die Maßnahmen gesucht werden, die am meisten zur Lösung eines Problems beitragen.

99. **Wie ist ein House of Quality aufgebaut?**
Ein House of Quality (HoQ) ist ein Werkzeug, das im Rahmen des QFD angewendet wird. Die Anforderungen („Was?") werden nach ihrer Bedeutung gewichtet und den möglichen Lösungsmaßnahmen („Wie?") in Matrixform gegenübergestellt. Aus der Summation der gewichteten Einzelbeiträge ergibt sich der Nutzenanteil jeder Maßnahme für die Problemlösung.

100. **Was versteht man unter qualitätsorientiertem Management?**
Unter diesem Begriff werden Vorgehensweisen zum Management von Unternehmen zusammengefasst, die der Qualität der Produkte unter allen Zielen des Unternehmens die höchste Priorität geben. Beispiele hierfür sind das Total Quality-Mangement, das Lean Management und kontinuierliche Verbesserungsprozesse.

101. **Aus welchen Schritten besteht der DMAIC-Problemlösungszyklus?**
Die Problemlösung besteht bei DMAIC aus dem Definieren des Problems („Define"), dem Erfassen relevanter Informationen („Measure"), aus deren Analyse („Analyse"), dem Erarbeiten einer Lösung („Improve") und der Überwachung der Lösungsverwirklichung („Control").

102. **Erläutern Sie in kurzer Form den Zweck der Normen ISO 9000 , ISO 9001 und ISO 9004.**

Die drei Normen betreffen das Qualitätsmanagement (QM) und Qualitätsmanagementsysteme (QMS). ISO 9000 beschreibt die Prinzipien, die der Durchführung der qualitätsverbessernden Prozesse in einem Unternehmen zugrunde liegen sollen und definiert die benötigten Begriffe. Die ISO 9001 legt die 4 benötigten Hauptprozesse eines QMS fest und die Anforderungen, die diese Prozesse erfüllen müssen. Diese Norm ist verbindlich und bildet die Basis für die QMS-Zertifizierungen. Die ISO 9004 stellt einen Leitfaden für die Verbesserung des QM in einem Unternehmen dar.

103. **Beschreiben Sie die Grundgedanken, die im Namen von Total Quality Management zum Ausdruck kommen.**

Total Quality Management (TQM) ist ein umfassender Managementansatz, der alle Unternehmensprozesse auf den Qualitätsgedanken ausrichtet. TQM weitet dazu die Betrachtungsweise von der reinen Produktqualität auf die gesamte Unternehmensqualität aus.

104. **Wozu dient die Norm ISO 10006?**

Die ISO 10006 überträgt die allgemeingültigen Festlegungen und Anforderungen für QMS der ISO 9001 auf die besonderen Bedingungen von Projekten. Sie legt dazu 37 Prozesse für das Projektmanagement fest, die in 13 Prozessgruppen geordnet sind.

105. **Welche Aufgaben haben die Qualitätsplanung und die Qualitätslenkung im Rahmen des Projektmanagements?**

Die Qualitätsplanung umfasst alle Aktivitäten des Projektmanagements, die zur Erfassung der Anforderungen und zur Planung der qualitätssichernden Maßnahmen in einem Projekt benötigt werden. Die Qualitätslenkung dient zur Steuerung und Überwachung der korrekten Ausführung der qualitätssichernden Maßnahmen während der Projektdurchführung.

14.11 Projektsteuerung

106. **Wie kann der Fortschritt in einem Projekt erfasst werden?**

Inhaltlich setzt sich der Fortschritt eines Projekts aus den bereits geleisteten Arbeiten in Form der fertig gestellten Arbeitspakete und die realisierten Funktionen zusammen. Methodisch kann der Fortschritt durch regelmäßige Berichte, durch informelle Abfrage, durch Erfassung der geleisteten Arbeitsstunden und der aufgelaufenen Kosten ermittelt werden.

107. **Welche Angaben sollte ein Projekt-Statusbericht enthalten?**

Ein Statusbericht bezieht sich immer auf einen bestimmten Zeitraum eines Projekts, z. B. auf ein laufendes Arbeitspaket oder auf eine Projektphase. Er sollte die Arbeiten aufzählen, die im beschriebenen Zeitraum erledigt wurden, aufgetretene Probleme beschreiben, mögliche Lösungen skizzieren und die geplanten Arbeiten aufzählen. Darüber hinaus sollte der für die laufenden Arbeiten ursprünglich geplante

Aufwand, der tatsächliche Aufwand und der geschätzte Restaufwand für die Fertigstellung angegeben werden.

108. **Was ist eine Restaufwandsschätzung?**

Hierunter versteht man die Schätzung des Aufwands, der zur Fertigstellung eines Arbeitspakets erforderlich ist. Die Restaufwandsschätzung erfolgt während der Durchführung eines Arbeitspakets und nutzt so den aktuellsten Kenntnisstand der Beteiligten, um Aussagen über den Projektfortschritt zu gewinnen.

109. **Was ist ein Meilenstein-Trenddiagramm?**

Ein Meilenstein-Trenddiagramm stellt den Verlauf der geplanten Meilensteintermine während der Durchführung eines Projekts grafisch dar. Es soll die Entwicklung der Termine veranschaulichen, um Fehlentwicklungen frühzeitig erkennen und darauf reagieren zu können.

110. **Wie kann im Rahmen der Projektsteuerung auf Planabweichungen reagiert werden?**

Die Planabweichungen beziehen sich in erster Linie auf die globalen Ziele des Zieldreiecks, also auf Funktionen, Kosten und Termine. Gibt es kleinere Abweichungen von den Zielen, müssen diese innerhalb des Projektteams durch Nutzung von Puffern ausgeglichen werden. Bei größeren Rückständen gegenüber den Zielen kann die Kapazität (Personaleinsatz) oder die Produktivität erhöht werden, die Termine können verschoben oder der Umfang der geforderten Funktionen können reduziert werden. Hier ist eine Kommunikation mit dem Auftraggeber notwendig.

111. **Welche Arbeiten sind zum korrekten Abschluss eines Projekts erforderlich?**

Zunächst ist eine Abnahme der im Pflichtenheft zugesagten Leistungen durch den Auftraggeber notwendig. Diese wird in einem Übergabeprotokoll dokumentiert. Die im Projekt gewonnenen Erfahrungen sind als Wissensbasis für kommende Projekte zu sichern. Schließlich müssen das Projektteam aufgelöst und die restlichen Ressourcen zurück gegeben werden. Sinnvoll ist auch eine Abschluss-Veranstaltung als Pedant zum Kick-off-Meeting.

112. **Welche Probleme können in der Spätphase eines Projekts auftreten?**

Ein gravierendes Problem ist das lautlose Versickern oder Versanden eines Projekts, das nie fertig gestellt, aber auch nie abgebrochen wird. Für die Mitarbeiter des Projektteams kann das Zurückfinden in die Linien-Position ein Problem sein. Ein anderes Problem stellen Mitarbeiter dar, die sich aus dem Projekt „verdrücken".

113. **Welche Aktivitäten gehören zur Abnahme eines Projekts?**

Am Ende eines Projekts werden die vereinbarten Projektergebnisse an den Auftraggeber übergeben. Dies wird in einem entsprechenden Protokoll festgehalten. Der Auftraggeber überprüft die Ergebnisse und nimmt diese ab. Die wesentlichen Schritte der Abnahme sowie eventuell festgestellte Mängel werden im Abschlussbericht dokumentiert. Bei einer erfolgreichen Abnahme werden die vereinbarten Zahlungen fällig und Gewährleistungs- und Mängelverjährungsfristen starten. Im Falle der Nicht-Abnahme werden Nachbesserungen und eine erneute Abnahme notwendig.

114. **Worin unterscheidet sich die Projektauflösung vom Projektabschluss?**

Die Projektauflösung ist neben der Übergabe und Abnahme sowie der Erkenntnissicherung ein Teil des Projektabschlusses. Bei der Projektauflösung werden die offenen Aktivitäten beendet, die Ressourcen zurück gegeben und die Mitglieder des Projektteams gehen zu ihren eigentlichen Abteilungen zurück.

115. **Welche Abnahmedokumente gibt es, welche Aufgaben erfüllen sie und wer erstellt sie?**

Der Auftraggeber dokumentiert im Übergabeprotokoll die Bestandteile und Modalitäten der an den Auftragnehmer ausgehändigten Projektergebnisse. Im Abnahmeprotokoll bestätigt der Auftraggeber die abgenommenen Ergebnisse und Leistungen und notiert gegebenenfalls die festgestellten Mängel.

116. **Was sind „Lessons Learned" und „Best Practices"?**

Als Lessons Learned bezeichnet man die Erfahrungen, die im Laufe eines Projekts vom Team und anderen Beteiligten gewonnen wurden. Best Practices sind Vorgehensweisen, die sich in der praktischen Anwendung bewährt haben.

14.12 Der Mensch im Projekt

117. **Aus welchen Schritten besteht eine effiziente Arbeitsmethodik im Rahmen des Selbstmanagements?**

Selbstmanagement enthält im Kleinen viele Schritte, die auch im Projektmanagement zu finden sind. Zunächst werden die Ziele formuliert. Die zu deren Erreichung notwendigen Aktivitäten werden dann analysiert, der Aufwand wird geschätzt und die Prioritäten werden festgelegt. Dann werden Reihenfolge und Termine der Arbeiten geplant. Dieser Plan wird während der Ausführung der Arbeiten zur Überwachung verwendet und notfalls angepasst. Zum Abschluss werden die erreichten Ergebnisse ausgewertet, um daraus zu lernen.

118. **Wozu braucht man eine persönliche To-do-Liste?**

Eine solche Liste dient zur Erfassung von Aufgaben und Arbeiten, die unterhalb der Ebene von Arbeitspaketen liegen. Außerdem kann die persönliche To-do-Liste auch Arbeiten enthalten, die außerhalb eines Projekts anfallen.

119. **Was beschreibt die Eisenhower-Methode?**

Die Eisenhower-Methode klassifiziert Aufgaben nach den beiden Kriterien Dringlichkeit und Wichtigkeit. Wichtige und dringende Arbeiten werden sofort selbst erledigt. Wichtige, aber nicht dringende Arbeiten werden terminiert und später selbst erledigt. Dringende, aber nicht so wichtige Arbeiten werden delegiert. Die verbleibenden unwichtigen und nicht dringenden Arbeiten werden eliminiert.

120. **Welche Kategorien von Stress-Ursachen und Stress-Wirkungen gibt es?**

Es gibt physische, kognitive, soziale und emotionale Stressoren. Die dadurch verursachten somatischen Reaktionen bewirken körperliche Störungen. Außerdem gibt es psychische Reaktionen.

121. **Durch welche Maßnahmen kann Stress bewältigt werden?**
Zur Vermeidung und zur Reduktion von Stress können körperliche Aktivitäten und
soziale Aktivitäten dienen. Ein vergrößerter Handlungsspielraum vermitteln das Gefühl der Selbstbestimmung und ein Wechsel der Perspektive kann die Resistenz
gegen Stress verbessern. Formale Hilfen können ein Stress-Tagebuch und ein
Aktionsplan zum Umgang mit den Stressoren sein.

122. **Welche Voraussetzungen und Kompetenzen werden für eine Projektleitung
benötigt?**
Die Anforderungen an Projektleiter sind sehr umfangreich und anspruchsvoll. Notwendige psychische Voraussetzungen betreffen den Umgang mit sich selbst, wie
z. B. Motivation, Selbstbewusstsein, Belastbarkeit und Ausdauer. Zur Lösung der im
Projekt ständig anfallenden Probleme werden viele soziale und fachliche Kompetenzen benötigt. Außerdem sind methodische Kenntnisse im Umgang mit Arbeits-
prozessen und zur systematischen Handhabung der Problemlösung notwendig.

123. **Welches sind die wesentlichen Aufgaben der Projektleitung?**
Die wesentlichen Aufgaben sind die Bildung des Projektteams, die Verteilung der im
Projekt anstehenden Aufgaben, die Kontrolle der Bearbeitung und die Vermittlung
des Feedback an die Beteiligten.

124. **Nennen Sie wichtige Merkmale eines guten Kritikgesprächs.**
Ein Kritikgespräch sollte nur mit der betroffenen Person stattfinden und gut vorbereitet werden, also nicht spontan stattfinden. Die Gesprächsführung sollte sach-
bezogen und dialogorientiert sein. Der Verlauf des Gesprächs sollte mit der Be-
tonung gemeinsamer Ziele und Werte beginnen. Dann sollte aus eigener Sicht das
konkrete Problem beschrieben werden, bevor gemeinsam nach möglichen Lösungen
gesucht wird. Darauf folgt die explizite Vereinbarung der ausgewählten Lösung.
Zum Abschluss sollten die Gemeinsamkeiten nochmals angesprochen und der Nutzen der vereinbarten Lösung betont werden.

125. **Nennen Sie einige wichtige Eigenschaften, die zur Beschreibung des Persönlich-
keitsprofils von Menschen geeignet sind.**
In den verschiedenen Modellen, die das Profil einer Person beschreiben, tauchen
einige Merkmale immer wieder auf. Am häufigsten wird darauf geachtet, ob eine
Person extro- oder introvertiert ist. Auch die emotionale Stabilität, die Offenheit für
neue Informationen und die Gewissenhaftigkeit bei der Erledigung von Aufgaben
werden oft zur Charakterisierung verwendet. Des Weiteren wird unterschieden, ob
jemand eher intuitiv oder sensitiv Informationen aufnimmt, ob Entscheidungen eher
emotional oder rational getroffen werden und wie stark an einmal getroffenen Entscheidungen festgehalten wird. Gerade für die Arbeit im Team ist es wichtig, ob jemand eher egoistisch oder altruistisch geprägt ist.

126. **Worin unterscheiden sich die verschiedenen Führungsstile?**
Im Wesentlichen unterscheiden sich die verschiedenen Führungsstile im Grad der
Beteiligung der Mitarbeiter an den Entscheidungen. Ein weiteres Kriterium ist die
Einbindung in die Informationsflüsse des Projekts.

127. **Welche vier Phasen durchläuft der Reifegrad einer Führungsbeziehung?**

Der richtige Stil für die Führung einer Person hängt von deren Reifegrad für die zu bearbeitende Aufgabe ab. Bei geringem Reifegrad ist es notwendig, in kurzen Zeitabständen präzise Anweisungen zu geben und deren Ausführung zu kontrollieren. Nimmt der Reifegrad zu, können Anweisungen auch gemeinsam besprochen und die Abstände für die Ausführung der Arbeiten vergrößert werden. Auf der nächsten Stufe darf die geführte Person auch an Entscheidungen mitwirken und es werden nur noch die Ergebnisse der Aufträge kontrolliert. In der höchsten Reifestufe werden Aufgaben delegiert. Die Person arbeitet eigenverantwortlich und meldet Ergebnisse von sich aus zurück.

128. **Welche vier Entwicklungsphasen durchlaufen Arbeitsgruppen?**

In einer neu gebildeten Arbeitsgruppe besteht zunächst Unsicherheit und die Beteiligten versuchen sich zu orientieren, um ihre Rollen zu finden („Forming"). Anschließend versuchen alle ihre Rolle zu erkämpfen und zu behaupten, wodurch es zu Konkurrenz, zu Konflikten und zu Machtproben kommt („Storming"). Sind die Konflikte überwunden, werden die gemeinsamen Ziele ins Auge gefasst und man schafft Regeln für die Zusammenarbeit („Norming"). In der letzten Phase haben alle ihre Rollen und Aufgaben gefunden, man kennt und akzeptiert sich. Die Zusammenarbeit funktioniert und es werden gute Fortschritte und Ergebnisse erzielt („Performing").

14.13 Software-Werkzeuge

129. **Mit welchen anderen Software-Systemen sollte eine PM-Software zusammenarbeiten?**

Auf jeden Fall sollte ein Datenaustausch mit Büro-Software-Systemen, wie z. B. einer Tabellenkalkulation und einer Textverarbeitung möglich sein. In einem Unternehmen sollte auch eine Kopplung mit den Software-Paketen des Enterprise Ressource Planning (ERP) möglich sein.

130. **Was versteht man bei einer PM-Software unter einem Vorgang?**

Ein Vorgang ist die kleinste zeitliche Ablaufeinheit in einem Projekt und entspricht im allgemeinen der Ausführung eines Arbeitspakets durch eine Person.

131. **Was ist bei einer PM-Software eine Ressource und welche Ressourcenarten gibt es?**

Als Ressource kann man alle materiellen und monetären Mittel bezeichnen, die für die Durchführung eines Vorhabens zur Verfügung stehen. Bei einer PM-Software werden auch die beteiligten Personen als Ressource gehandhabt. Die drei Ressourcenarten werden in der PM-Software als Arbeit, Material und Kosten bezeichnet.

132. **Was ist ein Sammelvorgang?**

Ein Sammelvorgang besteht aus mehreren einzelnen Vorgängen.

133. **Wie kann in einer PM-Software ein Meilenstein eingegeben werden?**
Ein Meilenstein wird als Vorgang mit der Dauer 0 modelliert.

134. **Was ist ein Netzplandiagramm?**
Ein Netzplandiagramm ist die grafische Darstellung der Arbeitspakete mit ihren logischen Anordnungsbeziehungen.

Praxisprojekt

15

Zusammenfassung

Die umfassende Leistungsfähigkeit als Trainingsziel eines Übungsbuchs ist erreicht, wenn alle Planungs- und Steuerungsaufgaben, die in einem typischen Projekt anfallen, erkannt, analysiert und bearbeitet werden können. Dazu dient das abschließende Praxisprojekt. Die Methoden werden hier durchgängig über den gesamten PM-Lebenszyklus eines konkreten Projekts und in der nötigen Tiefe angewendet. Damit wird ein fließender Übergang in eigene, reale Projekte ermöglicht. Das Szenarion des Praxisprojekts spielt in einem mittelständischen Maschinenbauunternehmen. Sie leiten die Entwicklungsabteilung in diesem Unternehmen und erhalten den Auftrag im Rahmen eines Projekts ein Dokumentenmanagementsystem (DMS) einzuführen. Dabei werden alle Teilaufgaben und Phasen eines Projekts durchlaufen.

15.1 Projektbeschreibung

Die Firma Steinbachwerke ist ein mittelständisches Maschinenbauunternehmen. Sie konstruiert, entwickelt, baut und liefert komplette Maschinen bestehend aus Mechanik, elektronischer Steuerungen und Software. Dabei gibt es sowohl Standardmaschinen, die in kleinen Serien mit unterschiedlichen Varianten produziert werden, als auch Sondermaschinen, die im Kundenauftrag neu entwickelt und aufgebaut werden. Mit seinen 400 Beschäftigten generiert das Unternehmen einen jährlichen Umsatz von 100 Mio. €. Das Unternehmen wird von zwei Geschäftsführern geleitet. Unterhalb der Geschäftsleitung gliedern sich die Steinbachwerke in die Bereiche Vertrieb, Fertigung, Engineering und kaufmännischer Bereich. Die zugehörigen Bereichsleiter sind der Geschäftsleitung direkt unterstellt. Die weitere Untergliederung der Bereiche in Abteilungen zeigt das Organigramm in Abb. 15.1.

© Springer Fachmedien Wiesbaden GmbH, ein Teil von Springer Nature 2021
W. Jakoby, *Intensivtraining Projektmanagement*,
https://doi.org/10.1007/978-3-658-32836-8_15

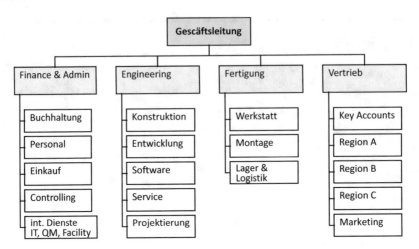

Abb. 15.1 Organigramm der Steinbachwerke

Sie leiten die Entwicklungsabteilung, die aus etwa 20 Mitarbeitern besteht. Bei der Arbeit in der Abteilung fallen sehr viele Dokumente an, die teilweise papiergebunden und teilweise papierlos sind. Die Erfassung, Handhabung und Ablage der Dokumente ist durch deren hohe Anzahl und Vielfalt, durch die fehlende Systematik und durch die teilweise personenabhängige Handhabung sehr fehleranfällig und zeitraubend.

Papiergebundene Unterlagen werden in Papierform in Ordnern und Aktenschränken abgelegt. Nach einer gewissen Zeit kommen die Ordner ins Archiv. Elektronische Dokumente werden auf zentralen Netzlaufwerken abgelegt und auch regelmäßig gesichert. Hierzu gehören z. B. Angebote, Produktbeschreibungen, Handbücher, Betriebsanleitungen und Fertigungsunterlagen. Der Austausch von Dokumenten innerhalb der Entwicklungsabteilung und auch mit anderen Abteilungen und Bereichen erfolgt über Laufwerke und Verzeichnisse mit gemeinsamem Zugriff.

Immer wieder kommt es dabei zu Problemen, z. B. bei der Freigabe der Dokumente, beim Umgang mit Dokumenten, die nicht in elektronischer Form vorliegen, bei der Dokumentenversionierung und beim Suchen nach vergessenen oder falsch abgelegten Dokumenten. Aus diesem Grund soll die Dokumentenablage, -versionierung, -verteilung und der Dokumentenzugriff in der gesamten Abteilung in Zukunft einheitlich gehandhabt werden.

Zur Lösung des Problems möchten Sie im Rahmen eines Organisationsprojektes die Dokumentenhandhabung vereinheitlicht, ein Dokumentenmanagementsystem (DMS) anschaffen und in Ihrer Abteilung einführen. Zunächst führen Sie mit Ihrer Vorgesetzten, der Leiterin des Engineering-Bereichs ein Gespräch. Darin äußert sie grundsätzliche Bereitschaft für ein solches Projekt, da sie ebenfalls schon daran gedacht hat. In dem Gespräch werden folgende Vorgaben festgelegt:

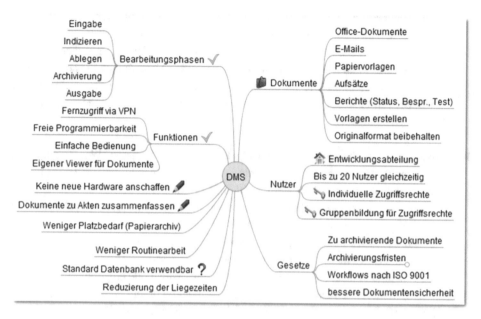

Abb. 15.2 Mindmap der Anforderungen aus dem Brainstorming

- Das DMS soll alle Phasen und Verarbeitungsschritte der Dokumentenhandhabung abdecken.
- Alle in der Abteilung vorkommenden Dokumentenarten, sowohl elektronisch, als auch in Papierform sollen handhabbar sein.
- Die Bereichsleiterin geht von einer Zeitdauer von drei Monaten für das Projekt aus.
- Für das Budget steckt sie einen groben Rahmen von 50.000 € ab, womit die notwendigen Anschaffungen und die Personalkosten gedeckt sein sollen.
- Durch die Verbesserungen mit dem neuen DMS soll eine Amortisation dieser Kosten innerhalb von 18 Monaten erreicht werden.
- Die durch die Handhabung von Dokumenten verursachten laufenden Kosten sollen durch das DMS halbiert werden.

Zur Vorbereitung des Projekts führen Sie als nächstes ein Brainstorming mit allen Personen der Entwicklungsabteilung durch. Die Ergebnisse des Brainstorming wurden in Form einer Mindmap zusammengefasst (Abb. 15.2).

15.2 Problemanalyse

▶ **Aufgabe 15.1 Analyse mit Hilfe der 4-Was-Fragen und 6-W-Fragen** Im Brainstorming wurden verschiedene Aspekte des geplanten Projekts angesprochen: Probleme der derzeitigen Handhabung, Anforderungen an ein neues System, Wünsche, Zielvorgaben, Randbedingungen etc. Um Ordnung in diese Sammlung von Äußerungen zu bringen, soll eine Analyse des Gesamtproblems durchgeführt werden.

Beantworten Sie hierzu zunächst die 4-Was-Fragen: Was ist gegeben? Was ist gesucht? Was kann ich tun? Was hindert mich daran? Untersuchen Sie anschließend die 6-W-Fragen (was, wie warum, wer, wo, wann) aus den drei unterschiedlichen Perspektiven Problem, Nicht-Problem und Lösung. Beantworten Sie etwa drei bis fünf der 18 möglichen Fragen.

▶ **Lösung 15.1 Analyse mit Hilfe der 4-Was-Fragen und 6-W-Fragen** Was ist gegeben? Gegeben ist eine Abteilung in der zahlreiche Dokumente anfallen, die derzeit manuell gehandhabt werden. Dies verursacht viele Probleme.

Was ist gesucht? Gesucht ist ein Software-Werkzeug, mit dem die Dokumente in Zukunft rechnergestützt gehandhabt werden können.

Was kann ich tun? Um ein geeignetes Werkzeug zu finden, muss das Anforderungsprofil an dieses Werkzeug ermittelt, den am Markt verfügbaren Werkzeugen gegenübergestellt und dann das am besten passende ausgesucht und eingeführt werden.

Was hindert mich daran? Derzeit liegt kein konkret dokumentiertes und vollständiges Anforderungsprofil vor. Es gibt viele Benutzer mit ungenauen und unvollständigen Zielvorstellungen. Auch die am Markt angebotenen DMS-Tools sind nicht bekannt. Eine erste, schnelle Recherche hat gezeigt, dass es viele Anbieter von DMS-Tools gibt, die sehr stark divergierende Leistungsmerkmale und Kostenstrukturen besitzen.

Wo könnte die Lösung noch gebraucht werden? Sicher haben die anderen Abteilungen des Unternehmens ähnliche Aufgaben bei der Dokumentenhandhabung und auch ähnliche Probleme. Es würde sicher auch Sinn machen, die Lösung für das ganze Unternehmen zu übernehmen. Eventuell könnte mit diesem Argument ein Teil der Projektkosten auf eine allgemeine Kostenstelle gebucht werden.

Wer ist von dem Problem nicht betroffen? Andere Abteilungen, in denen nur wenige Dokumente anfallen, sind nicht betroffen. Derartige Abteilungen gibt es aber fast nicht. Ebenfalls nicht betroffen wären Abteilungen, die bereits ein DMS-

Tool einsetzen. Es ist zwar nicht bekannt, dass es im eigenen Unternehmen solche Abteilungen gibt, aber eine Nachfrage wäre unbedingt sinnvoll.

Warum ist die derzeitige Handhabung unbefriedigend? Die Zugriffszeiten sind zu hoch. Die Arbeitsabläufe sind aufwändig und kompliziert. Es werden immer wieder Arbeitsschritte vergessen. Manche Dokumente sind nicht mehr auffindbar.

Wie könnte eine ideale Lösung aussehen? Alle Dokumente werden im DMS gehandhabt. Alle damit verbundenen Arbeitsabläufe werden durch das DMS unterstützt.

Wann sollte die Lösung vollständig zur Verfügung stehen? Der Bereichsleiterin geht von einer Umsetzung innerhalb von 3 Monaten aus. Dies ist wie immer sehr ambitioniert und wahrscheinlich nicht zu schaffen. Vorsichtige Schätzungen gehen von einer Laufzeit bis zu einem Jahr aus. Als Kompromiss wird eine Laufzeit von 5 Monaten angestrebt.

▶ **Aufgabe 15.2 Anforderungskatalog DMS-Tool** Eine Teilaufgabe des DMS-Projekts ist die Anschaffung eines Software-Tools. Im Brainstorming wurden eine ganze Reihe von Anforderungen an dieses DMS-Tool genannt. Erstellen Sie auf der Basis der Ergebnisse des Brainstorming einen hierarchisch auf zwei Ebenen gegliederten Anforderungskatalog für das DMS-Tool. Der Katalog sollte insgesamt ca. 15–20 Anforderungsmerkmale enthalten, die in ca. drei bis fünf Gruppen hierarchisch gegliedert sind. Für eine spätere Nutzwertanalyse sollen die verschiedenen Kriterien gewichtet werden. Legen Sie nach Ihrer persönlichen, durchaus subjektiven Einschätzung passende Gewichtungsfaktoren fest.

▶ **Lösung 15.2 Anforderungskatalog DMS-Tool** Auf der Basis der im Brainstorming erstellten Mindmap werden zunächst fünf Hauptkategorien für die Anforderungen gebildet: Dokumentenarten, Verarbeitungsfunktionen, Benutzeraspekte, Infrastrukturanforderungen und Kosten. Diese werden dann weiter untergliedert. Die Gewichtung wird für die Hauptkategorien festgelegt und dann anteilig auf die Unterkategorien aufgeteilt (siehe Tab. 15.1).

▶ **Aufgabe 15.3 Zielsystem erstellen für das DMS-Projekt** Im Brainstorming wurden folgende Zielvorstellungen von verschiedenen Beteiligten geäußert:

„Die Durchlaufzeiten von Dokumenten beginnend mit der erstmaligen Eingabe bis hin zur Archivierung sollen deutlich verringert werden."

Tab. 15.1 Gegliederter Anforderungskatalog mit Gewichtung

Anforderungen		Gewichtung	
Dokumentenarten		15 %	
	Papierlos/papiergebunden		2 %
	Office-Dokumente		5 %
	E-Mails etc.		3 %
	CAD-Dokumente		5 %
Verarbeitungsfunktionen		30 %	
	Eingabe etc.		10 %
	Leistungsfähiger Viewer		4 %
	Fernzugriff		7 %
	Originalformat behalten		9 %
Benutzer		30 %	
	Individuelle Rechteverwaltung		10 %
	Bildung von Benutzergruppen		10 %
	Bis zu 20 Benutzer gleichzeitig		10 %
Infrastrukturanforderungen		10 %	
	Vorhandene HW nutzen		2 %
	Bisher genutzte SW-Werkzeuge integrieren		4 %
	Standard-Datenbank verwenden		4 %
Kosten		15 %	
	Einmalige Anschaffungskosten		3 %
	Laufende Betriebskosten		6 %
	Periodische (z. B. jährliche) Lizenzkosten		6 %

„Der Zugriff auf archivierte Dokumente soll in Zukunft wesentlich schneller sein."

„Bis jetzt müssen wir viele Daten während der Handhabung der Dokumente mehrmals eingeben. Das müssen wir uns in Zukunft vermeiden."

Diese Zielvorstellungen sind sehr vage. Bilden Sie die Zielvorstellungen in Zielkriterien und Zielvariablen ab, die in einem Zielsystem verwendbar sind.

▶   **Lösung 15.3 Zielsystem erstellen für das DMS-Projekt** Zielkriterien müssen die vagen Zielvorstellungen in konkrete überprüfbare Teilziele übertragen: sie müssen SMART formuliert werden. Eine Zielvariable bildet das Kriterium dann auf eine messbare Größe mit festgelegtem Wertebereich ab.

Die formulierten Zielvorstellungen sind recht spezifisch, da sie jeweils eine konkrete Zielsetzung (Durchlaufzeit, Archivzugriff und Eingabehäufigkeit) betrachten. Allerdings ist die Messbarkeit bzw. Überprüfbarkeit der Zielerreichung noch unklar.

Auf den ersten Blick scheint es so zu sein, dass die Terminierung der Ziele durch die Projektlaufzeit bestimmt sind. Dies ist aber nicht zwingend, da sich bestimmte Ziele erst nach einer gewissen Übung im Umgang mit dem neuen System erreichen lassen.

Für die Zielsetzung der Durchlaufzeit soll eine repräsentative Stichprobe der derzeitigen Durchlaufzeiten gemacht werden und mit einer Stichprobe verglichen werden, die 3 Monate nach Abschluss des Projekts und nach Einführung des neuen DMS erfolgt. Auf dieser Basis wird das Ziel folgendermaßen formuliert:

„Die durchschnittliche Durchlaufzeit der Dokumente wird bis 3 Monate nach Einführung des neuen Systems um mindestens 30 % sinken."

Für den Zugriff auf archivierte Dokumente wird die absolute Zugriffszeit verwendet. Dies ist derzeit sehr unterschiedlich und kann zwischen einigen Sekunden und inklusive der Suche bis zu zehn Minuten dauern. Da bei einer entsprechenden Such- und Zugriffsfunktion keine weitere Übung im Umgang nötig sein dürfte, wird hier der Termin mit dem Projektende gleichgesetzt:

„Mit der Einführung des neuen Systems wird der Zugriff auf ein beliebiges archiviertes Dokument maximal eine Minute dauern."

Die letzte Zielvorstellung betrifft die Vermeidung unnötiger Mehrfacheingabe. Eine derartige negative Formulierung ist nicht SMART. Daher muss sie positiv formuliert werden. Da dieses Ziel nicht nur eine Frage des Tools ist, sondern auch der zugrunde liegenden Arbeitsabläufe, muss hier den Nutzern eine gewisse Übungszeit zugestanden werden:

„Ein halbes Jahr nach Einführung des Systems, brauchen alle mit den Dokumenten verbundenen Informationen nur noch an einer Stelle im Arbeitsablauf eingegeben zu werden."

15.3   Projektgründung

▶   **Aufgabe 15.4 Projektdefinition als Projektantrag**   Das beabsichtigte Projekt muss von der Bereichsleiterin befürwortet und von der Geschäftsleitung genehmigt werden. Erstellen Sie hierfür eine kurze Projektdefinition im Umfang von etwa einer Seite, die als Projektantrag vorgelegt werden kann.

▶   **Lösung 15.4 Projektdefinition als Projektantrag**   Der Screenshot in Abb. 15.3 zeigt die vollständige Projektdefinition. Bei der Projektlaufzeit wird die Vorgabe der Bereichsleiterin (3 Monate) deutlich überschritten. Auch die Kosten liegen über dem vorgesehenen Gesamtbudget von 50.000 €. Dies ist aber nicht sofort ersichtlich, da Anschaffungen und Personalaufwand getrennt wurden. Selbstverständlich wird dies zu Diskussionen führen. Alleine aus taktischen Gründen, wird der vorgegebene Rahmen überschritten, um Spielraum für die anstehenden Verhandlungen zu haben und um den Eindruck zu vermeiden, die Vorgaben könnten problemlos eingehalten werden.

▶   **Aufgabe 15.5 Gliederung des Lastenhefts**   Die Erwartungen und Befürchtungen der Beteiligten sind zu Beginn sehr breit gestreut. Dies reicht von überspitzt formulierten Positionen, wie: „Wir schaffen eine DMS-Software an und dann gibt es in Zukunft

Projekt:	DMS-Einführung in der Entwicklungsabteilung		
Projektleiter:	M. Theisen	Projekt-Nr.:	4714

Projektdefinition			
Verfasser:	M. Theisen	Datum:	15.5.
Verteiler:	Bereichsleitung, Geschäftsleitung		
Schlagworte:	Dokumentenmanagement, Entwicklung		

Projektbeschreibung (fachlich)	
Ausgangssituation, Anlass, Zweck:	Die in der Entwicklungsabteilung anfallenden, sehr unterschiedlichen Dokumente werden derzeit individuell gehandhabt. Die Ablage und das Wiederfinden der Dokumente bereitet viele Probleme.
Ziele, angestrebte Ergebnisse	Die gesamte Handhabung aller Dokumente in der Entwicklungsabteilung soll einheitlich erfolgen. Hierzu soll ein DMS-Tool ausgewählt und eingeführt werden.
Rahmen-/Rand-Bedingungen:	Alle derzeit anfallenden Dokumentenarten unterstützen. So weit wie möglich Standards verwenden. Vorhandene HW und SW nutzen.
Kritische Faktoren:	Akzeptanz des Tools durch die künftigen Nutzer. Keine vollständige Abdeckung aller Dokumente und Arbeitsschritte.
Projektaufgaben, Projektinhalt:	1. Erfassung und Dokumentation der Anforderungen 2. Marktanalyse und Vergleich der verfügbaren DMS-Tools 3. Auswahl eines Tools 4. Installation und Probebetrieb 5. Komplett-Einführung an allen Arbeitsplätzen
Projektbeschreibung (organisatorisch)	
Meilensteine: (Ereignis, Termin)	1. Projektbeginn 1.6. 2. Beginn Probebetrieb 1.9. 3. Projektabschluss 30.11.
Budget: (Kosten, Aufwand)	ca. 10-20 Tsd. € (Anschaffung etc., ohne Personalkosten) 4-5 Personenmonate.
Projektbeteiligte	
Auftraggeber:	Geschäftsleitung
Projektleiter:	M. Theisen
Projektteam:	Kernteam ca. 3-4 Mitglieder der Entwicklung und benachbarter Abteilungen

Abb. 15.3 Screenshot der Projektdefinition

keine Probleme mehr mit der Ablage und dem Austausch von Dokumenten." Oder: „Neben den Problemen, die wir jetzt schon mit der Dokumentenablage und -suche haben, werden wir uns in Zukunft auch noch mit den Formalitäten des DMS herum-plagen müssen."

Während zunächst noch die Erwartung vorherrschte, dass es im Wesentlichen um die Anschaffung eines Software-Werkzeugs ging, wurde schon in der ersten Sitzungen erkannt, dass dessen Einführung in den betroffenen Abteilungen einen beträchtlichen Zeitaufwand erfordern würde. Im weiteren Verlauf wurde klar, dass auch die bestehenden Arbeitsprozesse im Umgang mit den Dokumenten untersucht und geändert werden müssen.

Deshalb wurde beschlossen, vor Projektbeginn ein Lastenheft für das DMS-Projekt zu erstellen. Entwerfen Sie eine mögliche Gliederung für das Lastenheft.

▶ **Lösung 15.5 Gliederung des Lastenhefts** Das Lastenheft soll die Anforderungen des Auftraggebers beschreiben. Als Auftraggeber wird hier die Geschäftsleitung, die Entwicklungsleitung und auch die Nutzer aus der Entwicklungsabteilung gesehen.

Im Lastenheft wird in einem einleitenden Kapitel zunächst eine grobe Übersicht über die Ausgangssituation und die angestrebten Ziele gegeben. Die Anforderungen an das gesamte Dokumentenmanagement sollen im nächsten Kapitel beschrieben werden. Ein eigenes Kapitel wird dann dem DMS-Tool gewidmet. Im letzten Kapitel werden die Anforderungen an die Durchführung des Projekts beschrieben.

1. Einführende Übersicht
    1.1   Derzeitige Datenhandhabung und -ablage
    1.2   Übersichtliche Beschreibung des Ziel-Zustands
    1.3   Grundlegende Randbedingungen und Zielkriterien
2. Anforderungen an das Dokumentenmanagement
    2.1   Dokumentenkategorien
    2.2   Derzeit verwendete Software-Tools
    2.3   Beschreibung der Arbeitsabläufe
    2.4   Normen, Richtlinien, Vorschriften für die Dokumentenhandhabung
3. Das DMS-Tool
    3.1   Benutzertypen und Benutzerschnittstellen
    3.2   Benötigte Funktionen des Tools
    3.3   Software-Schnittstellen zu anderen Werkzeugen
4. Projekt-Anforderungen
    4.1   Bedingungen für die Projektdurchführung
    4.2   Beschreibung der Testbedingungen
    4.3   Vertragskonditionen (Termine, Gewährleistung, Berichte, Dokumentation)
    4.4   Test, Inbetriebnahme, Abnahme, Service

▶ **Aufgabe 15.6 Stakeholder und Projektumfeld festlegen** Aus der Projektdefinition, insbesondere aus der Analyse der Aufgabenstellung und der Skizzierung möglicher Lösungen können verschiedene Projektbeteiligte identifiziert werden. Beschreiben Sie, welche Personen zum Projekt aktiv beitragen können und welche Personen vom Projekt betroffen sein können. Denken Sie neben den internen Stakeholdern des Unternehmens auch an mögliche externe Personen.

▶   **Lösung 15.6 Stakeholder und Projektumfeld festlegen** Die meisten Beteiligten kommen naturgemäß aus der Entwicklungsabteilung, da dort das DMS-Tool zum Einsatz kommen wird. Da Dokumente auch mit anderen Abteilungen ausgetauscht werden müssen, sollten deren Belange ebenfalls berücksichtigt werden. Dazu sollte jede betroffene Abteilung eine Person benennen, die an bestimmten Punkten Beiträge zum Projekt leisten kann. Da es sich bei dem DMS-Tool um ein IT-Produkt handelt, ist die Einbindung der IT-Abteilung notwendig.

Darüber hinaus ist die Geschäftsleitung als Projektsponsor zu berücksichtigen. Als externer Beteiligter ist der Hersteller des ausgesuchten DMS-Tools zu berücksichtigen. Dieser könnte Support bei der Einführung des Tools und der Schulung der Nutzer leisten. Da noch keine Erfahrungen mit DMS-Tools vorliegen, wäre überlegenswert, ob eine neutrale externe Beratung für die Erfassung der Anforderungen und für die Auswahl eines Tools hilfreich sein kann.

Als Projektumfeld müssen die unternehmensinternen QM-Vorgaben für die Handhabung von Dokumenten berücksichtigt werden, die im QM-Handbuch festgelegt sind. Des Weiteren sind gesetzliche Vorgaben für die zu archivierenden Dokumentenarten und für Aufbewahrungsfristen zu beachten.

15.4   Projektorganisation

▶   **Aufgabe 15.7 Aufbau-Organisation festlegen** Da Sie als Leiter der Entwicklungsabteilung auch die Projektleitung übernehmen, handelt es sich um eine Linien-PO. Untersuchen Sie, inwieweit diese naheliegende Entscheidung auch richtig war. Benennen Sie für das konkrete Projekt die wichtigen Randbedingungen für die Organisation. Überprüfen und bewerten Sie die Vor- und Nachteile anderer Aufbauorganisationsformen für dieses Projekt.

▶   **Lösung 15.7 Aufbau-Organisation festlegen** Die wichtigen Kriterien zur Festlegung der Organisationsform sind die Projektgröße (in Relation zur Unternehmensgröße) und die Zahl und Vielfalt der Schnittstellen zu verschiedenen Abteilungen des Unternehmens.

Für eine reine PO ist das Projekt deutlich zu klein. Auch eine Auftrags-PO scheidet aus, da keine Mitarbeiter fest im Projekt benötigt werden. Es bleiben also die Matrix-PO, Einfluss-PO und Linien-PO übrig. Bei einer Einfluss-PO müsste der Projektleiter direkt der Geschäftsleitung zugeordnet sein, damit seine Weisungen das nötige Gewicht erhalten. Das Projekt ist nicht so bedeutend, dass die Geschäftsleitung sich damit beschäftigen würde. Für eine Matrix-PO wäre es sinnvoll, dass der Projektleiter in Vollzeit im Projekt arbeitet. Dieser Aufwand scheint aber nicht gerechtfertigt zu sein.

Die Mitglieder des Projektteams werden vorwiegend aus der Entwicklungsabteilung rekrutiert. Andere werden nur zu einem geringen Teil ihrer Arbeitszeit und an bestimmten Punkten mitwirken. Aber auch die Entwicklungsmitarbeiter werden nur zeitweise im Projekt arbeiten. Daher ist es auf jeden Fall sinnvoll, das Projekt als Linien-PO zu organisieren.

▶ **Aufgabe 15.8 Ablauf-Organisation festlegen** In der Projektdefinition ist der Projekt-inhalt in Form von größeren Arbeitspaketen bzw. von Teilprojekten benannt. Bei einer Organisation als Wasserfallmodell kann jedes dieser Teilprojekte eine Projekt-phase bilden. Allerdings führt dies zu einer recht langen Projektlaufzeit.

Sie sollen nun versuchen, die Laufzeit zu verkürzen, durch eine entsprechende zeitli-che Anordnung der Teilprojekte. Überlegen Sie dazu, welche Teilprojekte parallel laufen können und welche nacheinander bearbeitet werden müssen. Stellen Sie das Ergebnis als Balkengraph dar. Welche Projektphasen und Meilensteine ergeben sich daraus?

▶ **Lösung 15.8 Ablauf-Organisation festlegen** Die Erfassung des Ist-Zustands, die Spe-zifikation der Anforderungen und die Marktanalyse für die DMS-Tools können zu-mindest teilweise parallel laufen. Die Auswahl eines geeigneten Tools setzt das voll-ständige Vorhandensein der Anforderungen und auch das Ergebnis der Marktanalyse voraus. Der Pilotbetrieb wiederum kann erst nach erfolgreicher Auswahl eines Tools und dessen Beschaffung gestartet werden. Hier ist also eine Sequenzialisierung notwendig.

Im Prinzip gilt dies auch für die sich daran anschließende Kompletteinführung. Zur weiteren Verkürzung der Laufzeit ist an dieser Stelle eine gewisse Überlappung denkbar. Die Kompletteinführung würde dann bereits beginnen, wenn der Pilotbe-trieb positive Zwischenergebnisse liefert, aber noch nicht ganz abgeschlossen ist. Diese mögliche Überlappung wird allerdings nicht in die offizielle Ablaufplanung aufgenommen. Sie wird als Reserve im Hinterkopf behalten für den Fall, dass Ver-zögerungen an anderer Stelle aufgefangen werden müssen.

Man kann somit das Projekt wie in Abb. 15.4 dargestellt in vier Phasen (I bis IV) aufteilen. Neben Start und Ende ergeben sich drei Meilensteine, von denen der mitt-lere („Beginn Pilotbetrieb") bereits in der Projektdefinition benannt ist. Zwischen der Tool-Auswahl und dem Pilotbetrieb wurde in der Darstellung außerdem eine Verzugszeit für die Beschaffung des SW-Tools berücksichtigt.

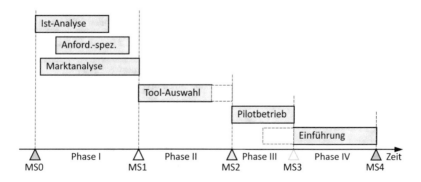

Abb. 15.4 Parallelisierte Ablaufplanung

15.5   Strukturplanung

▶   **Aufgabe 15.9 Projektstrukturplan erstellen** Die Aufstellung in Tab. 15.2 zeigt den
    Produktstrukturplan (ProdSP) mit allen Zwischen- und Endprodukten des Projekts.
    Der Gliederung wurden die Teilprojekte zugrunde gelegt.

    Erstellen Sie von diesem ProdSP ausgehend einen vollständigen Projektstruktur-
    plan (ProjSP). Denken Sie daran, dass die Erarbeitung eines Produktteils durchaus
    mehrere Arbeitspakte notwendig machen kann. Nicht alle Arbeiten sind also aus
    dem ProdSP direkt ersichtlich.

▶   **Lösung 15.9 Projektstrukturplan erstellen** Der ProdSP bildet einen idealen Aus-
    gangspunkt zur Erstellung des ProjSP. Jedes Teil des ProdSP erfordert mindestens
    ein Arbeitspaket. Der ProjSP enthält also mindestens genauso viele Elemente wie
    der ProdSP. Für manche Teile fallen auch mehrere Arbeitspakete an und es gibt oft
    auch Arbeiten, die sich nicht unmittelbar im ProdSP widerspiegeln.

    Der Screenshot in Abb. 15.5 zeigt alle Arbeitspakete.

    Weder die einzelnen Aktivitäten des Projektmanagements noch der dazu erfor-
    derliche Aufwand sind in diesem Produktstrukturplan explizit benannt. Da es sich
    um ein kleines Projekt handelt und nur der Projektleiter dauerhaft im Projekt invol-
    viert ist, wird von einem Aufwand in Höhe von 20 % des Gesamtaufwands ausge-
    gangen. Daher werden für diese Aufgaben 20 Personentage einkalkuliert. Bei einer
    groben Laufzeit von drei bis vier Monaten könnte der Projektleiter also neben seinen
    Linien- und Projektleitungsaufgaben auch einzelne Arbeitspakete selbst bearbeiten.

Tab. 15.2 Produktstrukturplan

TP	Teilprojekt		Ergebnisse
1.	Ist-Analyse	1.1	Liste der Dokumentenarten und -zugriffe
		1.2	Beschreibung der Arbeitsabläufe
2.	Anforderungsspezifikation	2.1	Liste der benötigten Verarbeitungsfunktionen
		2.2	Beschreibung der Schnittstellen
3.	Marktübersicht	3.1	Anbieterverzeichnis
		3.2	Toolbeschreibungen
		3.3	Ausgewertete Nutzwertanalyse
4.	Toolauswahl	4.1	Ausschreibung
		4.2	Lieferauftrag
5.	Pilotbetrieb	5.1	Tool-Installation auf 2 Rechnern
		5.2	Erfahrungsbericht Pilotbetrieb
		5.3	Einführungsplan für das DMS-Tool
6.	Einführung	6.1	Tool-Installation auf allen Rechnern
		6.2	Dokumentation der DMS-Tool-Einführung
		6.3	Abnahme- und Abschlussbericht

PSP-Code ▾	Vorgangsname ▾	Arbeit ▾
1	0	◢ Gesamtprojekt	102 Tage
2	1	◢ Ist-Analyse	7 Tage
3	1.1	Dokumenarten & -mengen erfassen	3 Tage
4	1.2	Zugriffsstatistiken	2 Tage
5	1.3	Arbeitsabläufe erfassen	2 Tage
6	2	◢ Bedarfsanalyse	7 Tage
7	2.1	Verarbeitungsfunktionen bestimmen	4 Tage
8	2.2	Benötigte Schnittstellen	2 Tage
9	2.3	Vorbereitung Nutzwertanalyse	1 Tag
10	3	◢ Marktübersicht	8 Tage
11	3.1	Anbieter und Tools suchen	4 Tage
12	3.2	Tool-Eigenschaften erfassen	4 Tage
13	4	◢ Tool-Auswahl	8 Tage
14	4.1	Nutzwertanalyse	2 Tage
15	4.2	Vorauswahl	1 Tag
16	4.3	Ausschreibung	2 Tage
17	4.4	Präsentationen der Hersteller	2 Tage
18	4.5	Endauswahl	1 Tag
19	5	◢ Pilotbetrieb	19 Tage
20	5.1	Installation auf Testrechner	1 Tag
21	5.2	Schulung für 2 Mitarbeiter	2 Tage
22	5.3	Übernahme von Bsp.dok.	6 Tage
23	5.4	Verarbeitungsfunktionen ausführen	8 Tage
24	5.5	Festlegung Ablauf Einfürung	2 Tage
25	6	◢ Einführung	53 Tage
26	6.1	Schulung für alle Mitarbeiter	10 Tage
27	6.2	Installation	5 Tage
28	6.3	IT-Integration	5 Tage
29	6.4	Migration der Bestandsdokumente	10 Tage
30	6.5	Migration zum neuen Tool	20 Tage
31	6.6	Projektabschluss	3 Tage

Abb. 15.5 Der Projektstrukturplan

▶   **Aufgabe 15.10 Arbeitspaketbeschreibung (AP) erstellen** Die AP-Beschreibungen
werden in der Regel von den entsprechenden AP-Verantwortlichen erstellt, also verschiedenen Mitgliedern des Projektteams. Um eine gewisse Einheitlichkeit zu erreichen, sollen Sie als Projektleiter zunächst eine Beispiel-AP-Beschreibung mit Er-
läuterungen erstellen, die den AP-Verantwortlichen als Vorlage dient. Verwenden
Sie als Beispiel das Arbeitspaket „Projektabschluss", das sowieso an Ihnen als Projektleiter hängen bleiben wird.

▶ **Lösung 15.10 Arbeitspaketbeschreibung (AP) erstellen** Der Screenshot in Abb. 15.6 zeigt eine ausgefüllte AP-Beschreibung.

Bei der Erstellung der AP-Beschreibung muss immer das entsprechende Formular verwendet und folgende Vorgaben beachtet werden:

1. Bitte immer Projektname, Projektleiter und Projektnummer angeben.
2. Bitte auch immer AP-Bezeichnung, AP-Nummer und die verantwortliche Person angeben. Die AP-Nummer ist identisch mit dem PSP-Code.
3. In knapper Form bitte die einzelnen Arbeiten des AP benennen.
4. Was muss aus anderen AP als Vorleistung vorliegen, damit dieses AP ausgeführt werden kann? Bitte nur wichtige Dinge aufzählen, deren Nicht-Vorliegen die Ausführung des AP verhindert.
5. Bitte überprüfbare Ergebnisse (Produktteile, Dokumente, Entscheidungen etc.) nennen, anhand derer die erfolgreiche und vollständige Ausführung des AP feststellbar ist.

▶ **Aufgabe 15.11 Fehler in einer Arbeitspaketbeschreibung** Das Teammitglied P. Wiesemann hat eine Arbeitspaketbeschreibung erstellt (Abb. 15.7). Was fällt Ihnen an diesem Bericht positiv auf? Welche Mängel bzw. Fehler können Sie erkennen? Was würden Sie anders machen?

▶ **Lösung 15.11 Fehler in einer Arbeitspaketbeschreibung** Fangen wir mit dem Positiven an. Projektname, -nummer und -leiter sind angegeben, ebenso die AP-Bezeichnung und der AP-Verantwortliche. Die angestrebten Ergebnisse sind präzise und verständlich beschrieben.

Projekt:	DMS-Einführung in der Entwicklungsabteilung			1
Projektleiter:	M. Theisen	Projekt-Nr.:	4714	
Arbeitspaket:	Projektabschluss			2
Verantwortlicher:	M. Theisen	AP-Nr.:	6.6	
Auszuführende Arbeiten:	Übergabe und Abnahme des Projektergebnisses. Nachkalkulation der Kosten und des Aufwands. Ablage aller Projektdokumente und Schließen der Projektakte. Ressourcenrückgabe und Auflösung des Teams. Abschlussbesprechung zur Würdigung der Leistungen und Sammlung der gewonnenen Erkenntnisse.			3
Benötigte Voraussetzungen:	Abschluss der Einführungsphase. Vorliegen aller Dokumente.			4
Angestrebte Ergebnisse:	Übergabe- und Abnahmeprotokoll. Dokumentation der Projekterfahrungen und -erkenntnisse.			5

Abb. 15.6 Arbeitspaketbeschreibung „Projektabschluss"

Arbeitspaketbeschreibung PM f Ing

Projekt:	DMS-Einführung in der Entwicklungsabteilung		
Projektleiter:	M. Theisen	Projekt-Nr.:	4714

Arbeitspaket:	Marktübersicht DMS		
Verantwortlicher:	P. Wiesemann	AP-Nr.:	
Auszuführende Arbeiten:	Das Projekt dient dazu, ein DMS in der Entwicklungsabteilung einzuführen, damit die Erfassung, Ablage und das Wiederfinden der Dokumente in Zukunft einfacher und schneller ablaufen kann. Die zu erstellende Marktübersicht sollte mindestens 15 Hersteller und DMS-Tools umfassen.		
Benötigte Voraussetzungen:	Es ist sicherzustellen, dass der AP-Verantwortliche für diese Aufgabe in ausreichendem Zeitumfang für das Projekt freigestellt wird.		
Angestrebte Ergebnisse:	Eine tabellarische Übersicht der am Markt verfügbaren DMS-Tools mit einem Vergleich der wichtigsten Funktions- und Leistungsmerkmale.		

Abb. 15.7 Arbeitspaketbeschreibung „Marktübersicht DMS"

Die anderen Beschreibungen sind dagegen mangelhaft. Der erste Satz bei den auszuführenden Arbeiten beschreibt den Projektzweck. Dies ist beim einzelnen Arbeitspaket fehl am Platz. Dass die Marktübersicht mindestens 15 Hersteller umfassen soll, gehört zu den angestrebten Ergebnissen. Dass der AP-Verantwortliche in „ausreichendem Umfang" freigestellt wird, ist erstens vollkommen unpräzise (Wie groß ist denn der Aufwand?) und zudem selbstverständlich. Wozu wird dies extra erwähnt? Ein formales Manko ist die fehlende AP-Nummer.

Als auszuführende Arbeiten könnten genannt werden: Erfassung der Tool-Anbieter, Auflistung der wichtigen Funktions- und Leistungsmerkmale, Beschaffung von Informationen zu den einzelnen Tools, Erstellung der Vergleichstabelle. Bei den benötigten Voraussetzungen sollten Ergebnisse anderer Arbeitspakete aufgezählt werden. Dies könnte z. B. das Anforderungsprofil sein, aus dem die interessierenden Funktionsmerkmale hervorgehen. Selbstverständlich sollte auch die AP-Nummer zur eindeutigen Kennzeichnung enthalten sein.

15.6 Projektschätzung

▶ **Aufgabe 15.12 Dreipunktschätzung analysieren** Der Aufwand für die Teilprojekte wurde optimistisch, pessimistisch und realistisch geschätzt. Abb. 15.8 zeigt die entsprechenden Werte in Personentagen.

a) Berechnen Sie für jedes Teilprojekt den erwartenden Aufwand sowie dessen Standardabweichung und Varianz.

b) Berechnen Sie den erwarteten Gesamtaufwand und die zugehörige Standardabweichung.

c) Welchen Aufwand würden Sie nennen, wenn Sie diesen mit 90 % Wahrscheinlichkeit einhalten wollen?

d) Einer Ihrer Projektmitarbeiter regt an, den Sicherheitspuffer zu erhöhen und gegenüber der Geschäftsleitung einen Wert zu nennen, der mit der doppelten Standardabweichung berechnet wurde. Welcher Wert ergibt sich und mit welcher Wahrscheinlichkeit könnte dieser Wert voraussichtlich eingehalten werden?

▶ **Lösung 15.12 Dreipunktschätzung analysieren** Aus den optimistischen, realistischen und pessimistischen Werten können mit Hilfe von Gl. 6.1 der jeweilige Erwartungswert und mit Gl. 6.2 die Standardabweichung sowie die Varianz bestimmt werden. Der Gesamtaufwand und die Gesamtvarianz ergeben sich aus der Aufsummation der Einzelwerte. Die Ergebnisse können mit Hilfe einer einfachen Tabellenkalkulation bestimmt werden (siehe Abb. 15.9).

Die Standardabweichung des Gesamtaufwands ergibt sich aus der Wurzel der Gesamt-Varianz.

Abb. 15.8 Aufwandsschätzung für die Teilprojekte

TP-Nr	Teilprojekt	opt	real	pess
1	Ist-Analyse	4	7	10
2	Bedarfsanalyse	4	7	14
3	Marktübersicht	4	8	15
4	Tool-Auswahl	5	8	12
5	Pilotbetrieb	12	19	32
6	Einführung	40	53	75

TP-Nr	Teilprojekt	opt	real	pess	Erw.	Std.abw.	Var.
1	Ist-Analyse	4	7	10	7,00	1,00	1,00
2	Bedarfsanalyse	4	7	14	7,67	1,67	2,78
3	Marktübersicht	4	8	15	8,50	1,83	3,36
4	Tool-Auswahl	5	8	12	8,17	1,17	1,36
5	Pilotbetrieb	12	19	32	20,00	3,33	11,11
6	Einführung	40	53	75	54,50	5,83	34,03
					105,83	7,32	53,64
		90%	1,282		115,22		
		97,72%	2,000		120,48		

Abb. 15.9 Auswertung der Aufwandsschätzung

Für eine Wahrscheinlichkeit von 90 % wird die Standardabweichung gemäß Tab. 6.1 mit 1,282 multipliziert. Man erhält so einen Aufwand von etwa 115 Personentagen. Wird die doppelte Standardabweichung addiert, kommt man auf einen Wert von 120 Personentagen. Dies entspricht einer Wahrscheinlichkeit von 97,72 %. Dieser Aufwand wird also nur zu 2,3 % Wahrscheinlichkeit überschritten.

15.7   Ablauf- und Terminplanung

▶ **Aufgabe 15.13 Anordnungsbedingungen festlegen** Für die Aufeinanderfolge der Teilprojekte sollen folgende Bedingungen berücksichtigt werden. Das Projekt beginnt mit der Ist-Analyse (TP1). Die Anforderungsspezifikation (TP2) soll erst nach der Ist-Analyse beginnen und auch erst nach deren Abschluss beendet werden. Das gleiche gilt für die Marktanalyse (TP3). Zusätzlich soll diese aber noch vor der Anforderungsspezifikation beginnen. Die Toolauswahl (TP4) kann erst beginnen, wenn die ersten drei Teilprojekte abgeschlossen sind. Der Pilotbetrieb (TP5) startet frühestens drei Wochen nach der Beschaffung, die am Ende der Tool-Auswahl liegt. Die Einführung des Tools auf allen Arbeitsplätzen (TP6) darf frühestens zwei Wochen nach Beginn des Pilotbetriebs starten. Der Pilotbetrieb soll erst dann enden, wenn die Kompletteinführung begonnen wurde. Formulieren Sie diese Bedingungen als Anordnungsbeziehungen.

▶ **Lösung 15.13 Anordnungsbedingungen festlegen** Tab. 15.3 fasst die Anordnungsbeziehungen für die Teilprojekte zusammen.

▶ **Aufgabe 15.14 Grobplanung und Ressourcenzuordnung** Der Screenshot in Abb. 15.10 zeigt die sechs Teilprojekte und beim Pilotbetrieb und der Einführung die zugehörigen Arbeitspakete mit den zugehörigen Aufwandsschätzwerten (Spalte Arbeit). Für die Teilprojekte wurden die Abhängigkeiten durch Anordnungsbeziehungen bereits festgelegt. Dabei ist eine Überlappung der Einführung mit dem Pilotbetrieb vorgesehen. Zusätzlich sind nun auch die Abhängigkeiten der Arbeitspakete so eingetragen, dass sich eine sequenzielle Bearbeitung ergibt. Die Arbeiten des Pilotbetriebs (AP5.1 bis AP5.5) sollen vollständig von Frau Hansen, einer Mitarbeiterin der IT-Abteilung

Tab. 15.3 Anordnungsbeziehungen für die Teilprojekte

TP-Nr.	Teilprojekt	Anordnungsbeziehungen
1	Ist-Analyse	
2	Bedarfsanalyse	1AA; 1EE; 3AA
3	Marktübersicht	1AA; 1EE
4	Tool-Auswahl	1EA; 2EA; 3EA
5	Pilotbetrieb	4EA + 3 Wochen; 6AE
6	Kompletteinführung	5AA + 2 Wochen

	PSP ·	Vorgangsname	Arbeit	Vorgänger
1	0	◢ **Gesamtprojekt**	**101 Tage**	
2	1	▷ **Ist-Analyse**	**7 Tage**	
6	2	▷ **Bedarfsanalyse**	**7 Tage**	2AA;10AA
10	3	▷ **Marktübersicht**	**8 Tage**	2AA
13	4	▷ **Tool-Auswahl**	**8 Tage**	10;2;6
19	5	◢ **Pilotbetrieb**	**18 Tage**	13EA+15 Tage
20	5.1	Installation auf Testrechner	1 Tag	
21	5.2	Schulung für 1 Mitarbeiterin	1 Tag	20
22	5.3	Übernahme von Beispieldokumenten	6 Tage	21
23	5.4	Verarbeitungsfunktionen ausführen	8 Tage	22
24	5.5	Festlegung Ablauf Einfürung	2 Tage	23
25	6	◢ **Einführung**	**53 Tage**	19AA+10 Tage
26	6.1	Schulung für alle Mitarbeiter	10 Tage	
27	6.2	Installation	5 Tage	
28	6.3	IT-Integration	5 Tage	27
29	6.4	Migration der Bestandsdokumente	10 Tage	26;28;24
30	6.5	Migration zum neuen Tool	20 Tage	29
31	6.6	Projektabschluss	3 Tage	29;30

Abb. 15.10   Input für die Grobplanung

ausgeführt werden. Dabei muss aber davon ausgegangen werden, dass sie nur zu 25 % ihrer Zeit an AP5.4. arbeiten wird, da nicht permanent Verarbeitungsfunktionen anstehen. Die Arbeiten AP6.2 und AP6.3 werden ebenfalls Frau Hansen zugeordnet.

Für die Arbeitspakete AP6.1, AP6.4 und AP6.5 werden alle 20 Entwickler benötigt. Für die Schulung, die etwa vier Stunden dauert, werden zwei Gruppen zu je zehn Mitarbeitern gebildet. Für die erste Gruppe findet die Schulung vormittags, für die andere nachmittags statt. Die Migration (AP6.4 und AP6.5) soll parallel zur täglichen Routinearbeit erfolgen. Es wird geschätzt, dass die Mitarbeiter 10 % ihrer Arbeitszeit hierfür verwenden. Der Projektabschluss (AP6.6) wird dem Projektleiter zugeordnet.

Legen Sie zunächst für die beteiligten Personen die verfügbare Kapazität fest.

Ordnen Sie dann die Personen, wie beschrieben, den Arbeitspaketen zu.

Welche Bearbeitungsdauern ergeben sich für die einzelnen Arbeitspakete?

Wie lange dauert die Bearbeitung des Pilotbetriebs und der Einführung, wenn die personellen Begrenzungen und die Anordnungsbeziehungen berücksichtigt werden?

▶ **Lösung 15.14 Grobplanung und Ressourcenzuordnung** Frau Hansen und Herr Theisen stehen grundsätzlich zu 100 % ihrer Zeit zur Verfügung. Im Einzelfall kann dieser Wert verändert werden. So kann Frau Hansen an AP5.4 nur zu 25 % arbeiten. Die Entwickler sind nicht namentlich benannt. Da es 20 Mitarbeiter sind, werden sie als eine personelle Ressourcen mit der Kapazität von 2000 % berücksichtigt. Die Schulung dauert für jede Gruppe je einen halben Tag. Dies wird in der Planung durch die Einstellung dieser Ressource auf 1000 % abgebildet. Damit wird zwar keine stundengenaue Planung erreicht. Dies ist aber auch nicht erforderlich. Der Arbeitsaufwand von 10 Personentagen, führt auf jeden Fall zu einer Dauer von einem Tag.

Für die Migration fällt ein Arbeitsaufwand von 10 (AP6.4) bzw. 20 Tagen (AP6.5) an. Die 20 Mitarbeiter nutzen 10 % der Zeit für diese Arbeiten. Die Kapazität der Entwickler für diese beiden Arbeitspakete kann daher auf 200 % gesetzt werden.

Mit diesen Festlegungen ergeben sich die in Abb. 15.11 dargestellten Bearbeitungsdauern für die Arbeitspakete. Wegen der Zuordnung von sieben Arbeitspaketen zu Frau Hansen müssen diese zwangsläufig nacheinander ablaufen. Auch die anderen Arbeiten laufen wegen logischer Abhängigkeiten sequenziell ab. Die Möglichkeit, die Einführung überlappend mit dem Pilotbetrieb laufen zu lassen kann so nicht genutzt werden und es ergibt sich eine Laufzeit für die beiden Teilprojekte von 70 Tagen. (Beginn 29.7., Ende: 3.11.)

▶ **Aufgabe 15.15 Feinplanung zur Optimierung der Laufzeit** Die Laufzeit, die sich aus der Lösung der vorigen Aufgabe ergeben hat, ist zu groß. Untersuchen Sie zunächst, welche Maßnahmen grundsätzlich zur Verkürzung der Laufzeit zur Verfügung stehen.

Kombinieren Sie die gefundenen Maßnahmen für den konkreten Fall, um eine möglichst kurze Laufzeit für die Teilprojekte TP5 und TP6 zu erreichen.

▶ **Lösung 15.15 Feinplanung zur Optimierung der Laufzeit** Die klassische Maßnahme zur Laufzeitverkürzung ist die Erhöhung der Kapazität. Dadurch lassen sich Arbeitspakete schneller bearbeiten und nacheinander ablaufende Pakete können paral-

	PSP	Vorgangsname	Arbeit	Vorgänger	Dauer	An	Ende	Ressourcennamen
1	0	◢ **Gesamtprojekt**	101 Tage		111 Tage	02.06	03.11	
2	1	▷ **Ist-Analyse**	7 Tage		7 Tage	02.06	10.06	
6	2	▷ **Bedarfsanalyse**	7 Tage	2AA;10AA	7 Tage	02.06	10.06	
10	3	▷ **Marktübersicht**	8 Tage	2AA	8 Tage	02.06	11.06	
13	4	▷ **Tool-Auswahl**	8 Tage	10;2;6	18 Tage	12.06	07.07	
19	5	◢ **Pilotbetrieb**	18 Tage	13EA+15 Tage	42 Tage	29.07	24.09	
20	5.1	Installation auf Testrechner	1 Tag		1 Tag	29.07	29.07	Hansen
21	5.2	Schulung für 1 Mitarbeiterin	1 Tag	20	1 Tag	30.07	30.07	Hansen
22	5.3	Übernahme von Beispieldokumenten	6 Tage	21	6 Tage	31.07	07.08	Hansen
23	5.4	Verarbeitungsfunktionen ausführen	8 Tage	22	32 Tage	08.08	22.09	Hansen[25%]
24	5.5	Festlegung Ablauf Einfürung	2 Tage	23	2 Tage	23.09	24.09	Hansen
25	6	◢ **Einführung**	53 Tage	19AA+10 Tage	28 Tage	25.09	03.11	
26	6.1	Schulung für alle Mitarbeiter	10 Tage		1 Tag	25.09	25.09	Entwickler[1.000%]
27	6.2	Installation	5 Tage		5 Tage	25.09	01.10	Hansen
28	6.3	IT-Integration	5 Tage	27	5 Tage	02.10	08.10	Hansen
29	6.4	Migration der Bestandsdokumente	10 Tage	26;28;24	5 Tage	09.10	15.10	Entwickler[200%]
30	6.5	Migration zum neuen Tool	20 Tage	29	10 Tage	16.10	29.10	Entwickler[200%]
31	6.6	Projektabschluss	3 Tage	29;30	3 Tage	30.10	03.11	Theisen

Abb. 15.11 Ergebnis der Grobplanung und Ressourcenzuordnung

PSP	Vorgangsname	Arbeit	Vorgänger	Dauer	An	Ende	Ressourcennamen
1	0	⊿ Gesamtprojekt	102 Tage		75 Tage	02.06	12.09	
2	1	▷ Ist-Analyse	7 Tage		7 Tage	02.06	10.06	
6	2	▷ Bedarfsanalyse	7 Tage	2AA;10AA	7 Tage	02.06	10.06	
10	3	▷ Marktübersicht	8 Tage	2AA	8 Tage	02.06	11.06	
13	4	▷ Tool-Auswahl	8 Tage	10;2;6	18 Tage	12.06	07.07	
19	5	⊿ Pilotbetrieb	19 Tage	13EA+15 Tage	15 Tage	29.07	18.08	
20	5.1	Installation auf Testrechner	1 Tag		1 Tag	29.07	29.07	Hansen
21	5.2	Schulung für 2 Mitarbeiter	2 Tage	20	1 Tag	30.07	30.07	Wiesemann;Bauer
22	5.3	Übernahme von Beispieldok.	6 Tage	21	3 Tage	31.07	04.08	Wiesemann;Bauer
23	5.4	Verarbeitungsfunktionen ausführen	8 Tage	22	8 Tage	05.08	14.08	Wiesemann[50%];Bauer[50%]
24	5.5	Festlegung Ablauf Einfürung	2 Tage	23	2 Tage	15.08	18.08	Hansen
25	6	⊿ Einführung	53 Tage		33 Tage	30.07	12.09	
26	6.1	Schulung für alle Mitarbeiter	10 Tage	24	1 Tag	19.08	19.08	Entwickler[1.000%]
27	6.2	Installation	5 Tage	20	5 Tage	30.07	05.08	Hansen
28	6.3	IT-Integration	5 Tage	27	5 Tage	06.08	12.08	Hansen
29	6.4	Migration der Bestandsdokumente	10 Tage	26;28;24	5 Tage	20.08	26.08	Entwickler[200%]
30	6.5	Migration zum neuen Tool	20 Tage	29	10 Tage	27.08	09.09	Entwickler[200%]
31	6.6	Projektabschluss	3 Tage	29;30	3 Tage	10.09	12.09	Theisen

Abb. 15.12   Ergebnis der Laufzeitoptimierung

lelisiert werden. Die Reduzierung von Leistungen kann zwar auch zur Verkürzung der Laufzeit beitragen, bedarf aber einer Rücksprache mit dem Auftraggeber.

Konkret werden folgende Maßnahmen ergriffen. Da Frau Hansen aus der IT-Abteilung vor allem für die IT-spezifischen Aufgaben prädestiniert ist, wird sie von AP5.2, AP5.3. und AP5.4 befreit. Diese Arbeiten werden zwei Mitarbeitern aus der Entwicklungsabteilung übertragen, die beide eine Schulung erhalten und parallel an der Übernahme von Beispieldokumenten und an den Verarbeitungsfunktionen arbeiten. Zudem wird davon ausgegangen, dass bei AP5.4 der Einsatz von 25 % auf 50 % erhöht werden kann. Die Laufzeit für TP5 kann dadurch von 42 Tagen auf 15 reduziert werden.

Bei TP6 wird die Einschränkung auf einen frühesten Beginn 10 Tage nach dem Start von TP5 zumindest teilweise entfernt. Die Installation des Tools auf den Rechnern und die IT-Integration erfolgt sofort nach der Installation für den Pilotbetrieb. Dadurch können die sonstigen Arbeiten von TP6 sofort nach Abschluss des Pilotbetriebs starten. Damit erhält man die in Abb. 15.12 dargestellten Ergebnisse.

Die Laufzeit von TP5 und TP6 verkürzt sich in der Summe auf 34 Tage. Das Projektende kann somit vom 3.11. auf den 12.9. vorgezogen werden.

15.8   Risikomanagement

▶   **Aufgabe 15.16 Risikoportfolio**   Erstellen Sie ein Risiko-Portfolio für das Projekt. Legen Sie zunächst geeignete Wertebereiche für die Eintrittswahrscheinlichkeit und das Schadensausmaß fest.

Bilden Sie dann Risikoklassen. Listen Sie ca. drei bis fünf Risikofaktoren auf, bewerten Sie diese und tragen Sie diese in einer Risk-map ein.

▶ **Lösung 15.16 Risikoportfolio** Das Projekt hat zum Ziel, ein Dokumentenmanage-
mentsystem in der Entwicklungsabteilung einzuführen. In Zukunft soll die gesamte
Dokumentenhandhabung darüber laufen. Der Zeitaufwand für die Handhabung der
Dokumente und die Zahl der auftretenden Fehler sollen verringert werden. Beim
Projekt selbst sind neben diesen Funktions- und Qualitätszielen auch Kosten- und
Terminziele einzuhalten. Alle Einflussfaktoren, die das Erreichen dieser Ziele ge-
fährden, sind Risikofaktoren.

Die Eintrittswahrscheinlichkeit der Risiko-Ereignisse kann nur selten exakt ermittelt werden. Im vorliegenden Fall wird die Skala in vier Bereiche eingeteilt: Auftrittswahrscheinlichkeit gering (< 1 %), moderat (1 %–5 %), hoch (5–20 %) und sehr
hoch (> 20 %). Das Schadensausmaß wird an der Projektgröße und an den Projektkosten orientiert. Auch hier werden vier Bereiche definiert: Schaden gering (bis
10 % der Kosten bzw. Laufzeit), Schaden moderat (bis 25 %), Schaden hoch (bis
50 % der Kosten und Laufzeit), Schaden sehr hoch (Scheitern des Projekts oder
Kosten bzw. Laufzeit mehr als verdoppelt).

Als besonders riskant wird die mangelnde Akzeptanz des DMS durch die Nutzer
in der Entwicklungsabteilung gesehen. Dies könnte z. B. durch funktionelle Mängel
oder durch eine unkomfortable Benutzerschnittstelle auftreten. Auch eine mangelnde Einbindung der Nutzer kann zu einer ungenügenden Akzeptanz führen. Die
Eintrittswahrscheinlichkeit muss als hoch bis sehr hoch gesehen werden (20 %?).
Noch größer ist der potenzielle Schaden, da eine Nichtakzeptanz nachträglich zum
Scheitern des Projekts führen kann (Abb. 15.13).

Weitere Risikofaktoren sind:

a)   Funktionsdefizite des ausgesuchten DMS-Tools,
b)   Terminüberschreitung,
c)   Fehlende Importmöglichkeit für einzelne Dateiformate.

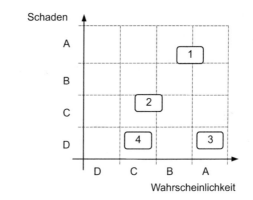

Abb. 15.13 Risiko-Portfolio

Die Eintrittswahrscheinlichkeit und die mögliche Schadenshöhe für diese Faktoren können wie in der Risk-map von Abb. 15.13 dargestellt eingeordnet werden.

▶ **Aufgabe 15.17 Maßnahmen zur Risikoverringerung** Die mangelnde Akzeptanz des DMS durch die Benutzer aus der Entwicklungsabteilung ist sicherlich einer der gravierendsten Risikofaktoren. Führen Sie eine Risikoanalyse durch. Durch welche Maßnahmen können Sie das Risiko verringern? Was können Sie vor Projektbeginn bzw. vor Beginn der DMS-Einführung tun? Was können Sie tun, wenn während der Einführungsphase Akzeptanzprobleme auftreten?

▶ **Lösung 15.17 Maßnahmen zur Risikoverringerung** Der Screenshot in Abb. 15.14 zeigt die Ergebnisse der Risikoanalyse.

Projekt:	DMS-Einführung in der Entwicklungsabteilung		
Projektleiter:	M. Theisen	Prj.-Nr.:	4714
Verfasser:	M. Theisen	Datum:	17.5.

Risikofaktor		
Beschreibung:	Fehlende Akzeptanz des DMS durch die Benutzer.	
Wirkung:	Erhoffte Nutzeffekte (schnellere Handhabung, weniger Fehler) bleiben aus.	
Eintrittswahrsch. p	ca. 20%	
Schadensausmaß S	Projekt durchgeführt aber gescheitert	

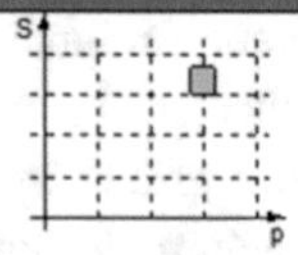

Risikoreduzierende Maßnahmen		
Beschreibung:	Bereits bei der Anforderungsspezifikation alle einbinden. Über Zwischenergebnisse informieren.	
Wirkung:	Anforderungen werden erkannt, bessere Identifikation mit dem DMS.	
reduzierte Eintrittswahrsch. p	kleiner 5%	
reduziertes Schadensausmaß S	einzelne Mitarbeiter sind unzufrieden mit dem Tool, aber die Mehrheit arbeitet damit	

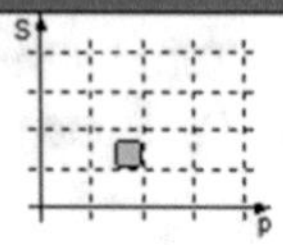

Eventualfallplanung	
Eintrittsindikatoren:	Bei der Einführung gibt es viele unzufriedene Äußerungen.
Eventualfall-Maßnahmen:	Mit den unzufriedenen Mitarbeitern sprechen. Evtl. Paararbeit mit anderen, die besser zurecht kommen.
Verantwortlich für die Risikoüberwachung:	Projektleiter

Abb. 15.14 Risikoanalyse

15.9 Kostenmanagement

▶ **Aufgabe 15.18 Kostenverlauf und Budgets** Tab. 15.4 zeigt den geschätzten Arbeits-aufwand (in Personentagen) sowie die Starttermine für die Teilprojekte. Der Zukauf umfasst sowohl die Kosten für die Anschaffung der Software-Lizenzen, als auch je einen Tag Schulung für den Pilotbetrieb und die Produkteinführung.

Die mittleren Tagessätze für die Projektbeteiligten betragen 600 €. Ermitteln Sie die geplanten Kosten für jedes Teilprojekt, die ungefähren monatlichen Kosten und die Gesamtkosten.

Im Projekt gibt es 4 Meilensteine: Projektbeginn (MS0), Ende Produktauswahl (MS1), Beginn Produkteinführung (MS2) und Projektende (MS3). Legen Sie jeweils ein freizu-gebendes Budget für den Projektbeginn und die Meilensteine MS1 und MS2 fest.

▶ **Lösung 15.18 Kostenverlauf und Budgets** Die gesuchten Werte werden mit Hilfe ei-ner Tabellenkalkulation berechnet (siehe Abb. 15.15).

Zunächst werden aus dem Personalaufwand durch Multiplikation mit dem Tagessatz von 600 € die Personalkosten pro Teilprojekt bestimmt. Durch Addition der Zukaufkos-ten erhält man die Kosten pro Teilprojekt. Die Gesamtkosten betragen 71.700 €.

Tab. 15.4 Personalaufwand und Zukaufkosten

Teilprojekt	Start	Ende	Personal	Zukauf
			PT	€
1. Ist-Analyse	2.6.	10.6.	7	
2. Bedarfsanalyse	2.6.	10.6.	7	
3. Marktübersicht	2.6.	11.6.	8	
4. Tool-Auswahl	12.6.	7.7.	8	
5. Pilotbetrieb	29.7.	18.8.	19	4500
6. Produkteinführung	30.7.	12.9.	53	6000
Summe			**102**	**10.500**

TP	Anfang	Ende	Aufwand	Pers.	Zukauf	Summe	Budgets	Jun	Jul	Aug	Sep
			PT	€	€	€	€	€	€	€	€
1	2.6.	10.6.	7	4.200		4.200	13.200	4.200			
2	2.6.	10.6.	7	4.200		4.200		4.200			
3	2.6.	10.6.	8	4.800		4.800		4.800			
4	12.6.	7.7.	8	4.800		4.800	20.700		3.200	1.600	
5	29.7.	18.8.	19	11.400	4.500	15.900			4.500	11.400	
6	30.7.	12.9.	53	31.800	6.000	37.800	37.800		6.000	21.200	10.600
				61.200	10.500	71.700			13.200	13.700	34.200	10.600

Abb. 15.15 Teilprojekt-Kosten, Kostenbudgets und monatliche Kosten

Zu Projektbeginn muss das Budget für die Teilprojekte 1 bis 3, die vor dem Meilenstein MS1 liegen, freigegeben werden. Dies sind 13.200 €. Bei Meilenstein MS1 (am 10.6.) werden für die Tool-Auswahl (TP4) und für den Pilotbetrieb (TP5) 20.700 € freigegeben. Die restlichen Kosten für den weiteren Projektverlauf betragen 37.800 €. Sie werden bei Meilenstein MS2 fällig.

Zur Bestimmung der monatlichen Kosten, werden die Teilprojekte anteilig auf die Monate gerechnet. Dabei wird auf Drittel-Monate gerundet. Bei TP4 beispielsweise werden zwei Drittel für den Juli und ein Drittel für den August eingeplant. Bei TP5 und TP6 werden die Zukaufkosten für den Juli eingeplant. Bei TP6 werden die Personalkosten zu zwei Dritteln dem Monat August und der Rest dem September zugerechnet. Dies ergibt die dargestellten monatlichen Kosten.

▶ **Aufgabe 15.19 Fertigstellungsgrad ermitteln** Während der Durchführung des Projekts werden die für jedes Paket geplanten und die tatsächlich angefallenen Arbeitsaufwände erfasst und verglichen. Der Screenshot in Abb. 15.16 zeigt eine Momentaufnahme in der ersten Phase des Projekts. Bislang wurde also nur an den Teilprojekten TP1 bis TP3 gearbeitet.

Der anfängliche Planungsstand wurde als Basisplan gespeichert. Die zugehörigen Werte sind in der Spalte „Geplante Arbeit" zu sehen. Die Rückmeldungen der bisher erbrachten Arbeit wird von den Bearbeitern in der Spalte „Ist-Arbeit" eingetragen. In der Spalte „Restarbeit" tragen sie die aktualisierte Schätzung des voraussichtlich noch zu erbringenden Arbeitsaufwands ein. Ist-Arbeit plus Restarbeit ergeben die Arbeit, die bei manchen Paketen die ursprüngliche Planung übersteigt. (Wie nicht anders zu erwarten, gibt es kein Paket, bei dem die geplante Arbeit unterschritten wird. Arbeit dehnt sich ja so lange aus, bis die verfügbare Zeit vollständig ausgefüllt wird.)

PSP-Code ▾	Vorgangsname ▾	Geplante Arbeit ▾	Arbeit ▾	Ist-Arbeit ▾	Restarbeit ▾
0	⊿ **Gesamtprojekt**	102 Tage	108 Tage	13 Tage	95 Tage
1	⊿ **Ist-Analyse**	7 Tage	8 Tage	5 Tage	3 Tage
1.1	Dokumenarten & -mengen erfassen	3 Tage	3 Tage	3 Tage	0 Tage
1.2	Zugriffsstatistiken	2 Tage	3 Tage	1 Tag	2 Tage
1.3	Arbeitsabläufe erfassen	2 Tage	2 Tage	1 Tag	1 Tag
2	⊿ **Bedarfsanalyse**	7 Tage	9 Tage	5 Tage	4 Tage
2.1	Verarbeitungsfunktionen bestimmen	4 Tage	6 Tage	3 Tage	3 Tage
2.2	Benötigte Schnittstellen	2 Tage	2 Tage	2 Tage	0 Tage
2.3	Vorbereitung Nutzwertanalyse	1 Tag	1 Tag	0 Tage	1 Tag
3	⊿ **Marktübersicht**	8 Tage	11 Tage	3 Tage	8 Tage
3.1	Anbieter und Tools suchen	4 Tage	6 Tage	2 Tage	4 Tage
3.2	Tool-Eigenschaften erfassen	4 Tage	5 Tage	1 Tag	4 Tage
4	⊿ **Tool-Auswahl**	8 Tage	8 Tage	0 Tage	8 Tage

Abb. 15.16 Arbeitspakete mit Arbeitswerten in Phase I des Projekts

Ermitteln Sie den Fertigstellungswert (in Tagen) und den Fertigstellungsgrad (in %)

a) anhand der aktuell geleisteten Arbeit,
b) nach der Methode 0/100,
c) nach der Methode 0/50/100,
d) mit Hilfe der Restaufwandsschätzung.

Wie bewerten Sie die Ergebnisse?

▶ **Lösung 15.19 Fertigstellungsgrad ermitteln** Bei der Ermittlung anhand der aktuellen
Arbeit wird die bisher geleistete Arbeit (Ist) aufsummiert (13 Tage). In Relation zu der
Summe der geplanten Arbeit bis zum gegenwärtigen Zeitpunkt (22 Tage) ergibt dies
eine Aussage über den bisher erreichten Fortschritt verglichen mit dem geplanten Fort-
schritt (59,1 %). Die Relation der bisher geleisteten Arbeit zur gesamten geplanten
Arbeit für das Projekt (102 Tage) sagt etwas über den Gesamtfertigstellungsgrad aus.

Bei der Methode 0/100 werden fertige Arbeitspakete (Rest gleich 0) voll und alle
anderen gar nicht berücksichtigt. Diese sehr vorsichtige Kalkulation führt zu einer
niedrigen Summe (5 Tage) und daher auch zu niedrigen Fertigstellungsgraden.

Etwas optimistischer ist die Methode 0/50/100. In Arbeit befindliche Pakete werden
hier zur Hälfte der Planarbeit berücksichtigt. Noch präziser ist die Berücksichtigung der
Restarbeit. Die Differenz zwischen geplanter Arbeit und Restarbeit wird hier als bisherige
Leistung angesehen. Die Berechnung erfolgt mit Hilfe von Gl. 11.1.

Man erkennt in Abb. 15.17, dass die Methode Istarbeit am optimistischsten ist.
Ähnliche Werte liefert die Methode 0/50/100, die recht einfach zu handhaben ist und
trotzdem gute Ergebnisse liefert. Extrem vorsichtig und daher nicht so präzise ist die
Methode 0/100. Die Methode Restarbeit ist bezüglich des Schätzaufwands sicher-

AP-Nr	Plan	Arbeit Ist		Rest	0/100	0/50/100	Rest	
1.1.	3	3	3	0	3	3	3	
1.2.	2	3	1	2	0	1	0	
1.3.	2	2	1	1	0	1	1	
2.1.	4	6	3	3	0	2	1	
2.2.	2	2	2	0	2	1	2	
2.3.	1	1	0	1	0	0,5	0	
3.1.	4	6	2	4	0	2	0	
3.2.	4	5	1	4	0	2	0	
			13,0		5,0	12,5	7,0	Summe
	22		59,1%		22,7%	56,8%	31,8%	bisheriger Fortschritt
	102		12,7%		4,9%	12,3%	6,9%	Fertigstellungsgrad

Abb. 15.17 Ergebnisse bei der Bestimmung des Fertigstellungsgrads

lich am aufwändigsten, liefert aber verlässliche Ergebnisse und zwingt die Beteiligten zu einer ehrlichen Auseinandersetzung mit dem Thema.

▶   **Aufgabe 15.20 Earned-Value-Analyse durchführen** Der Screenshot in Abb. 15.18
zeigt eine Bestandsaufnahme des Projekts vom 13.8. mit ursprünglich geplantem
Aufwand (Geplante Arbeit), bislang aufgewendeten Zeiten (Ist-Arbeit), des voraussichtlichen Rest-Aufwands (Restarbeit) sowie der Summe von Ist- und Rest-Auf-
wand (Arbeit).

Für das Projekt wird mit einem Stundensatz von 600 € pro Tag kalkuliert. Es
sollen hier nur Arbeitskosten berücksichtigt werden. Wie hoch ist das ursprüngliche
geplante Gesamtbudget?

Ermitteln Sie den Fertigstellungswert und den Fertigstellungsgrad mit Hilfe der
Rest-Aufwandsschätzung. Bestimmen Sie den Wert der bisher erbrachten Leistungen und der bislang aufgelaufenen Kosten mit Hilfe der Kennzahlen CV, CPI, EAC,
VAC, ETC. Bestimmen Sie den geplanten Wert PV für den aktuellen Zeitpunkt und
die Kennzahlen SV, SPI, DAC und PAC. Was sagen die Kennzahlen über den bisherigen Verlauf aus und wie wird das Projekt voraussichtlich abschließen?

	PSP· ▾	Vorgangsname ▾	Geplant Arbeit ▾	Arbeit ▾	Ist-Arbe ▾	Restarb ▾	Dauer ▾	Anfɑ ▾	Ende ▾
1	0	⊿ **Gesamtprojekt**	102 Tage	113 Tage	53 Tage	60 Tage	82 Tage	02.06	23.09
2	1	▷ **Ist-Analyse**	7 Tage	9 Tage	9 Tage	0 Tage	9 Tage	02.06	12.06
6	2	▷ **Bedarfsanalyse**	7 Tage	9 Tage	9 Tage	0 Tage	9 Tage	02.06	12.06
10	3	▷ **Marktübersicht**	8 Tage	12 Tage	12 Tage	0 Tage	12 Tage	02.06	17.06
13	4	▷ **Tool-Auswahl**	8 Tage	10 Tage	10 Tage	0 Tage	20 Tage	18.06	15.07
19	5	⊿ **Pilotbetrieb**	19 Tage	21 Tage	9 Tage	12 Tage	16 Tage	06.08	27.08
20	5.1	Installation auf	1 Tag	1 Tag	1 Tag	0 Tage	1 Tag	06.08	06.08
21	5.2	Schulung für 2	2 Tage	2 Tage	2 Tage	0 Tage	1 Tag	07.08	07.08
22	5.3	Übernahme vo	6 Tage	8 Tage	6 Tage	2 Tage	4 Tage	08.08	13.08
23	5.4	Verarbeitungs	8 Tage	8 Tage	0 Tage	8 Tage	8 Tage	14.08	25.08
24	5.5	Festlegung Abl	2 Tage	2 Tage	0 Tage	2 Tage	2 Tage	26.08	27.08
25	6	⊿ **Einführung**	53 Tage	52 Tage	4 Tage	48 Tage	34 Tage	07.08	23.09
26	6.1	Schulung für al	10 Tage	10 Tage	0 Tage	10 Tage	1 Tag	28.08	28.08
27	6.2	Installation	5 Tage	4 Tage	4 Tage	0 Tage	4 Tage	07.08	12.08
28	6.3	IT-Integration	5 Tage	5 Tage	0 Tage	5 Tage	5 Tage	13.08	19.08
29	6.4	Migration der I	10 Tage	10 Tage	0 Tage	10 Tage	5 Tage	29.08	04.09
30	6.5	Migration zum	20 Tage	20 Tage	0 Tage	20 Tage	10 Tage	05.09	18.09
31	6.6	Projektabschlu	3 Tage	3 Tage	0 Tage	3 Tage	3 Tage	19.09	23.09

Abb. 15.18 Projektstatus am 13.8

▶ **Lösung 15.20 Earned-Value-Analyse durchführen** Die Analyse wurde mit Hilfe einer Tabellenkalkulation ausgeführt. In Abb. 15.19 sind die Ergebnisse in Spalte B und der Rechengang in Spalte D dargestellt.

Der Planned Value (PV) ergibt sich aus der Arbeit, die bis zum 13.8. geplant war. Es handelt sich also um die kompletten Teilprojekte TP1 bis TP4 sowie die Arbeitspakete AP5.1 bis AP5.3 und AP6.2. Die aktuellen Kosten ergeben sich aus der gesamten bis dato geleisteten Arbeit (53 Tage). Die Bestimmung des Earned Value (EV) erfolgt nach der Methode 0/50/100. Bis auf AP5.3 (50 %) sind alle Pakete entweder vollständig abgeschlossen (100 %) oder noch gar nicht begonnen (0 %). Man erhält so 41 Tage.

Das Budget at Completion (BAC) ergibt sich aus der gesamten geplanten Arbeit, multipliziert mit dem Tagessatz. Die Laufzeit (75 Tage) ist mit der Time at Completion (TAC) identisch.

	A	B	C	D
1	Stundensatz	600		€/Tag
2	Geplante Arbeit	102		(Personen-)Tage
3	Geplante Dauer	75		Tage (2.6.-12.9.)
4				
5	BAC	61200		=B2*B1
6	TAC	75		=B3
7	AC	31800		53 Tage
8	EV	24600		41 Tage (7+7+8+8+6+5)
9	PV	26400		44 Tage (7+7+8+8+9+5)
10	CV	-7200		=EV-AC
11	CPI	0,774		=EV/AC
12	EAC	79112		=BAC/CPI
13	VAC	17912		=EAC-BAC
14	ETC	47312		=EAC-AC
15				
16	SV	-1800		=EV-PV
17	SPI	0,932		=EV/PV
18	PAC	80,5		=TAC/SPI
19	DAC	5,5		=PAC-TAC

Abb. 15.19 Ergebnis der Earned Value Analyse

Die aktuellen Kosten (AC) liegen um 7200 € über dem geplanten Wert und der bislang erreichte Wert (EV) um 1800 € darunter. Läuft das Projekt so weiter wie bisher, wird es um 17.912 € teurer als geplant (VAC) und um 5,5 Tage länger dauern (DAC).

15.10 Qualitätsmanagement

▶ **Aufgabe 15.21 Qualitätsmanagement** In Aufgabe 15.3 wurde das Zielsystem für das Projekt erstellt. Dabei ergaben sich folgende Hauptziele:

1. Anforderungskatalog DMS-Tool erfüllen,
2. Die Benutzer nehmen das neue DMS an,
3. Kostenrahmen einhalten,
4. Terminrahmen einhalten,
5. Erhofften Nutzen erreichen.

Wie kann die Qualität der Zielerreichung für diese Ziele gemessen und überprüft werden? Wann und durch welche Maßnahmen kann während des Projekts die Zielerreichung sichergestellt werden?

▶ **Lösung 15.21 Qualitätsmanagement** Der Anforderungskatalog an das DMS-Tool besteht aus ca. 20 Anforderungen, die hierarchisch strukturiert sind und deren Bedeutung durch Gewichtungsfaktoren beschrieben sind. Für jedes in Betracht kommende Tool kann der Erfüllungsgrad aller Anforderungen ermittelt werden. Zusammen mit den Gewichtungsfaktoren ergibt sich ein numerisches Maß für die Erfüllung dieser Anforderungen. Die Zielerreichung kann sichergestellt werden, da die Auswertung noch vor der Bestellung des DMS-Tools vorliegt.

Die Benutzerzufriedenheit mit dem neuen Tool und mit der generellen Handhabung der Dokumente könnte über eine Benutzerbefragung ermittelt werden. Ein wichtiger Gesichtspunkt ist dabei der Zeitpunkt der Befragung. Bei einer zu frühen Befragung werden die Probleme übergewichtet, die sich durch die Umstellung auf eine neue Handhabung ergeben. Dies führt zu einem verfälschten Ergebnis. Erfolgt die Befragung sehr spät, kommt zwar ein exaktes Ergebnis zustande, aber Eingriffe sind kaum noch möglich. Als guter Zeitpunkt bietet sich das Ende des Piloteinsatzes an, bei dem die beiden Mitarbeiter befragt werden, die hier tätig sind. Eine weitere Befragung für alle Nutzer könnte nach etwa der Hälfte der Einführung erfolgen.

Die Einhaltung des Kosten- und Terminrahmens für das Projekt wird mit den typischen Methoden des Projektmanagements erfasst und gesteuert. Hierzu dienen z. B. die Kostenerfassung mit Hilfe der Earned-Value-Analyse, die Erfassung des

Fortschritts mit Hilfe der Restaufwandsschätzung für die einzelnen Arbeitspakete und die Meilenstein-Trendanalyse.

Die Erfassung des erhofften Nutzens ist recht schwierig, da er sich aus einer Vielzahl von Faktoren zusammensetzt und erst nach einer gewissen Einschwing-phase zutreffend ermittelt werden kann. Um trotzdem mit vertretbarem Aufwand und frühzeitig Erkenntnisse über den Nutzen zu gewinnen, ist es sinnvoll, diesen an ausgewählten Beispiel-Vorgängen der Dokumentenhandhabung zu bestimmen. Dazu werden zunächst typische Verarbeitungsvorgänge ausgewählt und der Zeitbe-darf und eventuell auch die Fehlerquote in der alten Handhabung erfasst. Im Projekt kann dann z. B. am Ende der Pilotphase der Zeitbedarf für die neue Art der Handha-bung bestimmt werden. Die dabei ermittelten Ergebnisse können dann auf die ge-samte Dokumentenhandhabung hochgerechnet werden.

15.11 Projektsteuerung

▶ **Aufgabe 15.22 Meilenstein-Trendanalyse** Tab. 15.5 zeigt den Verlauf der 4 Meilen-steintermine (MS0, MS1, MS2 und MS3).

Übertragen Sie die Werte für die dargestellten 14-tägigen Überwachungszeit-punkte in ein Meilenstein-Trenddiagramm.

Wie weit ist das Projekt zeitlich und inhaltlich fortgeschritten? Welcher Fehler wurde bei der anfänglichen Festlegung der Meilensteine gemacht? Was hätten Sie anders gemacht? Wurden bei der weiteren Fortschrittsplanung Fehler gemacht? Be-gründen Sie Ihre Antwort.

▶ **Lösung 15.22 Meilenstein-Trendanalyse** Das Diagramm in Abb. 15.20 zeigt den Ver-lauf der Meilensteine.

Der Abstand zwischen MS0 und MS1 ist sehr klein. Dafür sind die beiden anderen Abstände recht groß (7 bzw. 6 Wochen). Die Projektlaufzeit beträgt ca. 16 Wochen. Bei ungefähr gleichmäßiger Aufteilung dieses Zeitraums auf 3 bzw. 4 Zeitabschnitte kommt man auf 5 bzw. 4 Wochen Abstand zwischen den Meilensteinen. Zwischen MS1 und MS2

Tab. 15.5 Regelmäßig aktualisierte Termine für die Meilensteine

			23	24	25	26	27	28	29
	KW		23	24	25	26	27	28	29
	Tag		2.6.	9.6.	16.6.	23.6.	30.6.	7.7.	14.7.
Projektende	MS3	KW 37	12.9.	12.9.	12.9.	12.9.	17.9.	23.9.	
Beginn Pilotbetrieb	MS2	KW 31	29.7.	29.7.	31.7.	31.7.	4.8.	6.8.	
Beginn Toolauswahl	MS1	KW 24	12.6.	12.6.					
Projektbeginn	MS0	KW 23	2.6.						

Abb. 15.20 Das Meilenstein-
Trenddiagramm

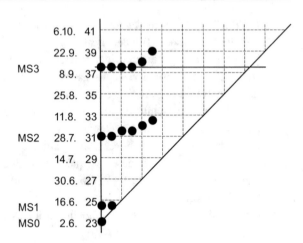

liegen laut Projektplan 3 Wochen Wartezeit. Hier könnte man einen zusätzlichen Meilenstein „Bestellung an Lieferanten erfolgt" einbauen. Noch wichtiger wäre ein zusätzlicher
Meilenstein zwischen MS2 und MS3. Da sich hier Teilprojekt TP5 und TP6 überlappen,
könnte man den Schulungsbeginn für alle Mitarbeiter (ca. KW34) als zusätzlichen Meilenstein vorsehen.

Meilenstein MS1 ist erreicht. Da dieser aber sehr früh im Projekt liegt, sagt dies wenig
über den tatsächlichen Fortschritt aus. Zum aktuellen Zeitpunkt sind 5 von 16 geplanten
Wochen vorbei. Im bisherigen Verlauf wurden die Meilensteinplanungen zunächst nicht
korrigiert. Mittlerweile rücken die beiden verbleibenden Meilensteine aber stetig nach
oben. Dies deutet auf tatsächliche Probleme im Projektverlauf, auf übervorsichtiges Abschätzen der Termine oder auf Nachlässigkeit bei der Projektsteuerung hin. Noch ist es
früh genug, um zu reagieren. Die Ursachen für das Problem müssen gefunden werden.
Damit sollten dann die Terminverschiebungen gebremst und wenn möglich sogar rückgängig gemacht werden.

15.12 Der Mensch im Projekt

▶   **Aufgabe 15.23 Team-Entwicklungsphasen** Das Projekt wurde am 2.6. mit einem
Kickoff-Meeting begonnen. Da sich die Mitarbeiter schon alle kannten, wurde auf
eine förmliche Vorstellung verzichtet. Beim ersten Status-Meeting am 5.6. gab es
Unstimmigkeiten bezüglich der Durchführung der Marktanalyse. Beim zweiten
Meeting am 12.6. kommt es nun zu Diskussionen über die Aufteilung der Zuständigkeiten zwischen Frau Hansen (Ist-Analyse) und Herrn Bauer (Bedarfsanalyse), bei
der sogar die fachliche Eignung von Herr Bauer in Frage gestellt wird.

Wie gehen Sie als Projektleiter damit um? In welcher Entwicklungsphase befindet sich das Team? Was können Sie tun, damit möglichst schnell die nächste Entwicklungsstufe erreicht wird?

▶ **Lösung 15.23 Team-Entwicklungsphasen** Da sich die Beteiligten bereits kannten, wurde die Orientierungsphase schnell durchlaufen und das Team befindet sich offensichtlich in der Konfliktphase. Die hier stattfindenden Machtproben können zwar dem Finden der eigenen Rollen im Team dienen. Bei einem Projekt mit kurzer Laufzeit sollte dies aber so schnell wie möglich beendet werden. Der Projektleiter sollte deshalb noch im Meeting, bevor die Diskussion eskaliert, die Zuständigkeiten mit deutlichen Worten klären.

Es ist wichtig, die gemeinsamen Ziele hervor zu heben und entsprechende Regeln zu vereinbaren. Eine Diskussion über die Regeln der Zusammenarbeit sollte aber nicht unterdrückt werden. Gibt es unterschiedliche Ansichten, sollten diese in einem eigenen Tagesordnungspunkt oder einer eigenen Sitzung ausdiskutiert und dann gemeinsam verbindlich beschlossen werden. Dadurch lässt sich das Team möglichst schnell in die Normierungsphase und anschließend in die Leistungsphase führen.

▶ **Aufgabe 15.24 Kritikgespräch** Frau Hansen, die in der ersten Planung für den Pilotbetrieb vorgesehen war und dann zur Verkürzung der Laufzeit mit der vorgezogenen Installation der DMS-Tools auf allen Rechnern und der IT-Integration beauftragt wurde, äußert im wöchentlichen Statusmeeting am 13.8. ihre Unzufriedenheit.

Nachdem der Projektleiter zunächst abzuwiegeln versucht, wird sie konkreter und beschwert sich darüber, dass sie nur „niedere" Routinearbeiten ausführen darf, während die Männer im Team sich die anspruchsvollen Arbeiten untereinander aufteilen. Bevor die Diskussion ausufert, schlägt der Projektleiter vor, die Problematik mit ihr in einem separaten Gespräch zu klären. Dies lehnt Frau Hansen ab und beharrt auf einer sofortigen Klärung.

Wie beurteilen Sie dieses Gespräch? Welche Reaktionen sind korrekt und welche nicht? Wie würden sie als Projektleiter weiter vorgehen?

▶ **Lösung 15.24 Kritikgespräch** Frau Hansen ist offensichtlich mit der Arbeitsaufteilung unzufrieden. Diese erfolgte aber zu Projektbeginn (2.6.) unter der klaren Zielsetzung, die Projektlaufzeit zu verkürzen. Eine diskriminierende Absicht ist also nicht erkennbar. Dass Frau Hansen sich erst am 13.8. im Rahmen eines Status-Meetings kritisch äußert, kommt zu spät und ist nicht angebracht. Trotzdem ist es notwendig, den bei Frau Hansen bestehenden Gesprächsbedarf zu beheben. Möglicherweise ist die Kritik an einer mehrere Wochen zurück liegenden Entscheidung nur das Ventil für ein anderes akutes Problem.

Der Vorschlag, das Problem in einem separaten Termin und unter vier Augen zu besprechen ist sehr sinnvoll. Dies ermöglicht beiden Seiten, sich auf das Gespräch vorzubereiten und es in einer sachlicheren Atmosphäre durchzuführen. Daher ist das Beharren von Frau Hansen auf einer sofortigen Klärung nicht akzeptabel. Der Projektleiter sollte dieses Beharren sachlich aber deutlich zurück weisen und einen Termin für das Kritikgespräch anordnen.

Stichwortverzeichnis

© Springer Fachmedien Wiesbaden GmbH, ein Teil von Springer Nature 2021   261
W. Jakoby, *Intensivtraining Projektmanagement*,
https://doi.org/10.1007/978-3-658-32836-8

Printed in the United States
by Baker & Taylor Publisher Services